**GONGYE**
**CHANPIN ZAOXING SHEJI**

# 工业产品造型设计

### （第二版）

主　编　孙志学

副主编　冯　颖　刘斯俊　胡　玮

主　审　张东生

U0190777

重庆大学出版社

## 内容提要

本书较系统地介绍了工业产品造型设计的任务、原则和造型设计原理,形态设计的基本理论和方法,色彩学基本理论,与产品造型设计有关的人机工程学知识,以及造型设计表现技法和设计程序等,让学生全面了解技术与艺术、设计与审美文化、科学与美学的相互关系,拓宽学生视野,改善知识结构,培养学生的创新能力,使学生能与本专业的知识有机地结合起来。通过理论学习和初步的技法训练,使学生对工业产品造型设计的具体过程有一定的了解和认识,可以从事一些初步的造型设计工作。

本书适合作为工业设计专业本科教材,也可供从事工业设计和工程设计领域的研究人员、工程技术人员参考。

**图书在版编目(CIP)数据**

工业产品造型设计 / 孙志学主编.——2 版.——重庆:重庆大学出版社,2018.8(2021.12 重印)

机械设计制造及其自动化专业本科系列规划教材

ISBN 978-7-5624-7349-7

Ⅰ.①工⋯ Ⅱ.①孙⋯ Ⅲ.①工业产品—造型设计—高等学校—教材 Ⅳ.①TB472

中国版本图书馆 CIP 数据核字(2018)第 163005 号

## 工业产品造型设计
### (第二版)

主　编　孙志学

副主编　冯　颖　刘斯俊　胡　玮

主　审　张东生

策划编辑:曾显跃

\*

责任编辑:李定群　高鸿宽　　　版式设计:曾显跃

责任校对:谢　芳　　　　　　　责任印制:张　策

\*

重庆大学出版社出版发行

出版人:饶帮华

社址:重庆市沙坪坝区大学城西路 21 号

邮编:401331

电话:(023) 88617190　88617185(中小学)

传真:(023) 88617186　88617166

网址:http://www.cqup.com.cn

邮箱:fxk@ cqup.com.cn(营销中心)

全国新华书店经销

POD:重庆市圣立印刷有限公司

\*

开本:787mm×1092mm　1/16　印张:15.5　字数:387千

2018 年 8 月第 2 版　　2021 年 12 月第 3 次印刷

ISBN 978-7-5624-7349-7　定价:45.00 元

# 前 言

　　工业产品造型设计属于工业设计的范畴,工业产品造型设计是一个系统工程,它不仅涉及科学和美学、技术和艺术、材料与工艺,而且还与用户的心理、生理等因素有极其密切的关系。目前,国内很多高等院校都设置了工业设计专业,为社会培养了大量的设计人才,有力地促进了工业产品造型设计工作。由于造型设计工作涉及产品开发的全过程,除了专业人员投入外,仍需依赖其他工程技术人员的配合才能共同完成。因此,在高等院校加强对非工业设计专业的学生普及工业设计知识是十分必要的。学习造型设计的基本知识、基本理论和基本技能,对全面提高工程技术人员的素质具有一定的现实意义。尤其是在当今知识经济迅猛发展,科技信息瞬息万变的形势下,对改革人才培养模式,调整知识结构,拓宽专业知识面,大力加强学生想象力、创新能力和表现力的培养方面起着很大的作用。同时对提高大学生的艺术与文化素质,培养有一定审美能力和设计创新能力的综合性人才具有重要意义。本书的编写就是以此为出发点,在工业设计专业之外的其他专业中推广工业设计的思想、设计方法和设计的基本知识。

　　本书是一本供工学、理学、文学、经济和管理类相关专业使用的教材。本书较系统地介绍工业产品造型设计的任务和原则,形态设计的基本理论和方法,色彩学理论,与产品造型设计有关的人机工程学知识,造型设计表现技法和程序,让学生全面了解技术与艺术、设计与审美文化的相互关系,拓宽学生视野,改善知识结构,培养学生的创新能力,使他们能与本专业的知识有机地结合起来。通过理论学习和初步的技法训练,使学生对工业产品造型设计的具体运作过程有一定的了解和兴趣,可以从事一些初步的造型设计工作。

　　本书是编者在总结了多年面向工科类专业学生开设工业设计初步课程的教学经验基础上编写而成的,在编写中参阅了国内外的有关文献和资料以及兄弟院校的有关教材,并力求从理工科院校学生的特点出发,最终将工业产品的造型设计在结构、材料和工艺中体现出来,达到学以致用的效果。

　　本书采用理论与实际的结合方法,在阐述理论的过程中,

1

列举了大量有时代感的、新型的工业产品造型实例,将现代的工业产品引入教材,以便读者阅读后具有初步的艺术造型设计能力和审美能力。

本书可作为高等工科院校本科生教学和工程技术人员参考之用。本书由孙志学主编,全书由孙志学统稿,由张东生教授主审。第1章、第2章、第5章、第7章、第8章由陕西理工学院的孙志学编写;第3章由陕西理工学院刘佳、胡成朵共同编写;第4章由攀枝花学院胡玮、陕西理工学院李冬共同编写;第6章由华南理工大学广州学院冯颖编写;第9章由西华大学刘斯俊编写。

在本书的编写过程中得到了重庆大学出版社理工分社的领导和同事的大力支持,在此对他们的辛勤劳动表示衷心的感谢!

由于编者的水平有限,书中难免出现缺点和不足之处,恳请各位专家和读者批评指正。

编　者

2018 年 6 月

# 目录

# 第 **1** 章
# 概 论

## 1.1 工业产品造型设计简介

工业设计是随着社会发展、科学技术进步和人类进入现代生活而发展起来的一门新兴学科。它以材料、结构、功能、外观造型、色彩及人机系统协调关系等为主要研究内容,工业产品造型设计是工业设计的重要组成部分。工业产品造型设计并不仅仅是工程设计和结构设计,它同时还承载着功能价值、美学价值、人性价值等因素,是一种创造性的系统思维和实践活动。

在工业产品造型设计中,不仅要求对机能形式、结构形式、美学形式等应有一定研究,同时也要求对生产、人体科学、社会科学、设计方法论等有比较全面的了解,而不应单纯地理解为外观形态和色彩设计。尽管设计也是一种以视觉感受为基础的造型活动,但它已超越产品形态的生成、变换和表达范畴。工业产品造型设计强调应用空间造型设计的原则和法则处理好各种产品的结构、功能、材料同人、环境、市场经济等的关系,并创造性地将这些关系协调地表现在产品的结构造型上,从而开发出具有时代感的现代工业产品。

工业产品造型设计是一种狭义的工业设计,广义的工业设计概念则包括以下 3 个基本方面内容:

①物质生活消费品、工业设备、商业和服务设备、运输设备、科教设备及军用品等的造型设计。

②产品包装、广告、海报及招贴等的视觉传达设计。

③工作环境、生活环境的规划和设计。

随着对工业产品造型设计研究的不断深入,无论其理论体系还是实践范畴都得到了飞速的发展,而且其应用范围也越来越广泛。工业产品造型设计涉及的产品范围包括人类生活的各个方面,它是对所有的工业产品造型设计的总称,既包括人们每天接触的日用工业产品,也包括生产这些产品所需要的机械产品和用具等;同时还包含工业产品的"软设计",如产品的包装设计、形象设计和操作界面设计等。这一设计范畴已有足够广泛的应用空间,小到钉子、别针,大到喷气式飞机、宇宙飞船、万吨巨轮等的设计和制造,都属于工业产品设计的范畴。

工业产品造型设计是一门涉及工程技术、人机工程学、价值工程、可靠性设计、生理学、心理学、美学、市场营销学及 CAD 等领域的综合性学科。它是技术与艺术的和谐统一,是功能与形式的和谐统一,是"人—机—环境—社会"的和谐统一。

## 1.2 工业产品造型设计的发展概况

工业产品造型设计的发展历史一直与政治、经济、文化和科学技术水平密切相关,与新材料的出现和新工艺的采用相互依存并受人类审美观的直接影响。在工业革命以前的数千年人类发展史中,工具和用品的发展一直沿袭一条融设计、生产和销售为一体的工匠模式。

随着商业和贸易的发展以及科学技术水平的不断提高,设计逐渐从作坊走向社会。《营造法式》和《天工开物》这样一些传播技术的设计资料都为传统手工艺向现代设计过渡作出了很大贡献。工业革命使手工作坊走向不断扩大的机械化生产,劳动生产力在这一变革中得到空前提高和解放。生产的过程被分解为多套工序必然导致设计与制造的分工,这是推动工业产品造型设计逐步形成专门学科的最主要因素。设计反映时代物质生产和科学技术的水平,它既体现人民生活方式和审美意识的演变,又体现社会生产水平和人在自然界所处地位的变迁,并与社会的政治、经济、文化、艺术等方面有密切关系。各国不同的社会历史发展过程,形成了各自不同的工业产品造型设计发展轨迹。工业产品造型设计大致可划分为以下 3 个发展时期:

### 1.2.1 第一时期——19 世纪中叶至 20 世纪初

19 世纪中叶西方完成了产业革命,随着工业化生产发展,原来落后的手工业生产方式的产品设计已不能适应时代发展需要。尽管当时的生产已由手工劳动演变为机械化生产,但在产品造型上只满足于借助传统样式做新产品外观造型,从而使具有新功能、新结构、新工艺、新材料的产品与其外观样式产生极大不和谐。这种简单地把手工产品造型直接搬到机械化生产的工业产品上给人以不伦不类、极不协调的感觉,如最初汽车的马车形造型。19 世纪中后期,英国工艺美术家和空想社会主义者威廉·莫里斯(William Morris,1834—1896)倡导"艺术与手工业劳动"运动,他深信人类劳动产品如不运用艺术必然会变得丑陋,认为艺术和美不应当仅集中在绘画和雕塑之中,主张人们努力把生活必需品变成美的艺术品。但是,他又把传统艺术美的削弱和破坏片面地归结为工业革命的结果,主张把工业化生产退回到手工业方式生产,这显然是违背时代潮流的。尽管如此,莫里斯的主张还是从一个侧面向人们提出挑战——工业产品必须重视研究和解决工业化生产方式下的造型设计问题。

19 世纪末及 20 世纪初,以法国为中心的"新艺术运动"在欧洲兴起。在这一运动推动下,欧洲的工业产品造型设计掀起新的高潮。继德国工业者联盟(类似于工业产品造型设计学术团体)在慕尼黑成立之后,奥地利、英国、瑞士、瑞典等国相继成立类似组织,许多工程师、建筑师和美术家都加入了这一行列。他们相互协作,开创了技术与艺术相结合的活动,从而使工业产品质量提高并在市场上增强了其竞争力,逐渐为工业产品造型设计的研究、发展和应用奠定了基础。

### 1.2.2　第二个时期——20 世纪 20 年代至 50 年代

市场经济的高速发展和国际贸易竞争的需要为工业产品造型设计进行系统教育创造了条件,在发达资本主义国家先后陆续建立了工业产品造型设计学校或专业。当时,建筑师、建筑教育家格罗皮乌斯(Walter Gropius,1883—1969)于 1919 年 4 月 1 日在德国德绍首创工业产品造型设计学校——包豪斯(Bauhaus)设计学院。该校致力于培养建筑设计师和工业产品造型设计师。他们的办学思想十分明确,即以工业技术为基础、以产品功能为目的把艺术和技术结合起来,从而通过教育实践和宣传来推动工业产品造型设计的研究和发展及其在生产实践中的应用。他们号召:一切有志于工业产品造型设计的建筑家、艺术家、教师和有抱负的企业家要"面向工艺",均应积极促使新技术与艺术的结合,创造出符合时代要求的新品种,为实现优质工业造型而努力。包豪斯学院的产生是现代科学技术与艺术相结合的必然结果,在它十多年的发展历程中强调设计的目的是人而不是产品和以解决问题为中心的设计观,在实践中发展了现代的设计方法和设计风格,大量运用新材料和根据材料特性发展起来的新结构,从而使设计的产品具有新的使用功能和新的形式特征,使该时期的产品与旧的产品有了质的不同。如图 1.1 所示为包豪斯学院设计的瓦西里椅。

诚如包豪斯学派创始人格罗皮乌斯所说"我们的目标是要消除机器的任何弊端而又不放弃其任何一个真正的优点"。正是包豪斯学派这种建立在以大工业生产为基础的设计观奠定了现代工业产品造型设计的基本面貌,使包豪斯学派成为现代设计史上一个极为重要的里程碑。随后,包豪斯学院设计的许多产品盛行了几十年,如图 1.2 所示为米斯设计的巴塞罗那椅,目前仍被公认是现代设计的经典杰作,这充分验证了包豪斯学派设计思想和理念的正确性。毫不夸张地说,世界各国的工业产品造型设计思想多是源于包豪斯学院,包豪斯学院对世界工业产品造型设计教育的发展作出了不可磨灭的贡献。

图 1.1　包豪斯学院设计的瓦西里椅　　　　图 1.2　著名的巴塞罗那椅

包豪斯学院因德国纳粹党的迫害被迫于 1932 年解散。格罗皮乌斯等人应邀到美国哈佛大学等院校任教,其他一些著名的造型设计教育家和设计师也相继赴美并在美国重建包豪斯学院。他们的设计实践与美国正处于上升时期的工业生产力相结合,设计出不少优秀的工业产品,在美国的工业生产中发挥了重要作用,因此美国的工业产品造型设计从一开始就以实用且合理而著称。在这一时期,美国强大的社会生产力和巨大的国内市场,给现代主义的工业设计提供了最佳机遇,工业设计师作为一种职业逐渐正式出现并得到人们的承认。以雷蒙·罗维、诺尔曼·贝尔·盖迪斯等为代表的一代设计大师,把工业设计与美国商业社会紧密结合起来,设计领域从日常用品到火车、轮船、飞机,范围非常广泛。欧洲的现代主义设计理想也正是在美国才得到了真正实现。从此,现代主义设计运动的中心由德国转移到美国。加之在第二次世界大战中美国本土未遭受破坏,第二次世界大战后工业发展较快以及处于领先地位的科学技术水平均为工业产品造型设计的发展提供了理想环境和良好条件,工业产品造型设计不仅在美国得到迅速发展,同时也对世界各国工业产品造型设计的发展起到了推动作用。美国于 1929 年成立工业产品造型设计学术组织,1930 年有 3 所大学设立工业产品造型设计系,到 1940 年增至 10 所院校,至 1982 年已发展到 60 多所院校。欧洲其他国家的工业设计由于各自的文化传统和地理环境的不同也表现出不同的特点。德国的设计一直重视现代主义的功能性原则,在设计上充分发挥人机工程学作用,但由于德国的设计师更多考虑的是人的尺寸、模数的合理性等物理关系,因此,德国的设计是冷静的、高度理性的,甚至有时给人的感觉似乎是设计师缺乏对人与设计的心理关系的考虑;英国的设计古典而高贵;意大利的设计浪漫而富有文化气息。他们并不单纯地把设计当成赚钱的工具,小批量高品位具有很强的艺术性是意大利设计的特点。

北欧国家因为纬度偏高、日照时间短的原因,人们在室内生活的时间很长,使得设计与人的关系极为密切,这就要求设计必须关注人的心理感受,他们的设计多采用有机形态和原始材料,被称为"有机现代主义"。如图 1.3 和图 1.4 所示分别为丹麦 B&O 公司的音响系统、保尔·汉宁森 1958 年设计的 PH 灯。这些国家的设计都充分利用现代工业设计语言来表达传统的文化特点,因此看上去都有很强的民族风格。

图 1.3 丹麦 B&O 公司生产的音响系统　　　图 1.4 保尔·汉宁森 1958 年设计的 PH 灯

### 1.2.3 第三个时期——20 世纪 50 年代后期至今

第二次世界大战结束后,随着科学技术发展、工业进步、国际贸易扩大,各国有关造型设计的学术组织相继成立。为适应工业产品造型设计国际交流的需要,国际工业产品造型设计协会 CICSID 于 1957 年在英国伦敦成立。这一时期,工业产品造型设计的研究、应用和发展速度很快,其中最突出的是日本,其技术和设备多从美国引进,但日本人在引进和仿制过程中注意分析、消化和改进,很快制造出了极具竞争力的产品。20 世纪 70 年代后期,日本的汽车以其功能优异、造型美观、价格低廉而一举冲破美国优势,在世界汽车制造业中处于举足轻重的地位。日本于 1952 年成立工业产品造型设计协会,1953 年千叶大学首届工业产品造型设计专业学生毕业。日本在引进美国、西欧有关工业产品造型设计系统理论的基础上,结合本国和世界贸易的特点发展和完善了工业产品造型设计理论。据日本工业产品造型设计振兴社统计,到1980年日本专门从事工业产品造型设计的人员已达1万名以上,设立工业产品造型设计系或专业的学校有69所,其中20所4年制本专科大学生人数达万人。正因为如此,日本工业产品才能长期以其优异的性能、美观的造型和舒适高效的使用性能占领国际市场并取得显著的经济效益。日本的成功主要靠的是在政府扶持下从设计教育入手,广泛吸收世界各国的设计和科研成果,融会贯通,通过开发设计新的产品来创造市场和引导消费。日本的成功说明发展商品经济靠的并不仅是物产和资源,而主要是靠分析市场信息、优良设计和先进技术。日本企业通过分析市场,设计了节能、廉价、新颖的产品,正好符合当时人们的生活方式,满足了市场需求。日本的产品从钟表、照相机、家用电器到汽车、轮船等都击败了欧美一些老牌工业强国,占领了世界市场。日本的一些企业如"日立""东芝""索尼""尼康""佳能""卡西欧""丰田""日产""本田"等众多的公司都已成为世界级知名企业,其成功的秘诀之一就是高度重视产品的开发和设计。如图1.5所示为佳能所产眼控对焦摄像机。

图1.5 佳能眼控对焦摄像机

我国台湾地区是从1965年才开始兴办设计教育的,前后开办了8所设计院校,截至1988年共培养出工业产品造型设计师3 050人。由于台湾重视人才培养,其产品打入了国际市场,经济有了突飞猛进的发展。我国香港地区是从20世纪70年代中期兴办设计教育的,开办了3所设计院校。由于不懈努力,其电子、服装、玩具、制革品等已畅销世界各地。

长期以来,我国内地对工业产品造型设计一直没有给予应有的重视,往往偏重于产品的技术开发而忽视产品的整体造型设计,致使我国的产品造型陈旧、色调沉闷、比例不当、形体粗笨、缺乏时代气息,严重影响了我国产品在市场上的竞争力,也影响了我国人民物质生活水平的提高。我国的工业产品造型设计不可能像美国那样极大地强调消费者需要。同时,我国的科技水平尚不够发达,不可能像西方发达国家那样快速进行技术更新。我国的工业产品造型设计正处于"亚设计"时代,即"借鉴—改进—生产"的设计流程。我国现代工业产品造型设计需要学习西方的设计经验,也需要对中国传统设计文化进行再学习,更需要从设计角度总结中国造型设计的精华。引进并消化西方先进设计养分是为了建立中国的工业产品造型设计事业,学习国外经验、研究自己历史的目的,是创造中国特色现代工业产品造型设计文化,既承认落后又坚定信心。改革开放为我国经济发展注入了新的活力,也为工业产品造型设计的发展产生了极大的推动作用。我们应积极开展工业产品造型设计教育和研究,尽快培养出自己的工业产品造型设计师,为振兴我国经济、提高我国人民的精神文明和物质文明水平作出应有的贡献。相信在不久的将来,我国必将出现一批既具有高技术水平又符合现代人们欣赏要求的工业产品,且跻身于世界名牌产品之林,同时必将涌现出一批高水平的工业产品造型设计师。

## 1.3 工业产品造型设计应考虑的主要因素

### 1.3.1 工业产品造型设计的基本要素及其相互关系

工业产品造型设计的要素,主要有功能、物质技术条件和艺术造型3个基本要素。

①功能。是指产品的功用,是产品赖以生存的根本所在。功能对产品的结构和造型起着主导和决定作用。在实际设计中如何进行功能定位和功能分析,从而找出必要功能与不必要功能,找出主要功能与辅助功能,对于产品功能的实现至关重要。

②物质技术条件。包括材料、制造技术和手段,是产品得以实现的物质基础。因此,物质技术条件是随着科学技术和工艺水平的不断发展而提高的。

③艺术造型。是指综合产品的物质功能和技术条件所体现出来的精神功能。造型的艺术性是为了满足人们对产品的欣赏要求,即产品的精神功能由产品的艺术造型体现。

产品的三要素同时存在于一件产品中,它们之间有着相互依存、相互制约和相互渗透的关系。功能需依赖于物质技术条件而实现,物质技术条件不仅需根据物质功能引导的方向来发展,而且它还受产品的经济性所制约。功能和技术条件在具体产品中是完全融为一体的。造型艺术尽管存在着少量以装饰为目的的内容,但事实上它往往受功能制约。因为功能直接决定产品的基本构造,而产品的基本构造又会对造型赋予一定约束,但也给造型艺术提供发挥的可能性。物质技术条件与造型艺术休戚相关,材料本身的质感、加工工艺水平的高低都直接影响造型的形式美。尽管造型艺术受到产品功能和物质技术条件的制约,造型设计者仍可在同样功能和同样物质技术条件下以新颖的结构方式和造型手段创造出美观别致的产品外观样式。总之,在任何一件工业产品上既要体现出最新的科技成果又要体现出强烈的时代美感,这即是产品造型设计者的任务所在。

产品造型设计是产品的科学性、实用性和艺术性的完美结合。只有如此,才能体现出产品的物质功能、精神功能、象征功能及时代性。

### 1.3.2 产品的功能

产品功能主要包括物质功能和精神功能两个方面。物质功能,一般是指产品的实用功能和对环境的功能;精神功能,包括产品的美学功能、象征功能和对社会的功能。物质功能和精神功能都属于功能范畴,两者是不可分割的整体。在现代产品设计中,必须把产品赋予人们的物质功能和精神功能统一起来进行考虑。

（1）实用功能

对产品而言,实用功能即是指产品的具体用途,也可把实用功能理解为作用、效用、效能,即一个产品是干什么用的。例如,杯子的功能是盛水,钟表的功能是计时,喇叭的功能是发出声音等。产品的实用功能是以一定的物理形态表现出来的,它是构成产品的重要基础。产品存在的目的是供人们实用,为了达到满足人们实用的要求,产品的形态设计就必定依附于对某种机能的发挥和符合人们实际操作等要求。又如,电冰箱的设计,由于要求有冷藏食物的功能和放置压缩机、制冷系统的要求,其产品造型就绝不应设计得像洗衣机那样。一些必须用手来操作的产品,其把手或手握部分必须符合人用手操作的要求。随着科学技术的不断发展,人们对产品的功能提出了更高的要求,由过去的一种产品一般只具有一种功能而变为一种产品可具有两种或多种功能,如有些电话已不仅仅用来通话,还可用来计时、计算和录音等。但产品的功能也不能任意扩大,因为功能多就必定会造成利用率低、结构复杂、成本上升、维修困难等方面的问题。因此,在产品设计中一定要掌握和处理好产品与人们实用特性之间的关系,有效地利用在各种环境中个别的或综合的作用,以便把产品的实用特性恰当地反映在产品的设计上,使产品正确、安全和舒适,从而更有效地为人服务。如图1.6所示为一种多功能沙发。

图1.6 多功能沙发

**(2)环境功能**

环境功能是指对人和放置产品(机器等)的场所的影响、周围环境条件在人和产品方面所发生的作用,其中物理要素是环境功能的主体。在产品设计中环境因素非常重要,环境的因素包括产品对使用环境的影响和对自然环境的影响。注意生态平衡、保护环境,是设计发展的方向。例如,在机车设计中要考虑路面、风景、气候、振动等对车体的影响和作用,同时还须考虑机车的废气排放、噪声、速度、流量等对环境的影响以及车身回收处理、材料再利用等方面要求。如图1.7所示为和谐号动力机车。

图1.7 和谐号动力机车

应当特别强调指出,在赋予工业产品实用功能时必须为人类创造良好的物质生活环境。随着社会的发展,工业产品造型设计满足"产品—人—环境—社会"的统一协调越来越彰显出其重要性。当世界各地越来越多地生产汽车、电冰箱时,却给人类造成了大气污染、臭氧层破坏,这些教训必须认真吸取。工业产品造型设计必须符合可持续发展战略,"绿色设计"的提出和实施是时代的需要。

**(3)美学功能**

美学功能是产品的精神属性,它是指产品外部造型通过人们视觉感受而产生的一种心理反应。美感来源于人的感觉,它部分是感情、部分是智力和认知。工业产品的美并不是孤立存在的,它是由产品的形态、色彩、材质、结构等很多因素综合构成的,它具有独特的形式、社会文化和时代特征。在当今社会审美功能对于产品设计来说是至关重要的。随着社会发展和物质的高度

图1.8 "树叶"形香皂

文明，人们对产品的美学功能要求也越来越高。产品的美学功能特点是通过人的使用和视觉体现出来的，因而产品功能的发挥不仅取决于其本身性能，还取决于其造型设计是否优美，是否符合人机工程学、工程心理学方面的要求。要力求设计的产品使操作者感到舒适、安全、方便、省力，能提高工作效率、延长产品的使用寿命。此外，由于产品使用者在社会、文化、职业、年龄、性别、爱好和志趣等方面的不同，必然形成对产品形态审美方面的差异。因此，在设计一件产品时，即使是同一功能也要求在造型上多样化，设计师应利用产品的特有造型表达出产品不同的审美特征。如图1.8所示为"树叶"形香皂。

产品中的美学特征并非是孤立存在的，它是产品的功能、材料、结构、形式、比例、色彩等要素的有机统一。这一点将在后面的章节详细讨论。

（4）象征功能

由于教育、职业、经济、消费、居住及使用产品的条件等的千差万别，逐渐形成了一定的社会阶层，同时人们都希望自己的地位得到承认并向上一阶层迈进。地位不仅是人在社会中的位置，而且还包含某种价值观念。在日常生活中，各社会阶层的人总是以其行为、言谈、衣着、消费及象征物的使用来显示其身份或地位特征。产品的外观造型设计风格可把拥有者和使用者的性格、情趣、爱好等特征传达给他人。例如，一个人喜欢一款运动型风格的多功能手表，就可以知道他爱好户外活动、具有青春活力；如拥有劳斯莱斯汽车，就是一个人拥有财富的象征。这些产品的档次和价值都是通过其外观造型的设计风格体现出来的，因此设计师在产品设计的过程中需通过深入的调查和分析，真正了解和掌握各消费层次的不同心理特征及其社会价值观念，恰当地运用设计语言和象征功能创造出象征人们地位上升的产品，以满足不同层次消费者对产品的心理需求。

（5）社会功能

社会功能是指产品对社会或社会环境产生的作用。其功能受民族、文化、时代和集团影响。例如，产品在整个国民经济发展中的战略地位、产品的文化、民族特点和对弘扬民族文化所起的作用、产品的可持续发展、产品在企业或集团中的形象作用等。设计师必须力求使自己设计的产品有益于社会、有益于人类的生态环境、有益于人们的身体健康。

### 1.3.3 产品的物质技术条件

物质技术条件是产品存在的基础，包括构成产品的材料、结构、机构和生产技术、经济性等要素。

（1）材料

造型离不开材料，材料是实现造型的最基本物质条件。以新材料、新技术引导而发展的新产品，往往在形式和功能上给人以全新的感觉。人类在造物活动中，不仅创造了器物，而且创造了利用材料的方法并积累了经验。随着材料科学的发展，各种新材料层出不穷并发生着日新月异的变化，这些都为人类造物活动创造了更加广阔的天地，如塑料材料的发明和注塑技术的成熟导致了新一代塑料制品的出现。对材料的熟练掌握是一位合格设计师应具备的职业素质之一，了解材料并合理地使用材料是设计师设计过程中一个极其重要的环节。

实践证明,材料不同,其加工工艺和结构式样不同,所得到的外观艺术效果也不尽相同。因为人们的经历、生活环境和地区、文化和修养、民族属性和习惯等的不同,人们对材料的生心感受不尽相同,所以对感觉物性只能作相对的判断和评价。因此,一个好的工业产品造型设计必然要全面地衡量这些因素,科学合理地选择材料,抓住人的活动规律和特点,从而最佳程度地发挥出材料的物理特征和精神特征。如图1.9所示为碳纤维制造的自行车。

图 1.9 碳纤维制造的自行车

（2）**结构**

如果说功能是系统与环境的外部联系的话,那么结构就是指系统内部诸要素的联系。功能是产品设计的主要目的,而结构既是产品功能的承担者又是形式的承担者,因此产品结构决定产品功能的实现。产品的高性能、多功能均需依靠科学合理的结构方式来实现。有时当产品的功能相同而结构不同时,其造型形态也不同。产品的结构是构成产品外观形态的重要因素,在结构设计中要使产品的结构与外观形态进行有机结合,尤其是有些产品的外形本身就是结构的重要组成部分。另外,在产品设计中,结构的形式除满足和实现产品的功能外,结构与所选用的材料也是密切相关的。结构常受材料和工艺的制约,材料不同、工艺不同,结构也会有所不同。例如,一个供工作或学习用的台灯,就包含了特定的结构内容。台灯如何平稳地放在桌面上,灯座与灯架如何连接,灯罩如何固定,如何更换灯泡,如何连接电源开关,等等。这些问题都涉及产品的结构。可见,产品功能需借助于某种结构形式才能实现。因此,不少新的产品结构正是伴随着人们对材料特性的逐步认识和不断应用的基础上发展起来的。如图1.10所示为电子书。

图 1.10 电子书

从原始社会人类使用的石刀、石斧、陶罐、陶盆到现今社会人们使用的各种工具、机械、家用电器等,产品的造型和结构均已发生根本性的变化,而这些变化无不和人类对产品功能开发和新材料的创新、应用密切相关。总之,产品结构与产品的功能、材料、技术和产品形态之间有着十分紧密的内在联系,它是产品构成中一个不可缺少的重要因素。因此,设计师必须考虑产品造型对人的生理和心理的影响,操作时的舒适、安全、省力和高效已成为产品结构和造型设计是否科学和合理的一种标志。

（3）**机构**

机构是实现产品功能的重要技术条件之一。通过一定的机构作用,产品的功能用途才能获得充分的发挥和利用。例如,汽车或自行车离开了它们的传动机构,也就失去了作为"交通"这一主要的功能目的。

产品机构的设计,一般属于工程设计范畴。但由于机构是产品构成中的一个重要因素,从产品设计角度看,机构与产品设计有着十分紧密的内在联系。机构除实现或满足产品的使用功能外,机构的创新和利用也直接影响产品的外部形态。如图1.11所示为碎纸机,可从一些机械产品发展到电器、电子产品的过程中明显地感受到这一点。从更广的角度看,机构还涉及

图 1.11　碎纸机

能源的消耗和利用、环境污染和产品的可持续发展等问题。因此,作为工业设计师,必须深刻理解机构与产品设计的关系,懂得和理解相关专业部门提供的有关机构方面的资料,以便为进行更深层次的设计打下良好基础。

**（4）生产技术和加工工艺**

生产技术和加工工艺是产品设计从图纸变成现实的技术条件,是解决产品设计中物与物之间的关系(如产品的结构和构造、各零部件之间的配合、机器的工作效率、使用寿命等问题)的技术手段或途径。产品设计必然要和生产技术条件联系起来。换言之,只有符合生产技术条件的设计才具有一定的可行性。加工工艺方法对外观造型影响很大,相同的材料和同样的功能要求若采用不同的工艺方法,所获得的外观质量和艺术效果也是不相同的。

从某种意义上说,工艺水平的高低即造型设计水平的高低。此外,一个企业的生产技术和加工工艺水平最终是要在产品形态中得到全面体现的。落后的生产技术和加工工艺不仅会降低产品的内在质量,同时也会损害产品的外在形象。外观造型的安全性、符合生产工艺和批量生产的要求,也是设计中必须认真解决的问题。因此,产品的生产技术和加工工艺是达到设计质量的重要保证。

在科学技术飞速发展的今天,生产技术和加工工艺正发生着日新月异的变化,作为设计师必须关注新技术的发展动向,使设计的产品在符合生产可行性的前提下更具科学性和前瞻性。

**（5）经济性**

产品要加工制造,必定要耗用一定的人力、物力、财力和时间,总是力求以较少的投入获得更大的产出。经济性通常制约着造型方案的选用、加工方法的选择和面饰的采纳。

### 1.3.4　产品造型

产品的艺术造型是产品设计的最终体现。通过产品艺术造型,能使消费者了解产品的具体内容,如产品的使用功能、使用对象、操作方式、使用环境和美学、文化价值等。

构成产品造型的元素很多,可以说是错综复杂。但无论如何,这些元素都是借助产品的功能、材料、结构、机构、技术及美学等要素体现出来的。过去把产品的造型仅仅看作美学在产品上的反映是片面的。另外,把美学与产品的功能、物质技术条件孤立起来看也是错误的。产品造型设计的美与纯艺术的美有着不同的法则,艺术美是一种纯自然的美,它可以是自然生成的也可以由艺术家的灵感而产生。艺术美只要被少数知音所理解就可以视为成功。设计美则必须满足某一特定人群的需要。随着社会的进步、科学技术的发展和人们视觉审美素质的提高,人们对设计美的概念有了新的认识。设计美并不再是在别人已经完成的产品上面画蛇添足地加以美化和点缀,或者只是纯视觉形式上的花样翻新,它是美学形态与产品功能结构的完美结合。我们提倡一种以功能为主导的全新设计意识,即功能美学,更确切地讲是无装饰的有机装饰。这里的有机装饰,实际上是指人的装饰意识和装饰行为,而不仅仅是指某种具体的美的形式和风格。从产品造型的整体上看,产品的功能、物质技术条件和美学之间有着十分密切的内在关系,它们之间相辅相成、互为补充。对一个产品而言,功能的开发或体现必定要对某些材料或机构进行选定,一种新材料的选用往往能引发某种新的产品结构形式的形成,而新材料、新结构又会以其科学、合理的物理特性和精神特性形成其独有的美学形式,并通过恰当的比例和和谐的色彩等构成的特有形式使产品的功能发挥得更趋贴切合理。事实上,结构合理、功能完善的产品通常都是美的。美与生俱来就是与产品的形态结构和功能联系在一起的。因此,对上述要素进行综合的、科学合理的创新运用,必定会给产品造型的创新注入新的活力。

### 1.3.5　工业产品造型设计的特征

工业产品造型设计,一般具有以下特征:

①使产品的功能具有先进性和科学性。

②反映时代艺术特征、概括时代精神、体现当代审美要求,把现代科学的飞速发展同艺术的现代化有机地联系起来,反映出时代感。

③由于产品艺术造型具有物质的和精神的双重功能,在具备实用功能的同时又具有艺术感染力,满足人们的审美要求,因此要充分利用自然美学规律和艺术手段表现出产品造型的比例美、线条美、和谐美。

④产品造型必须充分反映先进的加工工艺、最新材料和合理的结构,即反映工艺美、材料美、结构美。

⑤研究人的心理、生理、工效、安全及健康等因素,以符合人机工程学的舒适美。

⑥造型设计不仅注意产品外形塑造,还应注意色彩配置,要研究色彩对人所引起的心理反应和生理反应,使产品体现出色彩美。

⑦现代生产方式要求产品的造型必须简洁规整、方便加工并为提高效率、成型容易提供条件。

经过造型设计的产品,应尽量反映出上述 7 个特征,并以科学的使用功能塑造出艺术美的外貌,以现代化的艺术形象凝聚科学美的个性。

## 1.4　工业产品造型设计的原则

工业产品造型设计的 3 个基本原则是实用、美观、经济。其中,实用是产品的生命,美观是产品的灵魂,经济则是两者的制约条件。

### 1.4.1　实用

实用是指产品具有先进而完善的物质功能。产品的用途决定产品的物质功能,产品的物质功能又决定产品的形态。产品的功能设计应该体现科学性、先进性、操作的合理性和使用的可靠性。具体包括以下 3 个方面:

**(1)适当的功能范围**

功能范围即产品的应用范围。产品过广的功能范围必然会带来设计难度加大、结构复杂、制造维修困难、实际利用率低和成本过高等缺点。因此,现代工业产品功能范围的选择原则是既完善又适当。对于同类产品中功能有差异的产品可设计成系列产品。

**(2)优良的工作性能**

工作性能通常是指产品的功能性能,如机械、物理、电气及化学等性能,以及该产品在准确、稳定、牢固、耐久、速度、安全等方面所能达到的程度。就设计过程而言，首先是确定工作性能，其次是通过对材料和加工方法的选择确立形态，进而是工作性能的具体化。当然，也可根据材料、加工方法的特性并通过不同的组合方式进一步开发新的工作性能。工作性能是反映产品内部质量的主要技术指标，是产品质量的核心内容。在造型设计中，要处理好外观质量与工作性能的适应关系，要利用一切艺术手法产生造型美的效果。一般情况下，凡是高精度的产品其外观的艺术效果应该是高贵、雅致、精细的。当然，也应避免单纯追求艺术效果而忽视或影响产品工作性能的发挥。产品造型设计必须使外观形式与工作性能相适应，比如性能优良的高精密产品，其外观也应令人感觉贵重、精密和雅致。

**（3）科学的使用性能**

产品的物质功能只有通过人的使用才能体现出来。随着现代科技和工业的发展，许多高精产品的操作要求都是高效、精密、准确、合理、可靠的。高效即产品正常工作时所具有的良好性能，这是产品存在的依据。在不同情况下产品具有不同的"适用性"功能。这一切要围绕人的使用动作、行为适宜，也要考虑到发展、变化着的使用要求。精密、准确表现为构造原理、零部件连接是否精细、优良。所谓合理，就是使用方式要合乎客观规律，要合乎人的生理、心理需要，这就是正确协调人与产品的关系，研究和解决各种产品的结构和形态与人相关的各种功能最优化，才能使人更正确、迅速、舒适、有效地使用产品。可靠是衡量产品是否实用及其质量的一个重要标准，也是人们信赖和接受产品的基本保障。为此，在产品设计、制造、检验等每一个环节都要充分重视可靠性分析，从而保证人们安全、准确、有效地使用产品。如图1.12所示为垃圾桶的设计。

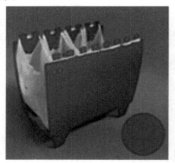

图 1.12　垃圾桶的设计

### 1.4.2　美观

美观是指产品造型美，是产品整体体现出来的全部美的综合。美观主要包括产品的形式美、结构美、工艺美、材质美和产品体现出来的强烈的时代感和浓郁的民族风格等。

造型美与形式美不同。造型美不仅包括形式美，同时又把形式美的感觉因素、心理因素建立在功能、构造、材料及其加工、生产技术等物质基础之上。因此，造型美法则是包括形式美法则在内、综合各种美观因素的美学法则，也是适应现代工业和科学技术的美学原则。

造型美与形式美二者不能混淆，否则就会把工业产品造型设计理解为产品的装潢设计（或工艺美术设计）。产品的造型美与产品的物质功能和物质技术条件融合在一起，而造型美又有创造发挥的广阔空间。造型设计师的任务，就是在实用、经济两个原则下充分运用新材料、新工艺而创造出具有美感的产品形态。

美是一个综合、流动、相对的概念,因而产品造型美没有统一的绝对标准。产品造型美是多方面美感的综合,如形式美、结构美、材料美、工艺美、时代感和民族风格等。

形式美是造型美的重要组成部分,是产品视觉形态美的外在属性,也是人们常说的外观美。影响形式美的因素主要有形态构成和色彩构成,而指导这两个产品外观造型要素的组合即是形式美法则。

材料质地的不同会使人产生不同的心理感受。材质美的重要性体现在材质与产品功能的高度协调上。人的审美随着时代的进步而变化、随着科学技术和文化水平的提高而发展。因此,造型设计无论在产品形态上、色彩设计上和材料质地的应用上都应使产品体现出强烈的时代感。如图 1.13 所示为充气脚盆。

图 1.13 充气脚盆

造型设计必须考虑社会上各种人群的需要和爱好。由于性别、年龄、职业、地区、风俗等的不同其审美观也不同,因此,产品的造型要充分考虑上述因素的差异,使产品体现出广泛的社会性。

世界上每一个民族,由于各自的政治、经济、地理、宗教、文化、科学及民族气质等因素的不同,逐渐形成了每个民族所特有的风格。工业产品造型设计由于涉及民族艺术形式,因此也体现出一定的民族风格。以汽车为例,德国的轿车线条坚硬、挺拔;美国的轿车豪华、富丽;日本的轿车小巧、严谨。它们都体现出各自的民族风格。

应当指出的是,民族风格与时代性必须有机地、紧密地统一在一个产品之中,而不应留下二者拼凑的痕迹。随着科学的进步、产品功能的提高,在现代高科技工业产品中民族风格被逐渐削弱,如现代飞机、轮船等,只有在其装饰方面尚能见到民族风格的体现。

### 1.4.3 经济

产品的商品性使它与市场、销售和价格有不可分割的联系,因此,造型设计对于产品价格有很大影响。新工艺、新材料的不断出现,使产品外观质量与成本的比例关系发生了变化。低档材料通过一定的工艺处理(如非金属金属化、非木材化、纸质皮革化等)也能具备高档材料的质感、功能和特点,不仅可降低成本,而且又可提高外观的形式美。

在造型设计活动中,除了遵循价值规律、努力降低成本外,还可对部分工业产品按标准化、系列化、通用化的要求进行设计,使空间的安排、体块的组织、材料的选用紧凑、简洁、精确、合理,以最少的人力、物力、财力和时间求得最大的效益。经济的概念也有其相对性,在造型设计中只要做到物尽其用、工艺合理、避免浪费,应该说是符合经济原则的。

总之,单纯追求外观的形式美而不惜提高生产成本,或者完全放弃造型的形式美而只追求成本低廉的产品,都是无市场竞争力的产品,也都是不受顾客欢迎的产品。

## 1.5 工业产品造型设计方法论

工业产品造型设计方法论包括3个基本问题,即技术与艺术的统一、功能与形式的统一、微观与宏观的统一。

### 1.5.1 技术与艺术的统一问题

作为工业产品造型设计师,一方面要关注社会和技术的进步,另一方面又应当在其发展中探求美的精髓。设计本身具有的这种双重性的交互影响、对比和平衡,就产生了设计上的诸多流派,如功能主义、新立体主义、后现代主义等。这些流派的设计哲学对设计师设计观念有很大的影响。在近代,现代设计与现代艺术之间的距离日趋缩小,新艺术形式的出现极易诱发新的设计观念,新的设计观念也极易成为新艺术形式产生的契机。设计不仅受文化浪潮和趋势的影响,而且还受科学技术发展新动态的影响。设计师只有科学地预测社会的进步,才能使自己站在潮流和时尚的前列。在人类认识和变革世界的过程中,信息和材料、能源并列成为人类物质文明的三大支柱。生物工程、材料工程、遗传学及计算机在设计上的应用日趋成熟。为了使设计更准确,所有控制设计精确性的因素都将预先经过研究和计算,使设计建立在科学的基础之上,在这种形势下,工业产品造型设计的概念也日益深化。如果说当初工业产品造型设计产生于艺术与技术的鸿沟之间的话,那么今天工业产品造型设计的飞速发展即正在逐步填平二者之间的鸿沟。在技术与艺术的结合过程中,设计科学得到"软"化而艺术得到物化,就在这中间工业产品造型设计得到了发展。因此,技术与艺术的结合是工业产品造型设计方法论中首先要研究的问题。

### 1.5.2 功能与形式的统一问题

正确处理功能与形式的关系是工业产品造型设计方法论研究的第二个基本问题。一件工业产品均包括功能和形式两个方面。工业产品的功能是指产品具有的物质功能和使用功能;而产品的形态、色彩、材料等因素构成的产品造型,就是产品的表现形式。在设计观念上,由于人的个性需求和审美要求的提升,传统的"形式追随功能"的思想正在发生转变,现代的产品设计要求把二者有机结合起来,它也是并行设计模式的产物。传统的设计观念认为,产品的形式服从功能、形式为功能服务。例如,汽车车身的造型设计,首先考虑的是保证安全、快速和舒适,车身的造型设计不能违背空气动力学准则;机床的形态设计,首要保证机床的内在质量和操作者的人身安全。而现在在并行设计模式下,整个的产品设计被视为一个动态、连续和相互交流的过程,在设计开始时所有相关部门就要协同作战、设计咨询互通有无,实现设计信息的相对对称,这就意味着在工业产品造型设计的零点产品设计师就要渗透到功能、结构中,从而实现各个设计部门的互动,保证设计的准确性、及时性和高度反馈性。这种模式下的设计直接地把功能和形式有机结合起来了。如果片面追求物质功能而忽视产品的形式,产品就有可能缺乏个性、缺乏人情味；而忽视物质功能，片面强调形式方面需要的产品就有可能成为一种炫耀浮华、不讲实用的形式主义物品。一件好的产品必定是功能和形式的有机统一。

### 1.5.3　微观与宏观的统一问题

在产品设计中要考虑的因素很多。一件产品完成生产、进入市场并最后交到使用人手中，此时产品与人即构成一种相互关系：人使用这一产品，产品在为人提供服务的同时也反过来影响人的使用。另外，由于产品与人处在同一环境之中，因此产品、人以及产品与人之间的相互关系必定与环境构成一种新的相互关系："人—机—环境—社会"相协调，也就是微观与宏观的统一。例如，要设计 21 世纪的汽车，其意图或目的是提供完成运输和旅游的更为适宜的交通工具，能进行无人驾驶、消除废气污染；其环境考虑包括路面状况、停车场所、服务设施等；而产品内部结构包含诸如新型发动机、传动部件、计算机控制系统等所构成的复杂装置。只考虑一个个单件设计和只考虑新产品本身结构、形体、色彩等的设计观念已经过时。例如，前面提到的设计汽车的例子，还应当考虑汽车与行人，汽车与驾车人和乘车人，汽车与人行横道线、红绿灯管理、交通状况等的关系和矛盾以及环境污染等。这里，一方面汽车应为人提供一种新的生活方式，汽车的设计也直接影响人的操作和使用；另一方面汽车行驶在公路上时汽车与其他车辆、行人、街道、建筑、道路即构成一种新的环境关系，而这种新的环境关系反过来又影响着人们的生活方式，如噪声、废气、交通拥挤、交通事故等。因此，产品与人、产品与环境、环境与社会之间相互影响，有不可分割的内在联系。人机工程学中的人机关系，也包括人操纵工具、人适应机器和机器适应人，从人机协调发展到"人—机—环境—社会"这一适应性系统。

在工业产品造型设计中，往往是综合利用上述设计方法，或者在这种意识和观念的指导下围绕设计资讯整合产品设计的硬件和软件，从而把工业产品的各相关要素有机统一起来，以满足"人性化设计"和"绿色设计"思潮下的人们的个性消费需求。

# 第**2**章
# 工业产品造型设计原理

## 2.1　系统化原理

### 2.1.1　概　述

系统论是美籍奥地利理论生物学家贝塔朗菲首创的一门逻辑和数学领域的科学。系统论首先从对理论生物学、非平衡态热力学和控制器的具体规律的研究上升到对复杂系统一般规律的研究,再上升到对一切系统的共同规律的研究。当然,系统论发展到今天已不仅仅限于此,而成为各个领域的革命性的新方法论。

系统论设计思想的核心是把工业设计对象及其有关设计问题,如设计程序和管理、设计信息资料的分类整理、设计目标的拟订、"人—机—环境"系统的功能分配和动作协调规划等视为系统,然后用系统论和系统分析的概念和方法加以处理和解决。所谓系统方法,即从系统观点出发,始终着重于从整体与部分之间、整体对象与外部环境之间的相互联系、相互作用、相互制约的关系中综合地、精确地考查对象,以达到最佳处理问题的一种方法。其显著特点是整体性、综合性和最优化。

（1）**整体性**

整体性是系统论思想的基本出发点,即把事物整体作为研究对象。各种对象、事件、过程等都不是杂乱无章的偶然堆积,而是一个合乎规律的、由各种要素组成的有机整体。构成系统的各层子系统各自均具特定的功能和目标,它们彼此分工协作以实现系统整体的功能和目标。构成整体的所有要素都是有机整体的一部分,它们不能脱离整体而独立存在;系统整体的功能和性质又是其各个组成部分或要素所不具备的。因此,如果只研究改善某些局部问题而其他子系统被忽略或不健全,则系统整体的效益将受到不利影响。整体性就是从系统的整体出发,着眼于系统总体的最高效益,而不只局限于个别子系统,以免顾此失彼、因小失大。

（2）**综合性**

系统论方法的目标是通过辩证分析和高度综合而使各种要素相互渗透、协调而达到整个系统的最优化。综合性有两方面含义:一是任何系统都是一些要素以特定目的而组成的综合体,如建筑就是功能、环境、技术、人文、艺术等组成的综合体;二是对任何事物的研究者必须从它的成分、结构、功能、相互联系方式等方面进行综合系统考察。

**(3)最优化**

所谓最优化,就是取得最好的功能效果,即达到选择出解决问题的最好方案的目的。最优化是系统论思想和方法的最终目标。根据需要和可能,在一定约束条件下为系统确定最优目标并运用一定数学方法等而获得最佳解决方案。

由此可见,系统论的设计思想主要体现在解决设计问题的指导思想和原则上,就是要从整体上、全局上、相互联系上来研究设计对象及有关问题,从而达到设计总体目标的最优和实现该目标的过程和方式的最优。

当今科学技术的发展已使产品中许多相关技术问题变得较容易解决,但是新产品的发明、创造和开发是与应用的科学基础强弱成正比的。由于在产品设计上可利用的生产设备、方法、技术、材料及加工方法等日渐繁多,工业社会组织和产品形态也渐趋复杂,而产品在市场上的需求趋势也随着生活水平的提高而变化。因此,现今已不像从前设计一件产品那样来得那么单纯。总之,现代设计的环境复杂化了,应考虑的问题和涉及的因素越来越多,设计师如欲在产品开发设计的全过程充分掌握其全盘性和相互联系以及制约的细部各种问题,一定要有系统的观念,这样才能更好地控制各设计因素,以便提纲挈领地解决问题。

### 2.1.2　系统化设计的理念

现代工业产品的系统化设计是把产品的开发设计、生产制造、市场销售 3 个方面作为一个统一的整体考虑,并运用系统工程的方法进行系统分析和系统综合,从而使产品的设计工作更有效、更合理地推进和展开。

传统的分析方法往往把事物(设计任务或产品系统)分解为许多独立的、互不相干的部分分别进行研究。由于是孤立、静止地分析问题,结论往往是有局限性的。系统工程的方法是从整体系统出发,在分析各组成部分之间的有机联系及系统与外界环境关系的基础上,通过综合评价,寻求解决问题的最佳方案。因此,它是一种比较全面的、科学的研究方法。

随着现代工业的不断发展,工业产品的开发设计与其生产体系、社会环境均有密切的关系。在产品设计过程中所涉及的生产设备、技术、材料及工艺等问题日趋增多;在产品功能和形态多样性的要求下,专业分工也日趋复杂;同时产品在市场上的需求趋势也随着人们生活水平的提高而不断变化。因此,针对众多的相关因素,运用系统分析和系统综合的方法,在产品定向开发的目标确定及产品定位设计的具体方案选择上,就可以作出较为客观的和正确的判断。

**(1)产品定向开发**

任何一件新产品的定向开发都要根据市场需求、社会环境的状况及企业本身的财力、物力、人力和技术条件确定。同时,产品开发又是一个专业群体的工作,绝非少数人或一个部门能够完成的,而是需要各部门(调查、管理、设计、生产、决策、销售等)协同工作。因此,围绕产品开发所做的各项工作及其相互间的关系都要做系统的计划和安排。只有在明确开发目标、开发条件、开发要求及工作关系的基础上,才能防止设计中的差错和片面性,避免人力、物力和时间的浪费。

（2）**产品定位设计**

当产品设计的目标确定之后，就要由设计部门根据各种资料进行产品的定位设计，即实施具体设计。在此阶段，工作的重点是对与产品有关的各种因素作详细分析，包括对产品结构、生产技术进行综合研究，以探求实现产品的最佳方案。

如果把产品作为一个系统对待，则该系统的因素包括功能、结构、材料、工艺、形态、色彩、表面装饰以及使用、维修、运输和环境影响等。这些因素互有联系、错综复杂，必须通过系统性的分析研究和综合优化，才能设计出符合人们需要和具有市场竞争力的产品。

### 2.1.3 系统化设计目标的确定

在开发一种新产品之前，先要进行需求分析、市场预测、可行性分析，确定设计参数和制约条件，最后作出详细的设计要求表，作为设计、评价和决策的依据。

（1）**需求识别**

任何产品的开发都是从某种需求的识别开始的。这种需求可能由用户提出，也可能由设计、经营人员分析得出。

认识一种需求的本身就是一个创造过程。需求识别是从社会、技术发展的实际出发，寻求所要解决的问题。因此，只有深入细致地观察社会、观察生活，只有不满足现状，才会感到有问题，才会去探索。

要注意发现潜在需求。许多知名的设计师都是在社会大多数人还没有意识到某种需求之前，就已经认识到了这种需求。在社会对电灯有明显需求之前，爱迪生研制电灯的工作已经进行了很长时间。日本近年来高级公寓渐增，但大多数缺少阳台，不便晾晒棉被，而高龄老人总希望棉被经常保持松软舒适。棉被烘干机的出现适应了这一潜在需求而获得畅销，其实它的构造与吹风机差不多。因此，问题通常不是解决技术上的难题，而是产生新的构思。

要善于抓住问题的实质。为了把衣物洗干净，设计师设计了洗衣机。然而他们没停留在用洗衣粉洗净衣物这一表面形式上，而是抓住"使脏东西脱离衣物"这一实质，进而设计了真空洗衣机、超声波洗衣机及电磁洗衣机等。

因此，新产品开发中最困难的不一定是科学技术问题，而是首先确定需要开发什么样的产品。

（2）**调查研究**

为了使产品开发与设计有充分的客观依据，必须进行调查研究，掌握可靠的信息。只有全面科学的调查研究，才是正确决策的前提和基础。调查应包括以下内容：

1）市场调查

市场调查包括市场的现实需求、潜在需求及发展趋势，产品的销售对象及可能销售量，用户对产品的功能、用途、形态、色彩、使用维护、包装及价格等方面的要求，与之相竞争产品的种类、优缺点和市场占有情况，竞争企业的生产经营实力和状况等。

2）技术调查

技术调查包括实用科技成果、新材料、新工艺、新技术状况，专利情报、行业技术、经济情报，有关技术标准与法规，与之相竞争产品的技术特点分析，竞争企业的新产品开发动向，等等。

3）社会调查

社会调查是面向企业生产的社会环境及目标市场所处的社会环境,包括有关技术经济政策(如产业发展政策、环境保护政策及安全法规等),产品的种类、规模及分布,社会风俗习惯、消费水平、消费心理、购买能力等。通过综合调查,明确要设计的产品总的发展趋势,本企业在国内外同行业中的位置,从而作出决策。

（3）**设计要求**

在调查研究的基础上,提出产品开发的可行性报告,一般包括以下内容:

①产品开发的必要性,开发产品的种类、寿命周期、技术水平、经济效益和社会效益分析,销售对象、销售情况预测。

②用户对产品功能、用途、性能、形态、色彩、价格、使用维护等方面的要求,有关产品的国内外水平、发展趋势。

③为了开发该产品需解决的设计、制造工艺、产品质量等方面的关键技术问题。

④投资费用、开发进度及经济效益的估计和预算。

⑤现有条件下开发的可能性及准备采取的有关措施。

经过可行性分析后,对准备进行开发的产品提出合理的设计要求和设计参数,并列成设计要求表。表中各项要求应尽可能定量化,并根据各项要求的重要程度分为必达要求、基本要求和附加要求。设计要求的参考项目和内容见表 2.1。

表 2.1　设计要求表的项目内容

| | | |
|---|---|---|
| 功能 | 使用功能 | 人机环境协调:显示、操纵、控制、安全、环境要求、噪声、调整、维修、配换、使用的合理性 |
| | 技术功能 | 运动参数:运动形式、方向、速度 |
| | | 动力参数:功率、效率、作用力大小、方向、载荷性质 |
| | | 性能参数:寿命、可靠度、有效度、精度 |
| | 精神功能 | 形态、色彩、装饰、包装、环境效应、展示效果 |
| 加工制造 | | 材料要求:材料选择、材料限制 |
| | | 工艺要求:加工工艺、检验条件及限制 |
| | | 装配要求:装配技术要求、地基及安装现场要求 |
| 经济性 | | 尺寸:长、宽、高、体积、质量要求及限制 |
| | | 成本:理想成本、最高允许成本 |
| | | 生产率:批量化生产条件 |
| 期限 | | 设计完成日期、研制完成日期、供货日期 |

### 2.1.4　系统化设计方案的选择

（1）**产品设计系统**

设计人员所设计的产品是以一定技术手段实现社会特定需求的人造系统。它是“人—机—环境”大系统中的一个子系统,也称为产品设计系统。与产品密切相关的、并给产品设计以一定约束的人的因素和环境条件因素称为产品设计系统的约束条件。

人的因素的约束包括人的生理和心理要求,如协调的人机关系、安全性、可靠性、通用性及审美性等。

环境因素的约束包括技术条件、生产条件、经济条件、市场趋势、设计进度等。

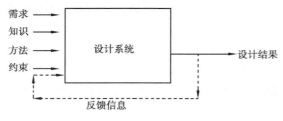

图 2.1　产品设计系统示意图

产品设计系统是一种信息处理系统,输入的是设计要求和约束条件。设计师运用一定的知识和方法通过具体的设计手段,最后输出的是方案、图纸、文件等设计结果,如图 2.1 所示。随着信息和反馈信息的增加,通过设计师的合理处理,将使设计结果更加完善。

建立产品设计系统的目的是把一定的输入量转化为满足需求、符合特定目的的输出量。在完成输入到输出的转化过程中,系统所具有的工作能力和转化特性称为系统的功能。如电动机的功能是把电能转变为机械能,洗衣机的主要功能是把脏东西洗干净。

产品设计系统的功能是依靠产品的工作原理、内部结构及相关的形态等因素实现的。产品的系统性设计不同于传统设计,它不是先从产品结构着手,而是以系统的功能出发,进行功能分析,抓住问题的本质,进而扩大实现产品功能的多种方案的范围。这就极大地提高了多方案选择和优化的可比性,从而获得新颖和较高水平的设计方案。

（2）**功能分解**

产品系统是由互相联系的不同层次的诸要素组成的。为了更好地寻求实现系统功能,可将系统的总功能分解为比较简单的分功能。同时,为了使输入量和输出量的关系更为明确,转换所需的手段更为单一,一般分解到能直接找到解法的分功能（常称功能元）为止。通常按照解决问题的因果关系来分析分功能。如对平口虎钳功能的分解:为了"夹紧工件",必须"施加压力",前者是实现的功能,后者就是必需的手段。如果沿着这样的思路继续分解,实现加压的方式又有多种,如液体加压、气体加压、螺旋加压等。这样把系统的功能和实现手段层层展开,就可以使产品系统更清晰明了,从而获得多种解答方案。

功能分解常用功能树的形式来表达。如图 2.2 所示为自动泡茶器的功能树。功能分解不仅是问题求解的手段,而且是获得认识事物的方法。许多工业产品只有在认清其分功能和求

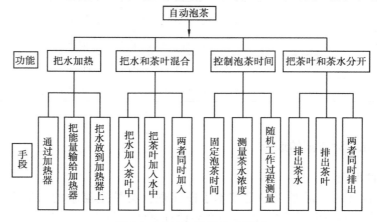

图 2.2　自动泡茶器的功能树

解手段之后,才能对其进行本质上的改造。例如,在螺纹连接中,其主要功能是连接,而实际上,它可分解成 3 个分功能,即定位、夹紧和保持。把分功能分离开,具体分析,寻求实现分功能的各种手段,就可分别设计出许多不同结构、不同形态的连接系列产品。

（3）**分功能求解**

分功能求解是在功能分解及最终确定分功能的基础上,进一步寻求实现分功能的基本手段、工作原理及其结构形式。

就设计师而言,分功能的求解过程是其对广泛科学技术知识的掌握能力与设计实践经验的综合体现。尤其在现代工业社会里要成功地开发一种产品,设计师不仅要掌握广泛的科学技术知识和具有一定的设计经验,同时还要具有及时地把现代科学技术成果向实用产品转化的能力,要掌握现代设计领域中的许多新理论和新方法。只有具备了扎实的设计基础和创造性的开发能力,在具体的设计中思路才会更广阔,求解方案才会更合理。

（4）**方案综合与优化**

方案综合与优化就是将系统中的各分功能进行合理组合,以得到多个方案,然后从中寻求最优秀的整体方案。

设计者可以将分功能（功能元）与分功能解列成矩阵形式,见表 2.2 中第一列 $A,B,\cdots,N$ 为分功能,对应每个分功能的行是分功能的解,如 $A_1,A_2,A_3,\cdots,A_i$。在每一分功能解中挑选一个,经过组合就可以形成一个包括全部分功能的系统方案。从理论上讲,可以组成系统方案的数量为各行解法个数的连乘积。

表 2.2　系统方案矩阵

| 分功能 | 分功能可能的解法 | | | | | | |
| --- | --- | --- | --- | --- | --- | --- | --- |
| | 1 | 2 | 3 | $\cdots$ | $i$ | $j$ | $k$ |
| $A$ | $A_1$ | $A_2$ | $A_3$ | $\cdots$ | $A_i$ | | |
| $B$ | $B_1$ | $B_2$ | $B_3$ | $\cdots$ | $\cdots$ | $B_j$ | |
| $\vdots$ | $\vdots$ | $\vdots$ | $\vdots$ | $\vdots$ | $\vdots$ | $\vdots$ | $\vdots$ |
| $N$ | $N_1$ | $N_2$ | $N_3$ | $\cdots$ | $\cdots$ | | $N_k$ |

表 2.3 为一个液墨书写器的系统方案矩阵。这个矩阵的分功能解可形成 36（3×4×3）个系统方案。如 $A_1$—$B_1$—$C_1$,$A_2$—$B2$—$C2$,$\cdots$。其中,$A_3$—$B_3$—$C_3$ 为一种新型签字笔。

表 2.3　液墨书写器的系统方案矩阵

| 设计参数 | | 可能的解法 | | | |
| --- | --- | --- | --- | --- | --- |
| | | 1 | 2 | 3 | 4 |
| $A$ | 墨库 | 刚性管 | 可折叠的笔 | 纤维物质 | — |
| $B$ | 装填机构 | 部分真空 | 毛细作用 | 可更换的储液器 | 将墨注入储液器 |
| $C$ | 笔尖墨液输出 | 裂缝笔尖毛细供液 | 圆珠—黏性墨 | 纤维物质的笔尖毛细供液 | — |

系统方案矩阵所产生的方案数目过大,难以进行评选。因此,要先剔除一部分不合理的方案,其中包括分功能解之间不相容的方案。如表 2.3 中的圆珠黏性墨 $C_2$ 与毛细作用 $B_2$ 是不

相容的,因为黏滞力阻碍毛细作用。此外,如 $A_1$—$B_4$—$C_2$ 也是不相容的。对有关的设计要求、约束条件等不能满足的方案应去掉,如成本偏高、效率低、污染严重、不安全、加工困难、不适用等。

这样,通过筛选、优化,选择出较佳的少数几个方案供评价决策使用,以便确定出 1~2 个方案作为进一步设计的方案。

目前,产品的系统化设计方法已成为产品设计的有力工具,对提高产品的设计水平具有重要作用。

## 2.2　人性化原理

### 2.2.1　人性化概述

任何一件产品都是为了满足人的需要而设计的,因此,在产品塑造过程中任何观念的形成均以人为基本出发点、把人的因素放在首位。人性化观念的形成可追溯到远古时代。中国古代的儒家学说中就有人本主义思想。西方文艺复兴时期人本主义思想更得到了发展。随着资产阶级哲学思想在资本主义兴起以来的发展,"人性""人本"等主题更加成为重要的内容。

人性是人的自然性和社会性的统一。在设计中,使用"人性化"这一概念是有其特定内涵和外延的,就是在设计文化范畴中提倡一种以提升人的价值、尊重人的自然需要和社会需要、满足人们日益增长的物质和文化需要为主旨的设计观。因此,不能把这里所说的"人性化"与社会历史、哲学观点中的"人性化"相比较,以免产生误解。

### 2.2.2　人性化的设计观

产品的人性化设计是现代工业设计的大趋势。由于任何工业产品都是为人设计的、都是供人们使用的,因而产品最终的命运要视产品与人关系的协调程度而定。

在工业化发展的一个漫长时期,人们曾忽略了在产品"物"的形态里还包含与人的生理、心理密切相关的多种因素,致使许多工业产品在设计中出现了种种不利于人的弊端而不久便被淘汰。于是,致力于改善这种状况的人性化设计伴随着人机工程学和设计美学的发展而成为当今最重要的设计观念。

人性化设计的理念在现代工业史上具有重要意义,它完成了从"人要适应机器和产品"到"机器和产品要适应人"的历史性转变。它以人为设计的中心,对工业机械或产品从环境、安全、可靠、使用、操作、心理感受等方面进行整体考虑和构思,并对人的生理、心理因素作出科学的定性和定量分析研究,从而提出人与产品、机器协调设计的理论依据。人性化设计的理念就是要把人的感性要求和理性要求融合到产品设计中去,使产品的功能和形态、结构和外观、材料工艺等众多因素都能充分适应人的要求,从而达到产品与人的完美统一。

人性化的设计观是工业设计经由导入期、发展期、成长期发展到现在的成熟期后而出现的一种新的设计哲学。它反对过去那种设计师只重视产品的功能和造型的思维和做法,而是要求设计师积极考虑其设计的产品在人们生活中发生什么作用和对周围环境的影响程度——人类生活并不仅仅需要物质上的满足,还有精神文化方面的需求,设计师需要凭借自己对生活的敏锐感受和观察力而为提高人类生活的品质作出贡献。这种设计观较之纯科学技术和商业竞争的设计原则更有意义。

人性化设计观念的实质就是在考虑设计问题时以人为中心展开设计思考。在以人为中心的问题上,人性化考虑也是有层次的,既要考虑社会的人也要考虑群体的人,还要考虑个体的人,做到抽象与具体相结合、整体与局部相结合、根本宗旨与具体目标相结合、社会效益与经济效益相结合、现实利益与长远利益相结合。因此,人性化设计观念是在人性的高度上把握设计方向的一种综合平衡,以此协调产品开发所涉及的深层次问题。在机械的海洋包围之中的人们都向往着人与人真诚交往的田园式生活。虽然技术的进步使人们的家务劳动和工作劳动减轻了,信息也变得更快捷,衣、食、住、行都比以往更充足和方便,但人们对于由此而构成的生活方式的进步并不那么满意并为此付出了巨大的精神和心理代价。信息化时代在带来巨大物质利益的同时也带来了许多现实问题,如人的孤独感、心理压力增大、自然资源枯竭、交通状况恶化、环境破坏等。这些问题的产生,其本质原因并不在于物质技术进步本身,而正是由于总体设计上的失衡,没有把人性化的观念系统地贯穿于人类造物活动之中。这些问题的出现也从反面证明提倡和强调人性化设计观念的重要意义。

概括地说,人性化设计观念的要点及其引申的原则大致包括以下方面:

①产品设计必须为人类社会的文明、进步作贡献。

②以人为中心展开各种设计问题,克服形式主义或功能主义错误倾向,设计的目的是为人而不是为物。

③把社会效益放在首位,克服纯经济观点。

④以整体利益为重,克服片面性,为全人类服务,为社会谋利益。

⑤设计首先是为了提高人民大众的生活品质,而不是为少数人的利益服务。

⑥注意研究人的生理、心理和精神文化的需求和特点,用设计的手段和产品的形式予以满足。

⑦设计师应是大众的服务员,要有服务于人类、献身于事业的精神。设计是提升人类生活质量的手段,其本身不是目的,不能为设计而设计。

⑧要使设计充分发挥协调个人与社会、物质与精神、科学与美学、技术与艺术等方面关系的作用。

⑨充分发挥设计的文化价值,把产品同影响、改善和提高人们的精神文化素养、陶冶情操的目标结合起来。

⑩用丰富的造型和功能满足人们日益增长的物质需要和文化需要,提高产品的人情味和亲和力,以发挥其更大作用。

⑪把设计看成是沟通人与物、物与环境、物与社会等的桥梁和手段,从人—产品—环境—社会的大系统中把握设计方向,加强人机工程学的研究和应用。

⑫用主动、积极的方式研究人的需求,探索各种潜在的愿望,"唤醒"人们美好的追求,而不是充当被唤醒者去被动地追随潮流和大众趣味,从而把设计的创造性和主动性发挥出来。

⑬人性化的设计观念总是把设计放在改造自然和社会、改造人类生存环境的高度加以认识,因此要使产品尽可能具备更多的易为人们识别和接受的信息,提高其影响力。

⑭人民是历史和社会的主人,超脱一切的人性化根本上是不存在的,因此在设计中要排除设计思潮中一切愚昧的、落后的、颓废的、不健康、不文明的因素。

⑮注意正确处理设计的民族性问题,继承和发扬民族精神、民族文化的优良传统,从而为人类文明作出贡献。

⑯人性化的设计观念是一种动态设计哲学,它并不是固定不变的,随着时代的发展人性化设计观念也需要不断地加以充实和提高。

⑰设计的重要任务之一是使人的价值得到发挥和延伸。

⑱时时处处为消费者着想,为他们的需求和利益服务,同时协调好消费者、生产者、经营者相互之间的关系等。

### 2.2.3 人性化设计观念应考虑的主要因素

在用人性化设计观念探讨人、产品与环境的关系时,影响产品在人性化的设计创造上所应考虑的因素,大体有以下几方面的因素应加以重点考虑——动机因素、人机工程学因素、美学因素、环境因素、文化因素等。

**(1)动机因素**

产品设计的出发点是满足人的需要,即是问题在先,解决问题的设计在后。人类生存必然会遇到各种各样的问题,也有许许多多的需求,产品设计就是为满足人类的某种需要而产生的。因此,产品设计的动机就是为了满足人们的物质或精神享受的各种需求。如图2.3所示为产品与人的需求之间的关系。

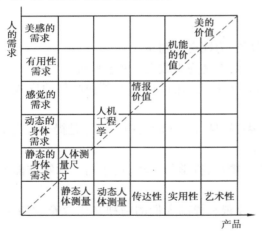 

图2.3 产品与人的需求之间的关系　　　　图2.4 马斯洛的人类需要层次论

由图2.3即可以明确设计所要探讨的范围和需要创造的价值类型。可见,人的需要问题是设计动机的主要成分。

人的需要是有层次的,一般而论,人类总是在较低层次的需要得到满足之后才会有更高层次的需要。按美国著名社会心理学家马斯洛的观点,人的需要层次可分为以下5个层次(见图2.4):

①生理的需要。主要是指人类免于饥饿、口渴、寒冷等的基本需求。

②安全的需要。是指使人免于危险和感到安全的需求。

③爱和归属的需要。是指免于孤独、疏离而加入集体,接受别人的爱和爱别人的需求。

④尊严的需要。是指要求受人尊敬、有成就感等需求。

⑤自我实现的需要。是指人要求发挥自己潜能、发展自己个性、要求表现自己的特点和性格等需求。

以上分类虽尚有争议,但至少能提供关于人的需要的大致情况,使设计者能方便地对人的需要有一个基本了解。在上述需要中,生理需要最为基本、位于最低层次;自我实现的需要最为复杂、位于最高层次。这是一种心理学的分类,在产品设计上也不能完全以此作为依据,应当综合分析产品所要满足的最主要需求和有影响的需求而不能固于上述的分类。一般而言,与设计关系最为密切的需求因素可归纳为 3 个方面:生理性需求、心理性需求和智能需求。

1)生理需求

生理需求是人们生活、生产、劳动、工作中必要的需求,不能满足这种需求就会给人带来困难以至无法生活和工作。对待这类需求,最重要的观念就是借助产品的使用功能来弥补人们无法达到或不方便完成的许多工作。这种为满足基本生理需求所做的设计,其实就是把设计看成是人类本身系统的再延伸。例如,电话的设计就是使听觉能力的再延伸,自行车、电动车也可视为人行走能力的再延伸,计算机则可理解为人脑的延伸。又如,各类椅子、床等的设计,就是为了弥补人们自身承担支撑能力不足而产生的。

2)心理需求

审美需求、归属需求、认知需求和自我实现的需求都属于理性需求范围。产品设计中的造型美观、精致等一些使人赏心悦目的要求,就是出于这方面的考虑。为满足这种需求,对设计的要求是很高的。例如,要求产品适合人性要求,要求体现某种使用者的身份、地位、个性,要求满足使用者的成就感和归属要求等。又如,一块高档的手表需要几千甚至上万元,它与普通手表在功能上毫无差别,但价格却相差甚远,大多数佩戴这种手表的人已经把它看成是身份的一种象征,它满足了使用者对物质的追逐感,因而它其实就是一种心理的需求。人的心理需求随着社会文化、国家经济和生活水平的不断提高而向内容更广泛、层次更高级的方向发展。可见,人的心理需求在现代工业产品设计中的地位越来越重要。

3)智能需求

智能需求是一种无形的但却对人有重要意义的需要。智能需求主要是指信息、知识、理论、方法、技术等方面的需求,这些也都是人类生活所必需的内容。这类需求一般指设计的产品对人有一种特别的意义。例如,现代计算机代替算盘的设计、现代电子衡器代替以前机械衡具的设计、现代办公系统的设计等都是为了满足人们的这种需求。广义上讲,现代符号语言的设计也是为了提高信息传递高效、简便、可靠的要求而设计的,也是为了满足人们的智能需求。

**(2)人机工程学因素**

人性化设计观念首先考虑的是人们需求的动机因素,其次即是人与产品之间的关系因素,这方面的因素就是人机工程学因素。无论是工程设计或是工业设计都必须研究人机工程学,它不仅可帮助工程师选择最好的机械装置和结构,而且可影响产品设计师的设计观点。设计离不开人机工程学指导,产品设计必须应用该学科的原则和方法,以使富于人性化的设计成为可能,设计的重点应放在人的知觉信息安排和人对产品操作的合理性上,在以人为中心的前提下使产品适合人的使用而不是要人去适应产品。

产品的设计重点应放在操作者方面。一般而言,反复性或持久性的使用动作都会受到人体尺寸的影响,包括静态的和动态的人体测量尺寸的影响。设计时,要考虑产品能满足大多数使用者的操作适宜性要求,这是人机工程学对设计的首要的影响因素。此外还有心理、环境、精神方面的影响因素等。例如,要设计婴儿床,就必须了解婴儿的骨髓、身形、体重以及儿童的生长状况,乃至平时细微的小动作。这时要将婴儿作为特殊的使用人群来定位,设计师的一切设计活动都是围绕他们服务的。另外,对于社会上特殊人群的考虑,如残疾人,他们在心理和生理上都存在障碍,是社会应当给予更多关心的一类人群,在设计产品时就应该将这类人群的特殊人机因素考虑进去,尽量对他们的生理缺陷进行弥补,这些都是人机工程学的研究范畴。

在具体设计中要考虑的人机工程学因素主要包括以下方面:

①运动学因素。即研究动作的几何形式,探讨产品操作上的动作形式、人的操作动作轨迹以及与此有关的动作协调性和韵律性等。

②动量学因素。即研究动作及其产生动量的问题,如水龙头把手和打火机的设计等。

③动力学因素。主要讨论产品动态操作上所需花费的力量、动作的大小等。

④美学因素。主要指在形态设计方面如何满足人的精神审美要求。

⑤心理学因素。主要探讨操作空间和动作等对人的安全感、舒适感、情绪等方面的影响。

**(3)美学因素**

美学是一种研究和理解"美"的学问。对于产品设计而言,美学因素是指以人为主要对象评判产品美的水准及其塑造美的方法,其中涉及人的视觉、听觉、触觉及其感受的对象。产品设计中的美学问题表现在很多方面,如在听觉(音质美)方面,洗衣机定时蜂鸣器的音质、门铃的音质等就是设计中应考虑的重要问题,应以使人产生美感为目标;在视觉(造型美)方面更是产品设计的一个重点;在触觉(材质美)方面,各种把手、按键、旋钮等的设计就应考虑人接触以后不能产生不舒服的感觉而要使人有一种美的感受。

产品设计中所要讨论的美学问题是整个美学领域的一部分,可称为设计美学或技术美学。从人性化设计思想考虑,最主要的是研究符合人的审美情趣的产品设计需要考虑的因素。以下8个方面的因素需在设计中加以强调:

①视觉感受和视觉美的创造。

②审美观和美感表现。

③听觉感受和听觉美的创造。

④触觉感受和触觉美的创造。

⑤美的媒介及其美学特性的发挥。

⑥美的形式。

⑦美感冲击力和人的适应性。

⑧美学法则和方法等。

**(4)环境因素**

通常环境对产品设计的影响包括微观和宏观两个层次。所谓微观层次,是指产品使用的实际环境,它对产品设计的影响往往是显性的。所谓宏观层次,是指从更大的方面看产品所处的特定的时空,它对产品设计的影响一般是隐性的,如法律、法规、社会状态、文化特点等的影响。

在此主要讨论实际环境的影响。

1)形式方面

人们生活中的实际环境是随着时代发展而变化的。产品的设计开发,特别是与人关系密切的产品的设计应使人有意识或无意识地感受到产品与环境的协调。例如,现代生活用品的设计均不可避免地受到建筑设计的影响,即是说与现代建筑的形式、风格、设计思想有一种潜在的联系,一般呈现出和谐、统一的大趋势,同时建筑设计也受产品设计的影响,家具的设计就是一例。

新材料、新结构、新风格等对产品设计的影响是明显的,产品设计不可避免地都要打上时代环境影响的烙印。20 世纪 30—40 年代盛行的流线型风格,即影响着汽车、其他交通工具乃至许多与流体力学毫无关系产品的设计。在当前信息化时代环境下,计算机和办公自动化产品的设计正影响着无数产品的设计风格,简洁、功能性的造型风格已在多数产品上得到体现。大环境的特点影响人们的价值观念和生活态度,这是人性化设计观念中必须考虑的因素,忽略了这种影响就难以使人性化设计思想真正实现。

2) 物理方面

从物理方面考虑的环境因素主要是指产品与人的操作环境的关系问题。产品在使用时必然受到照度、温度、湿度、声音及其他物理因素的干扰和影响,从而对产品的设计提出各种应予以考虑的问题。从人性化设计观念考虑这些因素的影响,就是要从人的角度分析这些物理因素的作用,使之对产品的不利影响减至最小,从而创造宜人的环境,使人在使用产品时有良好的安全感和舒适感,使人的因素得到可靠保证。

(5) 文化因素

在人们生活的环境中存在的一切有关事物,包括衣、食、住、行等方面的产品甚至交通标志、传播媒体及一切器物设施等,即形成了我们生活的整个环境。在这个大环境中,有形的物理环境对产品设计有显性影响,其中又有一些无形的、隐性的影响因素,如人们的传统、习俗、价值观念等可列为文化因素加以讨论。文化因素也是环境因素的一个重要方面。

产品设计往往可影响人们生活中的文化问题,甚至可导致新的生活文化形态的形成。它对社会影响的大小依赖于该设计是否合乎人们的传统习俗或思维方式。符合时代文化特点的产品设计广泛地进入人们的生活之后,即对人们的生活产生巨大影响,甚至改变着人们的生活形态。一般而言,一件产品只有符合特定的文化特性、满足某种功能需求并表现出与时代精神和科技进步的协调关系,才能进入人们的生活。不可设想忽略文化因素而勉强地把科技引入人们生活会有多大意义及其实现的可能性会有多大。例如,想把自动提款机引入不发达的城镇或农村的计划可以肯定会失败,这是由于对文化因素没有认识清楚而造成的后果。因此,文化因素在工业设计中是必须加以考虑的。人们的生活习俗和价值观念对产品设计也有相当的影响力。当前,轻、薄、短、小的设计观念即是与目前人们的普遍价值观念相联系的。

总之,产品设计的人性化考虑是受多种影响因素制约的。虽然在讨论这些影响因素时是分别叙述的,但可以看出这些因素又是难以清楚划分开的,如环境因素也包括有文化因素,而环境因素又部分地包含在人机工程学因素之中,等等。因此,应该有一种系统的整体观念,把动机的、人机工程学的、环境的、文化的、美学的因素有机融合起来加以综合分析,以此设定产品设计的目标。人性化既是一种思想也是现实的设计行动,应通过各种设计方法和技术把理想化为切实的行动。

## 2.2.4　人性化设计的表现形式

设计师通过对设计形式和功能等方面的人性化因素的注入而赋予产品以人性化品格,从而使产品具有情感、个性、情趣和生命。产品的人性化设计的表现形式有以下 5 种:

**（1）产品造型的人性化设计**

设计中的造型要素是人们对设计的最重要的关注点，设计的本质和特性必须通过一定的造型而得以明确化、具体化和实体化。意大利设计师扎维·沃根于 20 世纪 80 年代设计的 Bra 椅子虽采用了传统的椅子结构，但椅背设计采用柔软而富有曲线美的女性形体造型，人坐上去柔软舒适而浮想联翩，极富趣味性。1994 年意大利设计师设计推出的 Lucellino 壁灯模仿小鸟造型，并在灯盏两旁安上两只逼真的翅膀，在高科技产品中融进了温馨的自然情调，一种人性化的氛围扑面而来。

图 2.5　一种电脑机箱的设计造型

**（2）产品色彩的人性化设计**

在设计中，色彩必须借助和依附于造型才能存在，必须通过形状的体现才具有具体意义。色彩一经与具体的形状相结合，便具有极强的感情色彩和表现特征，从而具有强大的精神影响力。现代设计秉承包豪斯的现代主义设计传统，多以黑、白、灰等中性色彩为表达语言，体现出冷静、理性的产品设计理念。当看到具有人情味的产品时，消费者的心情便为之一振并豁然开朗。原来电视机、电冰箱、电脑等高科技产品也可以是彩色的，连汽车轮胎都可以设计成五色斑斓的。在现代设计的色彩运用中，更多地融入了时代的和设计师及消费者个人的情感、喜好和观念。如图 2.5 所示为一种电脑机箱的设计造型。

**（3）产品材料的人性化设计**

现代设计师常在工业设计中采用或加进自然材料，通过材料的调整和改变而增加自然情趣或含情脉脉的情调，使人产生强烈的情感共鸣。20 世纪 80 年代德国设计师为发育迟缓儿童设计的学步车曾获国际工业设计大奖。该设计并没有选用伤残人器械上常使用的那种闪着寒光的铝合金，而采用打磨柔滑的木材制作，再涂上鲜亮美丽的红漆并配一玩具积木车，产品工艺虽简单却受到国际工业设计界好评，其根本原因就在于设计者通过对材料的用心选择、色彩的精心搭配和功能的合理配置表现出了一种正直的思想和对人性的关怀，让孩子不感到它是医疗器械，而是令人亲近和喜爱的玩具，从而使其打消自卑感、增强生活勇气且有利于孩子健康人格的形成。

**（4）产品功能的人性化设计**

好的功能对于一个成功的产品设计来说十分重要。人们之所以对产品有强烈的需求，就是想获得其使用价值——功能。为残疾人设计的坐便器如图 2.6 所示。

如何使设计的产品功能更加方便人们的生活，更多、更好地考虑到人们的新的需求，是未来产品设计的一个重要出发点。一句话，未来产品的功能设计必然会更加具有人性化特点。例如，在超级市场的购物车架上加一隔栏，有小孩的购物者在购物时就可将小孩放在里面，从而使购物行为更方便和轻松；在购物车上加一个翻板，老年人购物累了可以当靠椅坐下休息，尊老爱幼的美德就这样体现在细

图 2.6　为残疾人设计的坐便器

微的设计细节之中了。如图 2.7 所示为多功能超市购物车。

**（5）产品名称的人性化设计**

借助于语言词汇的妙用给产品一个恰到好处的命名，往往是设计人性化的"点睛"之笔。如同写文章一样，一个绝妙的题目能给读者以无尽的想象，让人心领神会而怦然心动。如图 2.8 所示为不烫手的杯子。如图 2.9 所示为 GK 设计集团设计的一款休闲椅，命名"催眠"，不仅给人一种懒洋洋地享受，而且可带给人们许多思考和梦想，其给人的情感体验是不言而喻的。

图 2.7　多功能超市购物车　　　　　　图 2.8　不烫手的杯子

总之，大多数产品都是为人而设计的。就产品设计的本质而言，任何观念均需以人为基本出发点，以人性化为主应看作是首要的设计理念。注重人性化的设计，正是工业设计所追求的崇高理想，即为人类创造更舒适、更美好的生活和工作环境。如图 2.10 所示为一种方便好用的缠线器。

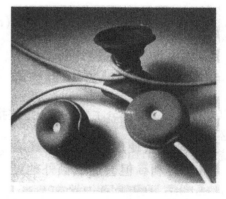

图 2.9　"催眠"休闲椅　　　　　　　图 2.10　缠线器

## 2.3　可靠性原理

可靠性是衡量系统或产品质量的主要因素之一。所谓可靠性，是指系统、产品或元件、部件等在规定的条件和规定的时间内完成规定功能的能力。"规定的时间"是可靠性定义中的重要前提。一般而言，系统的可靠性是随时间的延长而逐渐降低的，因此，可靠性总是对一定的时间而言的。"规定的条件"通常是指使用条件、环境条件和操作技术等。不同条件下同一系统或产品的可靠性是不一样的。产品的可靠性及其可靠性设计与人机工程学一样,是现代工业产品设计中的重要环节之一。

### 2.3.1 可靠性指标及其量值

#### (1)可靠度

产品在规定条件下和规定时间内完成规定功能的概率定义为可靠度 $R(t)$,失效的概率定义为不可靠度 $F(t)$。它们都是时间的函数。可靠度与不可靠度为互逆事件,因此由概率定义得

$$R(t) + F(t) = 1 \text{ 或 } R(t) = 1 - F(t)$$

通常情况, $R(t) \geqslant 0.90$ 时,即表示可靠度比较高。

#### (2)失效率

失效率是指工作到某时刻尚未失效的产品在该时刻后单位时间内发生失效的概率,用 $\lambda(t)$ 表示。失效率的观测值为在某时刻后单位时间失效的产品数与工作到该时刻尚未失效的产品数之比。

#### (3)平均无故障工作时间

平均无故障工作时间(MTBF)是指对于可以修复的一个或多个产品在它使用寿命期内的某个观察期间累计工作时间与故障次数之比。

#### (4)有效度

有效度是指在某个观察期内,产品能工作时间对能工作时间和不能工作时间之和的比。它可表示为

$$A(t) = \frac{U}{U + D}$$

式中　$A(t)$——有效度;

　　　$U$——产品能工作时间;

　　　$D$——产品不能工作时间。

以上是可靠性的部分主要指标。这些指标可从不同侧面反映可靠性水平。产品的可靠性指标必须根据产品的设计和使用要求确定。例如,工程机械常采用有效度作为可靠性指标;数控系统经常采用 MTBF 作为可靠性指标;汽车则可采用可靠度、MTBF 或里程数作为可靠性指标。

选择出产品可靠性指标后,必须确定这些指标的量值。量值定得过低,不能满足使用要求,甚至完全失去使用价值,有的还会造成严重后果。如果指标的量值定得过高,从使用角度来讲虽然有利。但会造成额外的经济损失,延长工程周期。因此,科学地、合理地确定产品可靠性指标,对提高产品的可靠性具有十分重要的意义,通常可采用参照同类产品的可靠性指标确定。例如,对于工程机械,常规定其有效度 $A(t) = 0.9$,机床数控系统一般可取 MTBF = 3 000 h;又如,汽车常规定公里数为目标量值,底盘为 $12 \times 10^4$ km,传动系统为 $8.5 \times 10^4$ km,电气系统为 $5 \times 10^4$ km,附件为 $3 \times 10^4$ km。另外,还可先由可靠性分析模型和可靠性预测方案预测产品的可靠性指标,再由预测值确定产品可靠性指标的量值。

### 2.3.2　影响系统可靠性的因素

**（1）系统完成的功能容量和精度（主要功能参数变动范围）**

功能增加,使系统复杂化,导致可靠性下降。功能参数精度要求高,也将降低系统的可靠性。

**（2）系统工作要求的寿命和外界条件干扰**

可靠性即意味着要在全部外界条件变化和干扰下正常进行工作并完成系统功能。

**（3）组成系统的结构和元件的质量**

系统是由许多分系统、子系统和元件组成的,它们的可靠性及相互间的构造关系影响整个系统的可靠性。要保证一定的可靠性,往往需要在质量、成本、功率、备份等方面付出一定代价,故可靠性问题实际上也需要考虑优化。

### 2.3.3　提高产品可靠性的途径

产品不可靠多由使用过程中产品失效而引起。一件具体产品均由各种零件和部件组成,零部件失效即会引起整个系统失效,其中有主要失效、致命失效和次要失效之分。

提高可靠性的途径主要有 3 个方面,即设计、生产加工和使用维修。从设计方面来看,主要有以下 3 方面。

**（1）人机系统综合考虑**

设计时应考虑人与机的特性,搞好功能分配,同时要考虑轻便、灵活、舒适宜人、不易失误等,而且要考虑到环境因素。

**（2）简单性与冗余性辩证分析**

一般而言,系统越简单越可靠,但也并不尽然,有时过于简单反而不可靠,如省略了联动、互锁、保险、限位等机构系统就不安全。当然,也不是越复杂就越可靠,只要有必要冗余性即可,片面追求"复杂新颖"以示"高级水平"的做法是不可取的。

**（3）原材料与零部件有机选配**

原材料与零部件也并非一定越高级越好,主要取决于部位的重要性和特性,含油轴承在高速轻便旋转运动中的可靠度要比滚针轴承高。也不一定寿命越长就越好,如果一项产品更新周期为 5 年,则所有的零部件、原材料的寿命就不应超过这个寿命太多,否则产品需报废时许多零部件都完好,会造成资源浪费。

可靠性设计的全部工作包括硬件和软件,包括从设计制造到使用维修,还包括进行价值工程核算等,因而不能单纯追求可靠性。

### 2.3.4　产品可靠性的设计步骤

可靠性设计的步骤如下所述:

**（1）明确可靠性级别的主要指标**

可靠性级别的主要指标包括:系统的可靠性级别和要求;系统的工作环境条件;运输、包装、库存等方面的情况;易操作性、易维修性、安全性要求;高可靠零件明细及其试验要求;薄弱环节的核算;制造和装配的要求;管理、使用、保养、修理的要求。

（2）**可靠性预测**

可靠性预测包括：以往的经验和故障数据；今后的发展和评估意图；预测值与期望值接近的可能性；获得高可靠性的方法；薄弱环节的消除和新生薄弱环节；提高可靠性的裕度和协调各种参数；故障率的预测；对维修性和备件的预测。

（3）**可靠度分配**

可靠度分配包括：整系统与分系统可靠性的关系，即分系统对总系统可靠性的贡献度；分系统动作时间表和负载谱；满足可靠度的费用；把可靠性分配到重要零件及组件上；修正误动作的方案；保证可靠性的试验。

（4）**制订设计书**

制订设计书包括：设计方案的综合权衡因素；设计方法自身的可靠性；试验方案和计划；选择设计方案；提出保证可靠性的设计书（包括系统的可靠性设计和重要零件的可靠性设计等）。

# 2.4　美学原理

美是人类在物质的和精神的生存环境中表现出来的一种天性，是一种社会和物质文化现象，它的历史与人类一样久远。有史料记载的对美的表达和研究，在我国始于春秋时期的孔子，在欧洲则始于公元前 6 世纪（相当于我国西周时期）古希腊的毕达哥拉斯、柏拉图和亚里士多德，他们都对美有过论述。美是以研究美、美的存在、美的认识和美的创造为主要内容的一门学科，它研究的范围很广。随着时代进步和科学技术的不断发展，美学也与其他学科一样不断扩充自己的研究范围和探索对象，如研究美与生产实践关系的技术美学、研究美与人类生活关系的生活美学、研究美与艺术关系的艺术美学。

工业产品的美有两个显著特征：一个是产品外在的感性形式所呈现的美，称为"形式美"，另一个是产品内在结构的和谐、秩序所呈现的美，称为"技术美"。无论是外在的易感知的形式美，还是内在的不易感知的技术美，两者的要素则是相互联系的。在产品造型设计中，只有把这两方面的要素有机地统一起来，才能使产品达到真正的美。

## 2.4.1　产品造型的形式美法则

形式美是指构成事物的外在属性（如形、色、质等）及其组合关系所呈现出来的审美特性，它是人类在长期劳动中形成的审美意识。在产品造型设计中必须遵循这些规律并加以灵活运用。任何艺术作品离开形式美，它就会失去魅力、不能起到感染人的作用。

形式美法则是人们在长期生活实践特别是在造型设计实践中总结出来的规律。人们总结大自然美的规律并加以概括和提炼、形成一定的审美标准后，又反过来指导人们造型设计的实践。因此，形式美法则既是造型实践的产物又是造型设计的基本方法。然而，时代总是不断发展的，形式美法则必然也要随着时代进步而变化、发展和不断完善。下面对几种形式美法则作简要介绍。

（1）**统一和变化**

统一和变化是对立统一规律在艺术上的体现，是造型中比较重要的一个法则。

统一是指同一个要素在同一个物体中多次出现,或在同一个物体中不同的要素趋向安置在某个要素之中,统一的作用是使形体有条理、趋于一致,有宁静、安定感,它是为治乱、治杂、治散而服务的。

变化是指在同一物体或环境中要素与要素之间存在着差异性,或在同一物体或环境中相同要素以一种变异方法而使之产生视觉上的差异感。变化是刺激的源泉,能在乏味呆滞中重新唤起活泼新鲜的兴味。但是,变化必须以规律作为限制,否则必然导致混乱、庞杂,从而使精神上感觉烦躁不安、陷于疲乏。

任何艺术作品中,强调突出某一事物本身的特性称之为变化,而集中它们的共性使之更加突出则称之为统一。统一和变化是造型设计中的一对矛盾,可以说它是处理产品的局部与整体达到统一、协调、生动活泼的重要手段。在造型设计中,应该以统一为主、变化为辅,在统一中求变化、在变化中求统一。这样在整体的设计中,就会既保持整体形态的统一性又有适度的变化。否则,若只有统一而没有变化,就会失去情趣感,易于形成死板、单调;而若只有多变则无主题,使视觉效果杂乱无章、陷于疲劳,所以变化必须在统一中产生。如图 2.11 所示为一款休闲椅。

图 2.11　休闲椅

在工业产品造型设计中,无论是形体、线型、色彩和装饰都要考虑统一和变化这个综合因素,切忌不同形体、不同线型、不同色彩的等量配置,必须有一个为主,其余为辅。为主者体现统一性,为辅者起配合作用,体现出统一中的变化效果。具体做法是统一中求变化,变化中求统一。这一原则不仅适用于设计一件产品,也适用于环境设计,小至房间设计大至区域规划均需遵循这一原则。

**（2）比例和尺度**

1）比例

比例是指造型的局部与局部、局部与整体之间的大小对比关系以及整体或局部自身的长、宽、高之间的尺寸关系,一般不涉及具体量值。实践中运用最多的是黄金分割比例,此外还有均方根比例、整数比例、相加级数比例、人体模度比例等。

①黄金比和黄金比矩形

如图 2.12 所示,将一直线线段 $l$ 分成长短两段,使其分割后的长段($x$)与原直线($l$)之比

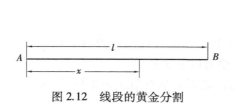

图 2.12　线段的黄金分割

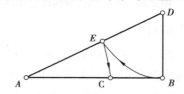

图 2.13　线段黄金分割作图法

等于分割后的短线段($l-x$)与长线段($x$)之比。这样的分割称为"黄金分割",即 $x/l=0.618$。

将直线划分为黄金分割比的方法很多,几何作图法较为常用,如图 2.13 所示。

所谓黄金比矩形,是指短边与长边之比为 0.618∶1 的矩形。求取黄金比矩形可以在正方形的基础上进行作图,如图 2.14、图 2.15 所示。

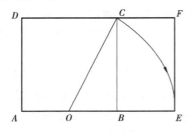

图 2.14 黄金比矩形作图法(一)

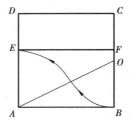

图 2.15 黄金比矩形作图法(二)

黄金比矩形具有肯定外形的美感,同时在视觉上能产生独特的韵律美感。从古至今,黄金比和黄金比矩形在造型艺术上始终具有很高的美学价值。例如,我国古代的秦砖汉瓦,世界上著名的巴黎圣母院、维纳斯女神塑像等都是根据黄金比例创造出来的。

在工业造型设计中,除了产品的外形、面板的设计应用这种比例外,在表面材料质感处理上设计师也常用黄金比例。

当然,任何一种规律都不是僵死的,即使被称为"黄金分割比例"也允许有一定宽容度。随着人们审美观念的变化、审美要求的不断提高、审美情趣的不断变化和物质技术的不断进步,如结构力学和材料科学的发展,各式各样的新材料、新工艺不断出现,同样也会产生新的比例关系,设计师和艺术家在灵活运用的同时更要有创新精神,不应拘泥于黄金律的约束,要敢于追求突破和大胆变化。例如,艺术大师米开朗琪罗就常把雕像作品的身躯塑造成头长的 9 倍、10 倍甚至 12 倍,目的是为人们创造出在自然形象中找不到的理想美,如图 2.16 所示。

图 2.16 米开朗琪罗的雕塑作品

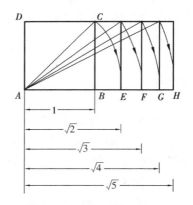

图 2.17 根号矩形作图法(一)

②根号矩形

根号矩形又称平方根矩形,其特点是矩形的宽长之比分别为 $1∶\sqrt{2}$、$1∶\sqrt{3}$、$1∶\sqrt{5}$ 等一系列比例形式所构成的系数比例关系。其作图方法主要有以下 3 种:

a.先画出边长为 1 个单位长的正方形,然后以此正方形对角线为半径、以 $A$ 为圆心作弧交 $AB$ 延长线于 $E$ 点,如图 2.17 所示。

这样以 *AD* 为短边、以 *AE* 为长边的矩形,即为$\sqrt{2}$矩形。依次用相同作法,即可得$\sqrt{3}$矩形和$\sqrt{5}$矩形。

b.先作一正方形,以某顶点为圆心、以边长为半径在正方形内画弧与对角线相交于一点,再通过此点画与底边平行的线,则得$\sqrt{2}$矩形。以同样的方法依次画下去,即得$\sqrt{3}$矩形、$\sqrt{4}$矩形、$\sqrt{5}$矩形,如图 2.18 所示。

c.先画正方形,以其对角线作为一长边、正方形边长为短边即可构成$\sqrt{2}$矩形。以$\sqrt{2}$矩形的对角线为一长边、正方形边长为短边即构成$\sqrt{3}$矩形。以同样的方法反复画下去,可画出一系列根号矩形,如图 2.19 所示。

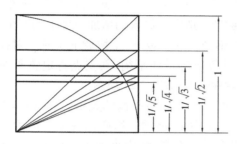

图 2.18　根号矩形作图法(二)

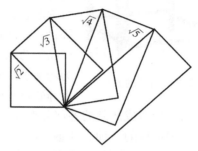

图 2.19　根号矩形作图法(三)

在现代工业产品造型设计中$\sqrt{2}$、$\sqrt{3}$、$\sqrt{5}$比例关系符合人们的现代审美需求,故这 3 个比例的矩形已被广泛采用。

③整数比例

整数比例是以正方形为基本单元而组成的不同的矩形比例。具体为 $1:2,1:3,\cdots,1:n$ 等长方形。这种比例具有明快、均匀的美感,在造型设计中工艺性好,适合现代化大生产要求,在现代工业产品造型设计中使用广泛。但比例大于 $1:3$ 的一般较少采用,因为它们易产生不稳定感。

此外,还有相加级数比例(弗波纳齐级数)、等比数列比、调和数列比、贝尔数列比等在工业产品造型中常被采用。

2)尺度

所谓尺度,是以人体尺寸作为度量标准,对产品进行相应衡量,表示造型物体体量的大小以及同它自身用途相适应的程度。概括地说,尺度即是指产品与人两者之间的比例关系。

①尺度与产品的物质功能有关。如机器上的操纵手柄、旋钮等,其尺度必须较为固定,因为它们必须与人发生关系,其设计要与人的生理、心理特点相适应,由此确定其尺度。如果单纯考虑与机器的比例关系而使这些操纵件尺度过大或过小,势必造成操作不准确或失误。

②产品尺度可在产品物质功能允许范围内调整。良好的比例关系和正确的尺度对于一件工业产品而言都是重要的,但首先解决的应该是体现物质功能的尺度问题。因此在造型设计中,一般先设计尺度,然后再推敲比例关系;而当两者矛盾较大时,尺度应在允许的范围内作适当调整。例如,男表与女表在尺度上的差别是被限制在一定范围内的。这种限制范围是表的物质功能所允许的。如果因女表做得太小而看不清时间或男表做得太大而无法戴在手腕上,都会失去手表的物质功能。又如,微型汽车的车门,若按车身造型比例设计就会使车门尺寸过

小而使乘员根本无法进出。因此,在造型设计中比例和尺度应综合考虑、分析和研究。

（3）**对称和均衡**

图 2.20  对称的家具

对称平衡法则来源于自然物体的属性,是动力和重心两者矛盾统一产生的形态。对称和平衡这两种不同类型的安定形式,也是保持物体外观量感均衡、达成形式上稳定的一种法则。

对称是指以物体垂直或水平中心线为轴,其形态上下或左右对称,如图 2.20 所示。对称具有一种定性的统一形式美,给人以严肃、庄重、有条理的静态美,一般宜表现庄严性或纪念性产品或作品,也适合于会场或某种仪式的总体布局。工业产品的造型设计大多采用对称形态。一方面是产品物质功能的要求,如飞机、汽车、火车、轮船等;另一方面是采用对称形式造型可给人们增加心理上的安全感,使产品的功能与造型获得感受上的一致、产生协调的美感。对称也视为均衡的特例,它是一种等形等量的平衡,其支点肯定置于对称轴上,同时视觉中心也在对称轴上,如图 2.21 所示。

均衡是指组成产品的各部分形体或体量之间前后、左右相对平衡的关系,是对物体长期观察和认识中形成的一种心理感受。它具有一种变化、活泼的感觉。均衡在视觉上可给人一种内在的、有秩序的动态美,它比对称更富有情趣,具有动中有静、静中寓动和生动感人的艺术效果。均衡也是衡量产品造型美的主要标准,如图 2.22 所示。均衡的形式法则一般以等形不等量、等量不等形和不等量不等形 3 种形式存在。

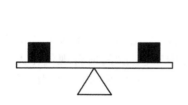

图 2.21  对称的形式

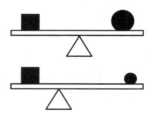

图 2.22  均衡的形式

对称和均衡形式美法则在实际使用中往往将对称和均衡同时考虑。有的产品的总体布局可用对称形式而局部则采用均衡法则;有的产品在总体布局上采用均衡法则而局部采用对称形式;也有的产品由于物质功能需要造型必须对称,但在色彩和装饰设计上则采用均衡法则。总之,对称和均衡法则应综合考虑、灵活运用,以增强产品在视觉上庄重大方且不失活泼的感觉。

（4）**稳定和轻巧**

人们在使用产品时在心理上总是希望是安全的,因此,在产品设计中首要的问题是要求产品在工作状态是安全和稳定的,稳定也是一种美的表现。

稳定是指造型物上下之间的轻重关系。稳定的基本条件是物体重心必须在物体支撑面以内,且重心越低、越靠近支撑面中心部位,其稳定性越大。稳定可给人以安全、轻松的感觉,不稳定则给人以危险和紧张的感觉。在造型设计中稳定表现有"实际稳定"和"视觉稳定"两种。实际稳定是指产品实际质量重心符合稳定条件所达到的稳定。视觉稳定是指以造型物体的外部体量关系衡量其是否满足视觉上的稳定。

轻巧也是指造型物上下之间的轻重关系,即在满足"实际稳定"前提下通过艺术方法而使造型物给人以轻盈、灵巧的美感。在形体创造上一般可采用提高重心、缩小底部面积、作内收或架空处理、适当多用曲线、曲面等技巧。在色彩和装饰设计中,一般可采用提高色彩明度、利用材质给人的联想或者将标牌和装饰带上置等方法来获得轻巧感。

稳定和轻巧是一个问题的两个方面,设计时应综合考虑、恰当处理。工业产品种类繁多,在运用稳定和轻巧形式美法则时一定要与该产品的物质功能相一致。稳定和轻巧感同以下因素有着密切关系:

①物体重心。物体重心高,给人以轻巧感,而重心低的形体则给人以稳定感。

②接触面积。接触面积大的形体具有较强的稳定感,接触面积小的则有轻巧感。

③体量关系。尺寸巨大的体量、封闭式体量特别是由上而下体量逐渐增加的造型形体具有稳定的感觉;小的体量、开放式体量都可以取得轻巧的效果。如图 2.23、图 2.24 所示分别为封闭式体量产品和开放式体量产品。

图 2.23　封闭式体量产品　　　　　　　图 2.24　开放式体量产品

④结构形式。对称结构形式具有稳定感,均衡结构形式具有轻巧感。

⑤色彩及其分布。明度低的色量感大,因此低明度色装饰在产品上部会增加轻巧感,装饰在下部会带来稳定感。明度高的色,其效果刚好相反。

⑥材料质地。不同的材料质地能产生不同的心理感受。这些感受取决于两个方面:一是材料表面状态,表面粗糙、无光泽的材料比表面致密、有光泽的材料具有较大的量感;二是材料密度的感受,由于人们生活经验的积累有着概念上的质量认识,因此对于金属制成的产品造型时要注意形态轻巧感的创造,而对于塑料、有机玻璃制成的产品造型时要注意形态稳定感的创造。

⑦形体分割。形体分割包括色彩的分割、材质的分割、面的分割和线的分割等。不论哪种分割,其主要作用是将大面积(大体积)产品表面分割成几个部分,使产品产生变化、轻巧和生动感。

**(5)节奏和韵律**

1)节奏

节奏是客观事物运动的属性之一,是指一种有规律的、周期性变化的运动形式。它反映自然和现实生活中的某种规律,如人的心跳和呼吸、音乐等。在产品造型设计中,节奏的美感主要是通过线条的流动、色彩的深浅间断、形体的高低、光影的明暗等因素作有规律地反复、重叠,从而引起欣赏者生理感受并进而引起心理感情活动。

2）韵律

韵律是一种周期性的动作有规律的变化或重复。它有在节奏基础上赋予情调的作用，使节奏具有强弱起伏、悠扬缓急的情调。因此，节奏是韵律的条件，韵律是节奏的深化。

在现代工业生产中，由于产品的标准化、系列化和通用化要求，组合机件在符合基本模数的单元构件上的重复使用都会使得产品具有一种有规律的循环和连续从而产生节奏和韵律感。在产品造型设计中可通过线、体、色、质感等创造节奏和韵律。韵律的体现一般有以下4种：

①连续韵律。造型要素（如体量、线条、色彩、材质）有条理地排列称为连续韵律。如图2.25所示为一个要素无变化地重复。

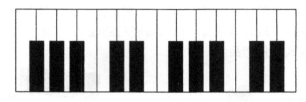

图2.25 连续韵律

②渐变韵律。造型要素按照一定规律作有序的变化称为渐变韵律。如图2.26所示，它呈现一种有阶段的、调和的秩序。渐变是多方面的，有大小的渐变、间隔的渐变、方向的渐变、位置的渐变、形象的渐变或色彩、明暗的渐变等。这种渐变韵律的设计既有规律又简单易行，因此在工业产品造型设计中运用较多。例如，机械产品罩壳上的通气孔、百叶窗和操作面板上的按键、旋钮的布置等。

③交错韵律。造型要素按照一定的规律进行交错组合而产生的韵律称为交错韵律。如图2.27所示，其特点是造型要素之间对比度大，可给人以醒目作用，是标志设计中常采用的一种表现手法。

图2.26 渐变韵律

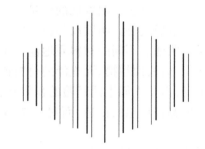

图2.27 交错韵律

④起伏韵律。造型要素使用相似的形式作起伏变化的韵律称为起伏韵律。这种韵律动态感较强，运用得好可以获得生动的效果，其中起伏曲线的优美程度十分重要。

上述韵律的共同特征是重复和变化。没有重复就没有节奏，也就失去了产生韵律的先决条件，而只有重复没有规律的变化，也就不可能产生韵律美感。

（6）**对比和调和**

对比和调和的法则在自然界和人类社会中广泛存在着。它们在同质的造型要素间讨论共性或差异性。有对比，才能在统一中求得变化，使相同事物产生不同的个性；有调和，才能在变化中求统一,使不相同的事物取得类似性。

对比是突出同一性质构成要素间的差异性,使构成要素间具有明显的不同特点,通过要素间的相互作用、烘托,给人以生动活泼的感觉。对比强调的是个性和差异性。

调和是指两个或两个以上构成要素间存在较大差异时,通过另外的构成要素的过渡衔接给人以协调、柔和的感觉。调和强调的是共性和一致性。

在造型设计中,对比可使形体活泼、生动、个性鲜明,它是取得变化的一种手段。调和则对对比双方起着约束作用,使对方彼此接近、产生协调关系。只有对比而没有调和,形象会产生杂乱、动荡的感觉;只有调和而没有对比,形体则显得呆板、平淡。产品造型设计应该针对产品的不同物质功能及其具体形象,正确处理好对比与调和的关系,使产品造型既生动、活泼和丰富,又体现出稳定、协调和统一。

工业产品的造型设计一般而言常在以下 5 个方面构成对比与调和的关系:

①线型的对比和调和。线是造型中最富有表现力的一种构成要素。线型对比能够强调造型形态的主次和丰富形态情感的作用。线型对比主要表现为直与曲、粗与细、长与短、虚与实等。线型的调和是指组成产品的轮廓线、结构线、分割线和装饰线等线型应尽量协调。产品若以直线为主,则转折部分只宜采用少量的弧线或小圆角过渡,形成以直线为主又有直线与曲线对比的调和效果。现代轿车模型的车身造型轮廓是以直线为主的,而在直线相交的转折处多采用曲线过渡,其调和效果较好。同样,产品若以曲线为主,在直线部分则需尽量使之自然过渡,形成以曲线为主、又有曲线与直线对比的调和效果。如图 2.28 所示是 3 种直线与曲线调和的例子。

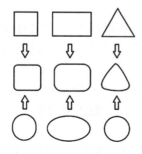

图 2.28　线型的调和

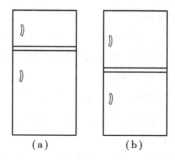

图 2.29　两种冰箱的对比

②形的对比与调和。形的对比主要表现为形状对比,如方圆、凹凸、上下、高低、宽窄和大小的对比等。如图 2.29(a)所示的电冰箱,冷冻箱与冷藏箱的分割,二者不仅有小与大的对比,而且由于冷冻箱长方形呈水平方向又有方向对比。如图 2.29(b)所示的分割,不仅两箱大小区分不大,而且两个长方形方向一致,因此没有体现出对比关系。在视觉上,人们感到图 2.29(a)比图 2.29(b)更为生动、活泼和舒服。

③色彩的对比和调和。不同的色彩、明度、纯度都可形成对比,由此也可产生出冷暖、明暗、进退、扩张与收缩等的对比。

④材质对比和调和。在统一形体中使用不同的材料可构成材质对比。主要表现为人造与天然、金属与非金属、有无纹理、有无光泽、粗糙与光滑、坚硬与柔软等。材质对比虽然不会改变造型形体,但由于它具有较强的感染力因而可使人们产生丰富的心理感受。

⑤虚实关系的对比和调和。虚,指的是产品透明或镂空的部位,虚可给人以通透、轻巧感。

实,指的是产品的实体部位,实可给人以厚实、沉重和封闭感。在产品造型中,虚实对比主要表现为凹与凸、实与空、疏与密等。实的部分通常为重点表现的主题,虚的部分起衬托作用。虚实构成对比和调和,能使形体的表现更丰富。

（7）**主从和重点**

"主"是指产品的主体部位或主要功能部位。对于设计来说,"主"是表现的重点部分,是人的观察中心。"从"是指产品的非主要功能部位,是局部和次要的部分。

在工业设计中,主从关系非常密切,没有重点即显得平淡,没有一般则不能强调突出重点。产品设计中需要设置一个或几个能表现产品特征的视觉中心,产品的视觉中心设置的好坏直接影响产品形象的艺术感染力。在造型设计中,视觉中心的形成可采用以下5种方法:

①采用形体对比、突出重点。如用直线衬托曲线、用简单形体衬托复杂形体、用静态形体衬托动态形体等。

②采用色彩对比、突出重点。如用淡色衬托深色、用冷色衬托暖色、用低明度色衬托高明度色等。

③采用材质对比、突出重点。如用非金属衬托金属、用轻盈材质衬托沉重材质、用粗糙材质衬托光洁材质等。

④采用线的变化（如射线）、动感或透视感强的形式,引导视线集中一处以形成视觉中心。

⑤将需要突出表现的重点部分设置在接近视平线的位置上。

一般而言,产品的视觉中心并非只有一个,但必须有主、次之分。主要的视觉中心必须最突出、最有吸引力且只能有一个,其余为辅助的、次要的视觉中心。

（8）**过渡和呼应**

过渡是指在造型物的两个不同形状或色彩之间采用一种既联系二者又逐渐演变的形式,从而使它们之间相互协调,取得和谐、统一的造型效果。产品的造型多是通过连续渐变的线、面、体和色彩而实现过渡的。

呼应是指造型物在某个方位上形、色、质的相互联系和位置的相互照应,使人在视觉印象上产生相互关联的和谐统一感,使它们之间相互协调,达到和谐的造型效果。

（9）**比拟和联想**

比拟是指比喻和模拟,是事物意象之间的折射、寄寓、暗示和模仿。联想是指由一种事物到另一种事物的思维推移和呼应。简言之,比拟是模拟,而联想则是它的展开。

工业产品形态的构成,除满足其功能要求外,还要求其形态给人们以一定事物美好形象的联想,甚至产生对崇高理想和美好生活的向往。这样的造型设计就能满足人们物质和精神两方面的需要。这样的造型设计通过比拟和联想的艺术手法即可获得。比拟和联想在造型中是十分值得注意的,它是一种独具风格的造型处理手法,处理得好能给人以美的欣赏,处理不当则会使人产生厌恶情绪。比拟和联想的造型方法有以下3种:

①模仿自然形态的造型。这是一种直接以美的自然形态为模特的造型方法。这种造型方法多见于儿童用品和生活用品,如猫头鹰挂钟、儿童马头座椅等。这种造型的特点是比拟对象明确、直接,其缺点是联想不足或联想范围窄。

②概括自然形态的造型——仿生。在自然形态的启示下,通过对自然形态的提炼、概括、抽象、升华,运用比拟和联想的创造而使产品造型体现出某一自然物象美的特征,使产品形态具有"神"似、而非"形"似的特点。这种造型方法注重概括、含蓄和再创造。

③抽象形态造型。抽象形态造型是指以点、线、面、体构成的抽象几何形态作为产品造型。用这种造型方法创造出产品的形态与客观事物毫无共同之处,无法直接引起比拟和联想。但是,由于构成形态的造型基本要素本身即具有一定的感情内容,因而由其构成的抽象形态也能存在或传递一定的情感,如静止与运动、笨拙与灵巧、刚毅与纤细、安定与危险等。因此,抽象形态的造型要求设计者必须准确掌握点、线、面、体、色、肌理等造型要素的性格特征,才能创造出体现某一具体形式美的产品形态。

美的形式法则为设计者提供了审美依据和发挥想象力、创造力的空间。作为设计者还必须认识到,在产品设计中谈论纯粹的形式美是毫无意义的,产品设计的形式美必须与消费者和市场联系起来,通过研究市场和消费者将设计者的审美体验和消费者对美的需求结合起来,从而创造出符合需要的美的形式,使产品在激烈的市场竞争中能以设计创新性来提高市场竞争力。

### 2.4.2　产品造型的技术美要求

技术美是指科学技术与美学艺术相融合的新的物化形态,是现代科学技术和现代工业在美学领域的重要分支。技术美是物质生产领域的直接产物,它所反映的是物的社会现象。技术美的研究同其他美学研究存在着共性,同时因受产品物质功能和经济、技术条件等因素的制约又具有自身特点。工业产品的美学含义并不是单一的,而是功能、精神、科学、材料和工艺等领域美的因素的综合。即是说,作为某一特定内容的工业产品,必须结合自己的科技内容来塑造自己的特定形状,而不能仅仅停留在形式美感上,简单地表现自己。总之,工业造型必须以自己的独特个性在科学和艺术两大领域展现出自己特有的美学内容。

归纳起来,技术美的基本内容主要有以下 5 个方面:

(1)**功能美**

功能美是指产品良好的技术性能所体现的合理性,也是科学技术高速发展对产品造型设计的要求。技术上的良好性能是构成产品功能美的必要条件,它所反映的是人的社会现象。

(2)**结构美**

结构美是指产品依据一定原理而组成的具有审美价值的结构系统。结构是保证产品实现物质功能的手段,材料是实现产品结构的基础。同一功能要求的产品可以设计成多种结构形式;选用不同材料,其结构形式可产生多种变化。结构形式是构成产品外观形态的依据,结构尺寸是满足人们使用要求的基础。

(3)**工艺美**

工艺美是指产品通过加工制造和表面涂饰等工艺手段所体现出的表面审美特性。工艺美的获得主要依靠制造工艺和装饰工艺两种手段。制造工艺主要通过机械精整加工而表现出加工痕迹和特征。装饰工艺则通过涂料装饰或电化学处理等而提高产品的机械性能和审美情趣。

(4)**材质美**

材料美是指选取天然材料或通过人为加工所获得的具有审美价值的表面纹理,其具体表现形式就是质感美。质感按人的感知特性可分为触觉质感和视觉质感两类。触觉质感是指通过人体接触而产生的一种快乐的或厌恶的感觉。视觉质感是指基于触觉体验的积累,凭视觉就可判断其质感而无须再直接接触的感觉。

**（5）舒适美**

舒适美是指人们在使用某产品的过程中通过人机关系的协调一致而获得的一种美感。舒适美主要是通过人的生理感受（如操作方便、乘坐舒适、不易产生疲劳等）和心理感受（如形态新颖、色调调和、装饰适当等）体现的，其中更侧重于生理感受。

现代工业产品造型设计的一个最重要的要求就是要符合现代化大生产方式，因此很多工业产品都规定了自己的型谱和系列，使其设计生产符合标准化、通用化和系列化原则。标准化、通用化和系列化是一项重要的技术、经济政策，它不仅有利于产品的整齐划一和造型设计，使产品具有统一的规范美感和协调的韵律美感，而且有利于促进技术交流、提高产品质量、缩短生产周期、降低成本、扩大贸易和增强产品的市场竞争能力。

在现代社会，科技和艺术均发现把自己局限于自身领域是不能解决人类生产、生活中的各种问题的，只有把科技和艺术两个领域结合起来进行研究，才能求得各自的更大发展。任何一件工业产品都是科技和艺术相统一的结晶。

一件工业产品从设计到生产、销售，涉及的领域很多，如图2.30所示。造型设计者必须具备相关方面的知识，不仅需要科技的理智而且还应具有敏锐的感觉和丰富的情感，从而能够用人类共识的科学、技术、艺术的语言来塑造出现代产品的多彩形象。

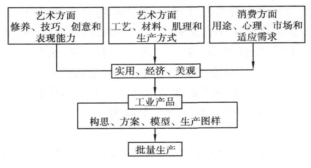

图2.30　工业产品涉及的领域

# 2.5　经济性原理

## 2.5.1　商品化设计理念

产品最终总是要成为商品而进入市场流通的，因此必然会受到市场经济规律的制约。尤其在商品市场激烈竞争的情况下，一个企业能否生存和发展在某种意义上讲主要取决于两个方面：一是它所生产的产品是否为社会所需、真正为社会所接受；二是它能否从中获得利润。这两方面的关键即是产品。企业不仅需要通过产品设计开发和不断更新来满足社会需要，而且需要通过技术的、经济的、艺术的多方面综合设计和各种促销手段而获得利润。因此，企业的命运是与它所生产的产品（商品）的命运连在一起的。商品化设计理念，即是为加快产品更新速度、提高产品设计价值、制订有效的营销策略服务的。商品化设计理念有以下3个方面的内容：

**（1）加快产品更新速度**

任何一种产品的市场生存周期都是有限的。随着现代科学技术和设计方法的普及和发展，随着消费者生活水平的提高和价值观念的变化，加之市场的激烈竞争，产品的市场生存周期越来越短，变化速度日趋加快。因此，企业要根据自身的人力、财力、物力和市场的需求变化状况及时开发适销对路的产品并选择时机投放市场。这是使产品迅速转化为商品、及时占领市场的重要手段之一。

**（2）提高产品设计价值**

产品设计价值是通过产品的综合设计质量满足人们需求和愿望的能力即消费者的满意程度来体现的。换言之，一种产品能否赢得市场、能否获得利润，其成功的焦点即是消费者的需求。

开发新产品虽然存在着风险，但它又是企业赢利的基本前提。而如果在设计开始就从消费者实际需求出发，设计定位准确，就可以有效地减少这种风险。

由此可见，提高产品设计价值的关键是"设计"与"需求"之间的有机统一。人的需求是多方面的，包括对产品合理使用功能的需求、造型形式的审美需求和象征需求等。不同地区、不同时期、不同性别、不同年龄、不同层次人的需求也有一定差异，这些需求的共性因素又都是差异性因素，由此构成产品定位设计的基础条件。就一个企业或一个设计师而言，只有深入了解市场、掌握人的需求目标（明显需求和潜在需求），才能准确地进行定位设计，从而提高产品的设计价值。

**（3）制订有效的营销策略**

产品的营销策略是指根据市场消费特征所制订的决策方针、销售计划和实施手段。制订有效的营销策略主要考虑以下 3 种因素：

①销售对象。销售对象包括不同销售地区和不同层次的消费者，因此要因地、因人制宜地对不同市场投入不同的产品。应考虑市场和文化环境、社会环境的关系而制订出重点销售的目标和计划。

②销售时机。销售时机是指销售策略的时间因素。任何一种商品在市场上的生存周期都要经过初入期、成长期、成熟期和衰亡期。在不同时期应有不同的销售对策，以缩短初入期、扩大成长期和成熟期、减缓衰亡期，并在各个期间把握不同的销售时机、价格、销路和售后服务等，从而有效地促进产品销售。

③竞争因素。要充分了解和掌握同行业、同类产品的情况，其中包括企业的经济、技术力量、产品的销售计划、配销通路、价格和产品的设计质量、性能优缺点等多方面情况，这样才能有效地制订确实可行的营销策略。

### 2.5.2　价值工程

价值工程是指在技术与经济相结合的基础上，以研究产品功能和成本费用为主要内容，以提高产品价值为目的的一种现代设计方案。它广泛地应用于产品的研究、开发、设计、生产、经营、管理等各领域，起着提高企业经济效益的重要作用。

**（1）价值分析**

产品的价值与其功能和成本有关，其关系可表示为

$$价值(V) = \frac{功能(F)}{费用(C)}$$

1）产品价值

产品的价值是指产品对人、对社会、对生产企业的整体效用。对人的效用是指人在使用产品过程中产品满足其生理和心理需求的程度。对社会的效用是指在产品在社会物质文明和精神文明建设中对社会资源的节约程度。对企业的效用是指对企业最终目标——提高经济效益的实现程度。

价值是指产品功能与获得该功能的全部费用之比。价值作为一种观念，作为人们对产品的一种认识和评价，是随时间的推移和社会发展而变化的。站在使用者立场看，产品的价值体现在人对所需要的功能（包括物质的和精神的）的满意程度以及购置产品和使用产品的成本费用，即价值是需要功能与产品寿命周期成本之比。现代产品的价值观念是指企业必须从使用者需要出发，在考虑产品功能如何全面满足使用需求的同时而对实现这些功能的全面投入（包括在生产者范围发生的和在使用者范围发生的）均加以考虑，才能使产品的功能在整个寿命周期内可靠地实现。

2）产品功能

产品功能是指产品对于使用者所具有的功用、作用、用途及工作能力。从价值工程的观点来看，人们购买产品（商品）的实质是购买产品的功能，而产品本身只是体现某种功能的媒介。同理，设计产品实质上即是通过有形的产品设计出人们所需要的功能，产品结构本身只不过是实施特定功能的一种手段且并不是唯一的。例如，手表的功能是显示时间，但实现这一功能的手段是多种多样的，有机械结构、电子结构，有指针显示、数字显示等。这样从现有产品结构的思考中摆脱出来，着眼于功能研究而进行功能定义和功能分析，就可以极大地拓宽设计思路，从而设计出具有高价值的产品。

按产品的性质，产品的功能可主要分为物质功能和精神功能。产品的物质功能与使用、技术、经济有关。一件产品只有能为使用者服务，能够使用并在使用中使人感到性能可靠、经济实用才行。产品的精神功能主要表现在与人生理、心理方面有关的功能。产品的形态、色彩、表面装饰等外在形式应使人感到赏心悦目、心情舒畅、使用方便舒适。

按使用者对产品功能的需求，产品的功能可分为必要功能和不必要功能。必要功能是指为满足使用者需求所必须具备的功能。不必要功能是指产品所具备的却与使用者需求无关的功能，有时也称为过剩功能。一件产品的功能是否必要是以使用者的要求为准则的。因此，要根据使用者的实际需求进行功能分析，确定必要功能而消除不必要功能。人们不会花钱去购买多余功能，多余功能也就无价值可言了。

按照功能的重要程度，产品的功能主要可分为基本功能和辅助功能。基本功能是指与产品主要目的直接相关的功能，是产品存在的主要理由，也即产品最基本的用途。例如，灯的基本功能是照明，电视机的基本功能是显示图像。如果灯不亮或者电视机不能显示图像，就失去了其存在的价值。辅助功能是指产品为更好地实现基本功能和更有利于基本功能的发挥所具备的功能。在现代工业产品的设计中，辅助功能也具有重要作用。在一定条件下，它可增强产品的精神功能，创造出更合理、更人性化的使用方式，从而提高产品的使用价值。例如，手机的基本功能是通话，但是其辅助功能 MP3、MP4、拍照等功能都会让消费者在使用产品的过程中感受到乐趣。

3）产品成本

产品成本是指产品实现特定功能过程中投入的全部资源的总和,其中包括设计、生产、销售过程中的费用以及使用、维修、保养过程中的费用。

就企业和使用者的共同利益而言,降低产品的总费用成本是提高产品价值的重要途径。降低成本的传统方法是在产品设计之后利用降低加工制造费用、减少废品和无浪费管理等手段实现的,因此降低成本常有一定限度。而价值工程则是从产品的功能研究开始探索设计过程中降低成本的多种途径。经调查统计,产品成本总费用的 70%~80% 是在设计过程中决定的,因此设计过程中的每一环节都可能是降低成本的途径。例如,通过功能分析可消除多余功能和过剩功能,可简化结构、降低零部件的数量,或采用替代材料、提高产品可靠性等,从而设计出功能合理、成本更低的产品。经过价值工程研究的产品,其成本一般可降低 25%~40%。

（2）**提高产品价值的途径**

提高产品价值有 5 种基本途径,见表 2.4。

表 2.4　提高产品价值的途径

| | 功能($F$) | 费用($C$) | 价值($V$) |
|---|---|---|---|
| 1 | ↑ | → | ↑ |
| 2 | → | ↓ | ↑ |
| 3 | ↑ | ↓ | ↑↑ |
| 4 | ↑↑ | ↑ | ↑ |
| 5 | ↓ | ↓↓ | ↑ |

（3）**提高产品价值的措施**

1）方案优选

在设计中,关键是要创造出能满足使用者要求的功能,产生最佳设计方案。产品所要实现的功能是确定的,而实现目标的方法和形式是不确定的,因此设计构思范围越宽、可供选择的方案越多,得到最佳方案的概率就越大。设计师不仅要具有一定的创造能力和综合设计能力,还需掌握系统分析、综合比较、定量和定性优化的现代设计方法。

2）材料优选

材料是产品的物质基础,选择材料首先要满足产品本身的性能要求,其次应以降低成本为原则。如果可以选用低价材料就不选用高价材料。降低材料成本的另一条重要措施是采用节约材料的结构,如薄壳加筋结构即可大大提高构件的强度和刚度、减轻质量、节约材料、降低成本。

3）简洁性设计

在产品功能不变的前提下,力求结构、形态和使用方式简洁化。结构简洁可减少零部件数量,使产品出故障率降低且有利于维修和提高产品的可靠性。形态简洁可降低加工工艺难度,简化工序且有利于保证质量,降低加工成本。使用方式简洁可提高产品的适用性和方便性,也可相应提高产品使用功能。

4）标准化设计

在设计中,应根据有关标准尽量采用标准件、通用件。标准化设计可提高产品组件的互换性和降低成本。

5）加快设计速度

加速设计速度是指从节约和减少设计时间方面降低设计成本，在设计中尽可能采用计算机辅助设计（CAD）和计算机辅助制造（CAM）系统，这样可更多地节约设计时间，提高产品生产效率，缩短产品开发周期。采用系列设计也是减少设计时间的一种方法。首先设计一种典型方案，然后利用相似设计原理和模块化设计原理就可以较快地得到不同参数和不同尺寸的多个系列方案。系列方案越多，减少设计时间的效果越显著。

# 第 **3** 章
# 产品形态设计

形态是造型设计中常用的专业术语,是人们从视觉语言角度研究表达物体形象的一种习惯用语。所谓形态,是指形体内外有机联系的必然结果。态者,态度也;形态者,内心之动形状于外也。在现实世界中,千变万化的物体形象为产品造型设计提供了借鉴研究的广泛基础,也是形态构成取之不尽、用之不竭的宝库。

产品形态既能给使用者美的视觉感受,同时也是产品信息的载体,反映出不同时代人类对于物质世界的改造能力和价值观念。蒸汽机时代、流水线生产的时代、电子与自动化时代以及信息化时代,产品形态所反映的和能够反映的各自内容是有所差异的。尽管同一时代的产品形态表现多样化,但我们仍然可以从产品的外在形态,分辨出那个时代的产品特征。产品形态是通过哪些要素构成丰富多彩的外在表现的? 本章将介绍产品形态构成的基本要素,以及产品形态构成的一般原理和方法。了解这些原理和方法,将有助于设计师创造出新颖、实用的产品形态。

## 3.1 概 述

### 3.1.1 形态的分类

形态大体可分为现实的和抽象的两类。现实形态又分为自然界原有的自然形态和人手加工出来的人为形态。抽象形态又称概念形态。

概念形态是概念元素的直观化。概念形态只是一种形态创造之前在人们意念中的感觉。例如,观察立体时感觉到棱角上有点,任意两点间感觉到有线,一多边形有面的感觉,多边形移动一段距离会感觉到似乎有一立体,等等。这些点、线、面、体等都属于概念范畴,其不同组合称为概念形态。

自然形态是指自然界客观存在、由自然力所形成的形态,如山峰、河流、浪花、彩虹等非生物形态,以及树木、花草、飞禽、走兽等生物形态。

人为形态是指人类为了某种目的而使用某种材料、应用某种技术所加工制造出来的形态,如生活用品、艺术作品、劳动工具和各类建筑物等。人类就生活在由大量的自然形态和人为形态组成的环境之中。

人为形态又可再分为内在形态和外观形态两种。内在形态主要通过材料、结构、工艺等技术手段实现,它是构成产品外观形态的基础。不同的材料、不同的结构、不同的工艺手段可产生不同的外观形态。外观形态是指直接呈现于人们面前、给人们提供不同感性直观的形象。所以说,内在形态直接影响着产品的外观形态。当然,产品的内在形态和外观形态是相互制约和相互联系的。

### 3.1.2 产品形态的演变

工业产品造型都是人为形态,即都是为了满足人们的特定需要而创造出来的形态。任何一种工业产品,其物质功能都是通过一定的形式体现出来的。同一功能技术指标的产品,外观形象的优劣往往直接影响产品的市场竞争力。工业设计研究的主要内容之一,就是在满足产品功能技术指标前提下如何使产品具有美的形态,使其更具市场竞争力。

一般而言,工业产品的内在形态主要取决于科学技术的发展水平并通过工程技术手段加以实现。而工业产品的外观形态则可认为是一种文化现象,它不仅具有一定的社会制约性,而且与时代的、民族的和地区的特点相联系,也就是人们常说的"风格"。

产品造型的风格来源于作者的精神个性,它是设计者精神个性在产品设计中的创造的物化形态,它是通过点、线、面、色彩、肌理等造型设计语言表现的一种形式并通过材料、结构和工艺加以实现。

自人类社会产生以来,人类所需的各种用具的形态就随着生产力的不断发展而不断改变着。在漫长的改变过程中,人类创造的产品大致可分为以下3种形态:

**(1)原始形态**

原始形态是指人类初期各种用具的造型。由于当时生产力低下,加上人类对事物认识肤浅,其用具、产品的造型只是简单地以达到功能目的为依据而毫无装饰成分,如石斧、陶器等。

**(2)模仿自然形态**

模仿自然形态是指人类模仿自然界中具有生命力和生长感的形态所进行重新创造的产品形态。

应该指出,模仿并不是简单地机械模仿,而是在不断反复创造中的再创造,从而使最终的构成物的形态与原型神似而不只是形似。

自然界中有许多形态都是由于物质本身为了生存、发展而与自然力量相抗衡所形成的。人们从中得到启发,进而模仿、创造出更适合于人类自己的形态。例如,植物的生长发芽、花朵的含苞待放都表现出旺盛的生命力,给人类带来一片生机;人们从动物运动表现出的力量和速度中得到美的和实用性的启发,从而设计和创造出比自然形态更优美、更适用的人为形态。又如,根据自然界的动植物形态设计的现代装饰灯具、家具等生活用品,根据鸟类的翅膀设计的飞机机翼,根据贝类动物能抵住强大水压的曲面壳体设计的大跨度建筑屋顶,根据鱼类在水中快速游动的特殊形态设计的潜水艇,根据空气流速特点设计的现代轿车的流线型车身等,均无不体现出人类思想的智慧结晶。位于澳大利亚悉尼市悉尼港的水上悉尼歌剧院的设计就是典型的模仿自然形态的例子,如图3.1所示。其整个造型像一堆巨大洁白的贝壳,又像扬帆出海的帆船,与海湾的环境相辅相成,已成为悉尼的象征。

如图3.2和图3.3所示为雅各布森设计的"蚁椅"和"天鹅椅"都是模仿自然形态的典范。

图 3.1　悉尼歌剧院

图 3.2　蚁椅

图 3.3　天鹅椅

**（3）抽象几何形态**

抽象几何形态是指在基本几何体,如长方体、棱柱体、球体、圆柱体、圆锥体、圆台体等的基础上进行组合式切割所产生的形态,其形态简洁、明朗、有力,能迅速传达产品的特征和揭示产品的物质功能。简洁的外形完全适合现代工业的快速、批量、保质生产的特点。基本几何体具有肯定性,因此组成的立体形态也具有简洁、准确、肯定的特点。同时,基本几何体易于辨认,具有一种必然的统一性。因此,组合后的立体形态在整体上易取得统一和协调。再者,几何形态具有含蓄的、难以用语言准确描述的情感和意义,因而能较好地达到内容与形式的统一。

简单的几何形体能给人以抽象的确定美,使人得到理智的并非纯感情的感受,能对人的情感有一定启发。具有一定审美意义的几何形体造型能使思维高度发达的现代人产生无穷的联想,如图 3.4 所示的折弯椅。抽象几何形态包括具有数理逻辑规整的几何形态和不规整的自由形态。几何形态给人以条理、规整、庄重、调和之感。如图 3.5 所示的意大利台灯,3 个立体几何形式——圆柱、圆锥和半球,让人联想到美国的极少主义雕塑。灯光源被置于灯罩内,从外面看似乎完全隐蔽。在这里,几何被分解、解剖、横切,从纯几何中获得了精确的比例。

图 3.4　折弯椅

图 3.5　意大利台灯

抽象几何形态是由于人类形象思维的高度发展,对自然形态中美的形式的归纳、提炼而发展形成的。在人类生活中,有很多内容绝非具象的自然形态所能充分表现的,但却能从抽象的形式中表现出来。例如,各种工业产品的造型就是如此充分地表现出人的各种情感,如均衡和稳定、统一和变化、节奏和韵律、比例和尺度等。

## 3.2 工业产品形态构成要素

在造型设计中,为使造型物生动、形象并富有美感,就必须认真研究形态构成的基本要素。把一切形态分解到人的肉眼和感觉所能觉察到的形态限度,这就是形态要素。形态构成中最基本的形态要素是点、线、面、体、空间、色彩、肌理等。由于基本形态要素摄取了事物的特征,因此可抽象地表达美的感受。更为重要的是,基本形态要素的研究超越了具体事物的外形,形成了相对独立于自然形象之外的一种美的形式。用分析、综合、分解、重构、整合的方法对形态要素进行认识和研究,是产品形态研究的一般方法。

### 3.2.1 点

**(1)点的概念**

点可分为概念的点和实际存在的点。

概念的点,如形象上的棱角、线的开始和结束、线的相交处。这种几何学上的点,只有位置而没有形状和大小。它在视觉上是有一定作用的,但在构成中,它属于消极的形态。

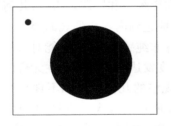

图 3.6  大小对比形成点的感觉

实际存在的点是指视觉上的细小的形象。所谓细小的形象,是相对而言的,不是形象本身所规定的,它是以比较对照的手法予以确定的。例如,在同一画面上,与大的形象相比较,感觉甚小的形象就为点的形象,如图 3.6 所示。或者在空间的对比中它不超越视觉单位中"点"的感觉如图 3.7 所示。因此,在这里并没有一定的可度量的尺度,它是感觉中产生的。由于人们的感觉基本上能达到一致,因此观察夜晚的星星、大海中的一舟、天空的飞鸟都能被认为是点。

原来具有"点"性质的形,如被放置在小的空间中或在形内加上其他造型要素,就容易表现出"面"的特性,如图 3.8 所示。

图 3.7  天空的飞鸟

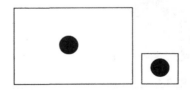

图 3.8  同样大小的形在不同空间的点、面感觉

**(2)点的形态**

概念的点没有形状和大小的变化,只有位置的变化。但就形态构成而言,点如果没有大小和形状的变化,就无法作视觉表现,因此,产品形态中的点是有大小和形状变化的。

点,通常是以圆的形状出现的。它是简单、无棱角、无方向的。它也可有各种形状,但都不会引起重要的心理效果,如安定、刚强等之类的感觉。点的基本特征与形关系不大,主要在大小问题上,如图 3.9 所示。

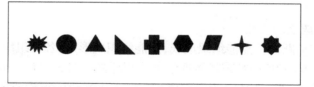

图 3.9　点的形态

工业产品上的某些操作元件(如按钮、开关、旋钮)、指示元件(如指示灯)以及文字商标等,一般情况下可视为点。

**(3)点的大小**

点的大小是相对而言的,同样大小的点在不同环境中感觉是不一样的,在大的环境中感觉小,而在小的环境中感觉大。通常而言,点的形态越小点的感觉越强;反之,其感觉越弱乃至产生面的感觉,如图 3.8 所示。

**(4)虚点**

与实点相反,虚点是由四周的形包围,中间留下的空白所形成的,如图 3.10 所示。

图 3.10　虚点

**(5)点的视觉感受**

点在画面上,是视线的集中点,如图 3.11(a)所示。

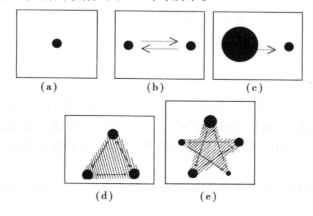

图 3.11　点的视线作用

两个一样大小的点,视线就来回反复于这两点之间,而产生"线"的感觉(见图 3.11(b))。如两点有大小之分,则人的视线就从大的点移到小的点,这是由于人的视觉首先感受到强烈的刺激(见图 3.11(c))。

如果画面上有不在一条直线上的 3 个点,则会形成三角形的消极的面(见图 3.11(d))。如果有多点,又按一定的形来排列,就会有这个虚形的感觉(见图 3.11(e))。因此点能引导视线,能起到组织作用。

当 3 个点按一条直线排列,那么人的视线就会从一个点到另一个点,最终回到中间点上停止,形成视觉停歇点,这样就产生了稳定的感受。同理,奇数点都有稳定的感觉,因为视线往复运动后,最终仍回到中间点上。因此,在设计时,各种感觉的"点",宜设计为奇数。但点的数量太多则烦琐,且因视觉很难在短时间捕捉到视觉停歇点,故"点"的设计,每行最多以7个点为宜。

**(6)点的排列形成点的性格**

点的组合是比较活跃的。点能组织成线,点能组织成形,而各种组织又能使人得到一定的感受。如图 3.12 所示点的各种排列就体现了不同的性格。图 3.12(a)为由不同大小的点无序排列构成的空间的感觉;图 3.12(b)为由有序排列的大小变化的点构成的空间曲面的感觉;图 3.12(c)、(d)为由大小不同的点的有序排列形成的远近感。

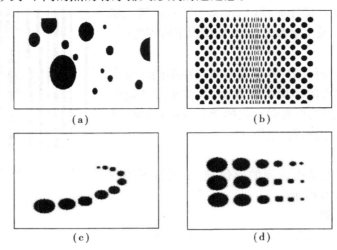

图 3.12　点的排列形成点的性格

### 3.2.2　线

**(1)线的概念**

线是点移动的轨迹,一连串的点也可造成线的感觉。线是具有长度的一维要素。

概念的线,即形的边缘,这是消极形态的线。在画面上,宽度与长度之比悬殊的称为线。与点一样,它在人的视觉中有一定的基本比例范围,超越了这种基本范围就不成为线的感觉,而成为面了。

线是各种形象的基础。在工业产品中,线可体现为面与面的交线、曲面的转向轮廓线,以及装饰线、分割线等。

**(2)线的种类**

线在画面上可分为直线、曲线。直线是由沿同一个方向移动的点形成的。曲线是由连续地改变方向的移动的点形成的。曲线中有几何曲线和自由曲线。

**(3)线的形状**

几何学上的线没有粗细,只有长度与方向。由于要作视觉表现,线必须具备一定的宽度。由于线具有一定的宽度(即使与长度的比值极小),一条线上的不同宽度就造成了线的形状(见图 3.13)。

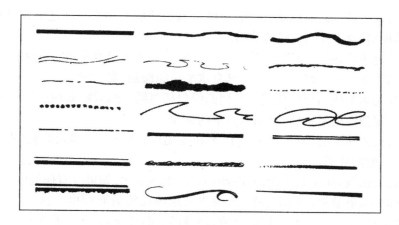

图 3.13  线的形状

**（4）线的方向**

直线有垂直线、水平线、各种角度的倾斜线（见图 3.14（a））。曲线更有趋势、回转、流向等方向性（见图 3.14（b））。

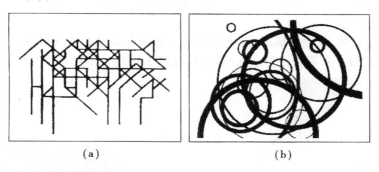

（a）　　　　　　　　　　　　　（b）

图 3.14  线的方向

**（5）线的性格**

线的种类、形状及方向等许多特征赋予线以多性格化。线的种种性格是很明显、很活跃的，不仅体现了自身的性格特点，而且还常常影响到整个平面甚至立体形态的性格。

①直线能给人以严格、坚硬、明快、正直、力量的感觉。粗直线有厚重强壮之感，细直线有敏锐之感。在造型中，直线的运用，能使人感受到"力"的美感。

②水平线具有安详、宁静、稳定、永久、松弛感。产生这些感觉是由于水平线符合均衡的原则，如同天平两侧质量相等时秤杆呈水平状一样。同时，它所产生的这些感觉，能使人联想起长长的海岸线、平静的海面、宽广的地平线、大片的草原等。

③垂直线含奋发、进取感，给人以严正、刚强、硬直、挺拔、高大、向上、雄伟、单纯、直接等感受。如果垂直线伸向高处，那么它们显示出一种满怀热望和超越一切的力量。这种效果无疑地与克服地心引力、设法使人们的注意力摆脱各种束缚、奋力向上的思想有关，因此也有崇高、肃穆的感觉。

④斜线有不稳定、运动、倾倒的感觉。如果把观察者的位置作为坐标，向外倾斜，可引导视线向无限深远的地方发展；向内倾斜，可把视线向两条斜线相交点处引导。

⑤曲线能给人运动、温和、幽雅、流畅、丰满、柔软、活泼等感觉。在造型设计中,曲线的使用,能使产品体现出"动"和"丰满"的美感。

水平伸展的起飞线,除了有温和、优美、流畅感之外,也能产生轻快、松弛的感受。这是因为水平伸展的曲线不但有曲线的特性,且具有水平线的松弛、安详感。

曲线可分为几何曲线与自由曲线。几何曲线包括弧线、抛物线、双曲线等。它们给人以理智明快之感和一定弹性的紧张感,犹如弯曲了的钢丝。

抛物线有流动的速度感;双曲线有对称美和流动感;自由曲线柔软流畅,有奔放、丰富之感,具有抒情诗一般的优美。

有规律变化的曲线,如正弦曲线,其波动和方向上的变化,如果没有任何中断,就能够产生出种种富有韵律的沉静效果。沙漠、漫漫大海以及滚滚波涛的海面也有这一特点。在大自然中,许多道路和小径,给人以富有韵律的沉静、幽静感。曲径通幽,即由此而来。

上述不同线形之所以给人以不同的性格感受,如对直线、对称规则的形态产生凝重端庄的美感,但又易导致呆滞、单调;对于曲线、非对称形则产生活泼变化的快感,都是因为人在观察这些线与形时,视线本能地在不等的两边作往复运动,从把握物象的视觉印象积累中获得时间知觉和空间知觉形成视觉兴奋点,导致"兴味无穷"的视觉快感。

**(6)线的面化**

如果把线密集使用,便会形成面,可创造出奇妙的曲面效果。直线群逐一改变角度,创造曲面效果(见图3.15)。利用折线形成凹凸效果(见图3.16)。

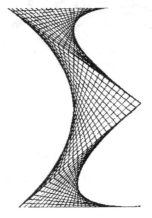 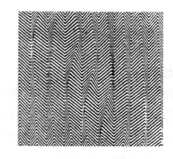

图3.15　直线群逐一改变角度,创造曲面效果　　　图3.16　利用折线形成凹凸效果

### 3.2.3　面

**(1)面的概念**

按照几何学的定义,面是线移动的轨迹。面可分为消极的面和实际存在的面。点、线聚集而成的是消极的面(见图3.17),线移动的轨迹是实际存在的面。

实际上,点、线、面之间并没有绝对的界限。点扩大可成为面,线加宽也能成为面。

**(2)面的形成**

①线移动形成面。直线平行移动形成正方形或矩形面;直线回转移动,形成圆形或扇形面;直线倾斜移动,形成菱形面(见图3.18)。

图 3.17　消极的面

图 3.18　线移动形成面

②点、线排列形成消极的面。点、线排列可形成各种形式的消极面(见图 3.19)。

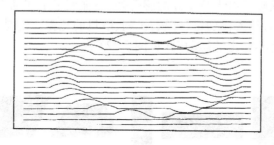

图 3.19　线排列形成的消极面

**(3)面的种类**

从构成面的形状来划分,面可分为以下两种:

①几何形面。几何形面是由直线或几何曲线按数学方式构成。组成几何形面的各种要素往往是相同的(如边长、角度、圆周上的点到定点的距离)。几何形面的基本原形是正方形、等边三角形、圆等。由这些正方形、等边三角形、圆形组成的各种直线形、曲线形也是几何形(见图 3.20)。

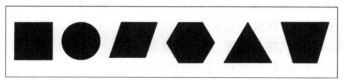

图 3.20　几何形

图 3.21　自由形

②自由形面。自由形面是由自由曲线、自由曲线结合直线、直线与直线组合而成的。它包括有机形、偶然形和不规则形等。有机形面是用自由的弧线构成的形。偶然形面是用特殊的技法，意外、偶然所得到的形，设计者无法完全正确地控制其形成的最后结果，而且难以完全重复。不规则形面是用自由弧线及直线随意构成的形（见图 3.21）。

从面的空间位置来划分，可分为水平面、垂直面、倾斜面、曲面。曲面又分为单曲面、双曲面和自由曲面。单曲面是母线沿着一条曲线轨迹平行移动而形成的曲面。双曲面是母线沿着两条曲线轨迹移动而形成的曲面。

**（4）面的性格**

几何形总的能给人以单纯、明朗、理性、秩序、端正、简洁的感觉。几何形对视觉的刺激集中，感觉醒目，信号感强。但有时会产生呆板、冷漠、生硬、单调感。

正方形是与圆相对的形体。正方形以直角构成，能给人大方、严肃、单纯、明确、安定、庄严、清冷、静止、规则的感觉。但由于其四边相等，缺乏变化，因此又给人以乏味、单调的感觉。

矩形中，如长边为水平位置，则此矩形给人以稳定之感。当长边为垂直位置时，则给人以挺拔、崇高、庄严之感。

正梯形具有较强的稳定感，倒梯形则具有轻巧的动感。

圆形无论在平面或在立面中，总是封闭的、饱满的、肯定的和统一的。还给人以活泼、灵活运动和辗转的幻觉感。

椭圆以及类似的曲线除了有十分安详的感受外，还强调了某些动态。

三角形中的正三角形，给人以稳定、灵敏、锐利、醒目的感觉。这是一种容易被人认识记忆的图形。倒三角形则具有不稳定的运动感（见图 3.22）。

图 3.22　面的性格

有机形活泼、大胆，但往往也会引起不端正、杂乱、缺乏严谨的感觉。水平面有平静、稳定的感觉，有引导人的视线向远处延伸的视觉效果。垂直面有庄重、安定、严肃、高耸、挺拔、雄伟、刚强的感觉。倾斜面具有活泼的动感。

几何曲面具有流畅连贯、变化有序、规则流动的感觉。

自由曲面具有自由奔放、轻松欢快、亲切自然的感觉。

在设计时，要善于把严谨的几何形与活泼的自由形结合起来，取长补短，求得变化与统一，使所设计的形既有几何形的明确、简洁又有自由形的活泼、大胆。

### 3.2.4　体

根据几何学的定义,几何立体是平面进行运动的轨迹。一个方形平面,沿着垂直于该直线方向进行运动,其轨迹形成正方体或长方体。矩形平面以其一边为轴,进行旋转运动,形成的运动轨迹呈现为圆柱体。一个圆形的平面,以其直径为轴,进行旋转运动,可形成球体。

平面上的形,就是一个不变的轮廓线。立体形由于视觉方向的不同,没有固定不变的轮廓线,而只有决定于视觉方向的视向线。

体的性格,除了与体的视向线所呈现的性格有关之外,还与体的体量大小有关。厚的体量有庄重、结实之感,薄的体量产生轻盈感。

体的基本形可分为球、圆锥、圆柱、立方体、正棱柱、正棱锥 6 种。这些基本形是造型中最基本的"语言"单位。

从基本形态中的任何一个形态出发,将它稍加变形,就可从一个基本形态演变到另一个基本形态,从而产生出很多新的形态,这些形态彼此之间都有一定的联系。

### 3.2.5　肌理

由于材料表面的配列、组织构造的不同,使人得到的触觉质感或视觉质感,称为肌理。简单地说,肌理指的是物体表面的组织构造或纹理。

触觉质感又称为触觉肌理、三维肌理。它不仅能产生视觉触感,还能通过触觉感受到。例如,物体表面的凹凸、粗细、软硬等。这种肌理多表现为立体群的构造,其加工的方法也是多种多样的。例如,用单一的或复合的材料通过编织、拼合、粘贴、雕刻、腐蚀、皱褶、烫印、冲压、敲打、切割、穿孔等方法,即可达到不同的视觉效果。

视觉质感又称为视觉肌理、二维肌理。这种肌理只能依靠视觉才能感受到,如木纹、纸面绘制、印刷出来的图案及文字等。

在平面造型中,主要运用的是视觉肌理。在立体造型中,则需同时运用视觉肌理和触觉肌理,特别是对于一些大的形态,同时采用视觉肌理和触觉肌理的处理手段,具有较好的艺术效果,又经济节约。

触觉肌理也是一种立体造型。产品的立体造型是单个形态的造型,这种个体形态的创造要求比较严格,需仔细推敲。肌理是无数个小立体的形态群造型,它的艺术效果是靠形态的群体取得,而不主要决定于单个形态的特征。因此,肌理的形态造型特征是小、多、密,其个性形态的创造要求尽量简单。

肌理与形态、色彩、光彩有着密切的关系。肌理的效果主要通过形态、色彩及其光影产生的。肌理的形式多种多样,具有规律性的肌理与自由性的肌理给人以不同的心理感受。有特征的肌理,具有较强的艺术感染力,能给人以视觉上的美感和触觉上的快感。因此,它也是设计中的一个重要的构成要素。

肌理的个体形态虽然简单,但对表达形态的情感也起着一定的作用。个体形态不同,其造型的艺术效果也不同。

由于肌理可表达一定的情感,因此在造型中,创造适度的肌理会加强造型物的个性表达。在造型物整体或局部功能元件的不同表面,设计不同的肌理,可使立体感更强。肌理在造型中,不仅起着形体表面的装饰作用,而且还能表现造型的时代感,表现出新的材料与新的工艺,从而丰富了造型物的整体感情。

现代的造型设计,不仅重视外形的美观也高度重视表面的处理,特别是对肌理的研究和运用,使造型从材料及加工工艺中获得美感。肌理的构成打破了过去认为造型只有通过图案装饰才能增加美感的传统观念,它能产生一些不可言状的细致的心理感受,能达到图案纹样无法达到的效果。

## 3.3　工业产品立体构成基础

将形态要素按一定的原则组成一个立体的过程,称为立体构成。立体构成是使用各种较为单纯的材料进行形态、机能和构造的研究并探求新造型的理论。立体构成的目的在于对形态进行科学解剖,以便重新组合、创造出新形态,提高造型能力。所以,立体构成是工业设计的基础。

对新造型的探求,包括对形、色、质等美感(心理效能)的探求和对强度、构造、加工工艺等(物理效能)的探求两个方面。立足于工业造型设计而研究造型,自然应把侧重面放在前者,即从美学法则、直觉、数理逻辑、几何形态等方面追求新的造型。

立体构成是一种实际占据三维空间的构成,而平面构成则是在二维平面上表现出有深度感的构成,两者有很大差别。平面构成的立体是在二维平面上通过近大远小透视法而体现的立体,是三维的视觉化效果,只能视觉化却无法触觉化。立体构成不仅能视觉化,还可用手直接感触到,同时从不同角度方向去观察立体能得到各种不同的形态。

平面构成的形体、空间、方向、位置、重心是一种幻觉表现,而立体构成的形体、空间、方向、位置、重心则是一种实实在在的表现。平面构成的点、线、面是从一个方向去表现的,而立体构成的点、线、面、体则是从不同方向去表现。

除此以外,平面构成与立体构成所用的材料、用具和技术均有很大差别。

### 3.3.1　概述

立体构成作为一门训练造型能力和构成能力的学科,与自然科学学科和艺术学科都有一定联系又有很多不同,具有其自身特点。立体构成与立体造型设计的关系,更说明了立体构成训练在整个造型设计活动中的重要地位。

**(1)产品立体构成的特征**

立体构成的主要特征表现为构成的分析性、感觉性和综合性。

1)分析性

绘画和图案的创作活动的特点是从自然中收集素材,把对象作为一个整体进行研究,以对象为模型,通过夸张、变形而成为作品。构成则不模仿对象,而是将一个完整的对象分解为很多造型要素,然后按照一定的原则(自然加入了作者的主观情感)重新组合成为新的设计。构成在研究一个形态的过程中,将其推到原始起点而分析构成的元素、原因和方法,这就是构成的认识方法和创作方法。

2)感觉性

构成是理性与感性的结合,是主观与客观的结合。构成作为一种视觉形象,它必须把形象与人的感情结合在一起。只有把人的感情、心理因素作为造型原则的重要组成部分,才能使构成的形态产生艺术的感染力量。构成的抽象形态虽不反映具象,但它还是具有一定的内容并与现实生活有一定联系。这种内容和联系可反映出一定的节奏,体现出一定的情绪。构成的分析性含有较强的理性成分,但要实现最终的构成方案必须依靠感觉决定。

3)综合性

立体构成作为造型设计的基础学科,与材料、工艺等技术问题有密切联系。不同的材料和加工工艺,能使那些用相同构成方法创造的形态具有不同的效果。因此,构成必须结合不同的材料和加工工艺,从而创造出具有特定效果的形态。这就体现了构成的综合性。

**(2)立体构成的美学原则**

与形式美法则不同,立体构成的美学原则不仅要考虑形式美的知觉、心理因素,而且还要考虑到造型物的功能、构造、材料、工艺、技术等一系列的物质基础。因此,立体构成的美学原则,对于造型设计更有直接的实践意义。

1)单纯化

规律性很强的形态所具有的特征称为单纯化。规律性指的是构成形态的要素的大小、方向、位置等。单纯化的形态是指构成要素少、构造简单、形象明确。单纯化的形态虽然构造简洁,但也可以构成意义深远的形态。单纯化的美学原则容易理解、记忆和印象深刻,是人的生理和心理特征对形态构成提出的要求。如图 3.23 所示的吊灯,设计师彻底简化了灯本身的结构,在强调垂直和旋转运动的同时最大限度地减少了必需的元件和材料——钩在天花板上的不锈钢电缆决定灯的竖直移动,包橡皮的铅锤能把它拉直,电缆上双重弯曲的金属管使灯脱离中轴,产生的摩擦使之无须固定件就能固定,橡胶旋转接口连接灯座和金属管,从而使灯得以旋转。

2)秩序

秩序是形态变化中的统一因素,它指的是形态的部分与形态整体的内在关系。一个简洁的形态是以秩序为前提的。在此意义上,造型就是将各具特性的形态要素予以新的秩序,使之体现为一个总的规律和特征的活动,而秩序则是通过对称、均衡、节奏、比例等形式表现出来。如图 3.24所示为一把红蓝椅,是荷兰风格派艺术最著名的代表作品之一,它由家具设计师里特维德设计而成。这把椅子整体都是木结构,13 根木条互相垂直组成椅子的空间结构,各结构间用螺栓紧固而非传统的连接方式,以防有损于设计结构。设计师通过使用单纯明亮的色彩强化结构,这样就产生了红色的靠背和蓝色的坐垫。其完美的比例形式成就了空间上的美感。

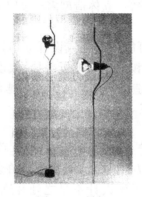

图 3.23 吊灯

图 3.24 红蓝椅

由于现代生活的繁华、紧张,人们在精神上难免有烦乱之感,因此对于各种形态常要求秩序和条理、整洁、明朗、清秀等以平衡心理。秩序是人的一种本能的渴望。

3)意境

作为主体构成的一项美学原则,意境是造型学术上所追求的一种美好理想,它是人们对形态外观认识的心理要求和长期生活积累的综合结果。抽象的形态同样也具有感情效果,因为人们在感受形式美时往往产生理想化的联想。

图3.25　CD机

使形态达到理想意境的具体方法有移情法和夸张法。移情法是指设计者将自己的感情注入形态而使其与造型物的功能相一致。夸张法是指对造型物进行典型性格夸张从而创造出形态的动感,如图3.25所示的CD机。CD机用以播放音乐以舒缓人的情绪,造型上采用柔和的线、面形态更容易使人把它与音乐的润滑、流畅联系在一起,让人一看就有想触动的感觉。

4)稳定

形态的稳定概念包括实际稳定和视觉稳定。实际稳定是指从造型物的物质功能和使用功能出发而对设计提出的稳定要求,是造型物必备的物理性质。视觉稳定是指根据人的心理感受和视觉习惯所追求的稳定。

取得视觉上的稳定,除重心处理因素外,还需注意排列中的视点停歇对平面和立体面的主从处理等。例如,偶数点就不会产生像奇数点那样的视点稳定,但偶数点可通过分组或加强重点以增加稳定。另外,视觉习惯也影响稳定,如上轻下重、上小下大、左轻右重等。但是,这也不是绝对的,有时形态虽打破了视觉习惯稳定却有可能创造出动势和轻巧的感觉。无论哪种表现形式,其前提都是造型物必须具有实际稳定性。如图3.26所示的书架,中间的斜向支撑在造型上就取得了视觉上的稳定,而在功能上也起到了紧固作用。

图3.26　书架

**(3)产品立体造型的设计过程**

产品立体造型从构思到完成的过程是:先在构思中就要考虑造型采用哪种方法、什么方式才能创造出美的形态,对这种具体形态的发展还需作充分探讨,同时还要考虑用哪种材料制作,造型过程中需要解决哪些条件,等等。立体造型需经过以下4个过程:

1)需求过程

了解需求是设计过程的第一步,若不明确需求则不可能圆满完成设计立体造型。只有对需求过程理解深刻,才能判断有效。例如,设计一把椅子和设计一把折叠椅,或设计一把携带方便轻巧的折叠椅,其造型是不一样的。需求越明确,对造型的判断考虑才会越合理。需求过程实质就是定位,定位越具体越容易把握它的设计切入点。

2)造型过程

造型的过程包括设计过程和实际制作过程,即通过产品造型的设计构思(草图、效果图)逐步将产品造型具体化、明确化。当然,仅仅用平面表达方式构思设计会出现许多细部难以明确之处,只有通过亲自动手制作的方式,才会发现问题和了解设计不足之处并逐一解决,才能更好地完善预想设计效果。这即是立体造型的全部过程。

　　3）材料过程

　　材料是任何立体造型都要考虑的因素之一,在设计中设计师必须熟悉和掌握各种材料的特性及使用方法,通过实地调查了解材料的性能,从而正确应用于造型过程。

　　材料的分类,按材质分材料有木材、石材、金属材、塑料材、布等;按有形材料和无形材料分,有形材料有石块、金属条、木板、塑料管材等,无形材料有砂、水泥、石膏粉、泥土等;按不同的物理性能分,材料可分为弹性材料(如金属、塑料、橡皮等)、塑性材料(如黏土等)、黏性材料(如胶水等)。

　　从立体构成需要和便于掌握的角度出发,材料可按形态分为线材、板材和块材。线材包括丝线、毛线、尼龙线、棉线、纸带、细木条、细铁丝、铜丝、火柴棒绳等;板材包括纸、木板、玻璃板、塑料板、金属板等;块材包括石块、木块、金属块、泡沫块、塑料块等。

　　从分类中不难看出,形态与材料有着密切的关联。

　　4）技术过程

　　怎样使材料形态化,自然包括技术等方面的实际问题,这即是技术过程。造型的形态常受材料和技术工具的影响,技术工具和材料也制约着形态的创造。例如,同样都是雕塑,用黏土塑造的方法、技术和形态给人的感受同采用大理石雕刻的技术、方法和形态给人的感受是大不相同的。前者由于泥土无形材料的限制,必须采用添加法完成;而后者由于石材的限制必须采用削减法才能进行造型。又如,椅子的设计,采用的材料不同,其技术工艺、造型也不一样。如图3.27所示,钢管椅和一次成型的塑料椅,由于材料的性能不同、加工工艺迥异,因此形成的造型自然也不一样。加工手段不同,所产生的造型形态自然也不同。

图 3.27　钢管椅(左)和郁金香椅(右)

　　立体造型就是要解决上述过程所提出的种种问题,如果设计出的形态能满足需求过程,能合理选用材料、活用材料特性、采用了恰当的技术工艺和方法并赋予造型,就能成为优秀的立体造型作品。

### 3.3.2　产品立体构成的方法

　　形态立体构成是指制造实际占据三维空间的立体从任何角度都可以触及并感受到的实体,它与在二维平面上表现的视觉立体感是完全不同的。一个美好的形态,要经得起任何视点变动的检验,因此形态的构成必须注意整体效果,而不能满足特定距离、特定角度、特定环境条件下所呈现的单一形状。

　　**(1)组合法**

　　将多种单一形体拼合在一起构成一个新的立体形态的过程,称为组合构成。组合是最普遍的造型方式,凡需经过从零件装配成成品这类生产过程的产品在造型上一般都离不开组合方法。组合法有多种形式,如图 3.28 所示。

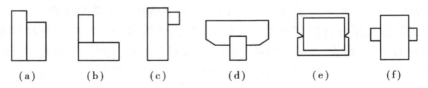

(a)　　　(b)　　　(c)　　　(d)　　　(e)　　　(f)

图 3.28　产品立体组合形式

①并列。是指单纯的表面接触结合,没有互为依存的进一步联系(见图 3.28(a))。

②堆叠。是指形体按垂直方向一个置于另一个之上,具有承受的性质(见图 3.28(b))。

③附加。是指比例悬殊的主从形体,具有明确的从体依附于主体的性质(见图 3.28(c))。

④嵌入。是指一个形体的一部分嵌入另一个形体的内部,具有交叉的性质(见图 3.28(d))。

⑤覆盖。是指一个折转的面立体或线立体笼罩或围束在另一个形体的外层,具有约束的性质(见图 3.28(e))。

⑥贯穿。是指一个形体从另一个形体的内部穿越而过,具有穿透的性质(见图 3.28(f))。

上述所列构成形式都是相对的,在一件构成物上需要综合运用,在实际造型中需要灵活掌握。需要指出的是,造型上的形体组合与零件在机械装配中真实的组合关系之间存在着较大差别。例如,贯穿,在机械结构上是真实的轴从有孔的形体中穿过,而在造型上只需要在一个形体的两端表示出位置和形状可以连续而产生一体感的形体即可。所谓“贯穿”,只是一种来自视觉感受的假设且根本不一定要真实的两个形体,可按组合结果用注塑的一个形体表达,也可用 3 个形体胶合而成。造型上的各种空间关系包括组合与切割都是一种想象、假设的关系。

在形态构成活动中,构成技能和技巧的掌握是以大量的构成实践为基础的。如图 3.29 所示,同是 3 个立方体,通过不同的组合则能给人以不同的视觉效果。

如图 3.30 所示为摇臂钻床的原始几何模型。由图 3.30 可知,立柱贯穿在摇臂中,主轴箱贯穿在摇臂上,主轴贯穿在主轴箱中。这种贯穿式结构很好地满足了摇臂沿立柱上下滑动并绕其转动、主轴箱沿摇臂滑动、主轴在主轴箱中上下伸缩移动的各种运动要求并使结构紧凑。

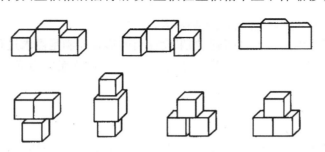

图 3.29　3 个立方体的组合形式

图 3.30　摇臂钻床构型设计

**(2)切割法**

切割法构型的思路是指在一个基本几何体上挖去或截切掉一部分而形成新的形体。

在挖切过程中会出现层次变化、棱角突出或削弱以及相贯线和截交线产生。这些都可使形体在形象上产生变化且满足功能要求。

切割构成与组合构成是相对而言的。用分解组合的观点看问题,任何物体都可由基本构成要素组合而成。同样,任何物体也都能以某一基本形体为基础,通过切割而获得。为了叙述方便,把构成物比较明显地表现出某一基本形体特征的形体,称为切割构成体。如图 3.31 所示为在一横放的四棱柱上挖去一个三棱柱、一个四棱柱和一个圆柱体。

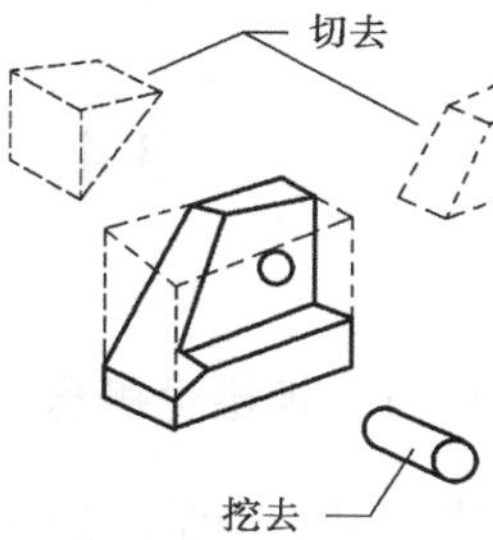

**（3）多面体的构成**

多面体是指物体表面由多个相同或不同的几何平面所构成的立体。在多面体中,最为常见的是柏拉图多面体和阿基米德多面体。

图 3.31　切割法

1）柏拉图多面体

若一多面体各表面均是等边等角、形状大小相同、表面接合毫无间隙、边缘与棱角都是重复而向外突出,则该多面体被称为柏拉图多面体。符合这种标准的多面体有正四面体、正六面体、正八面体、正十二面体、正二十面体 5 种,如图 3.32 所示。

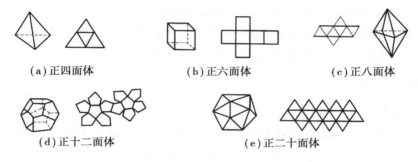

(a) 正四面体　　　　　　　(b) 正六面体　　　　　　　(c) 正八面体

(d) 正十二面体　　　　　　　(e) 正二十面体

图 3.32　柏拉图多面体

2）阿基米德多面体

若多面体表面是两种或两种以上基本形面(正方形、正三角形和正多边形)的重复,则该多面体称为阿基米德多面体。它主要有正十四面体、正十六面体等,如图 3.33 所示为常见的 4 种。

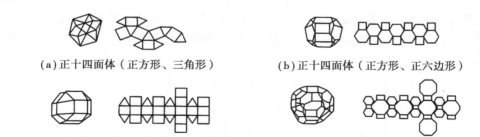

(a) 正十四面体（正方形、三角形）　　　　　　(b) 正十四面体（正方形、正六边形）

(c) 正二十六面体（正方形、正三角形）　　(d) 正二十六面体（正方形、正六边形、正八边形）

图 3.33　阿基米德多面体

## 3.4 形的视错觉及其在造型设计中的应用

### 3.4.1 视错觉概念

错觉是心理学上的一种重要现象,是指人们对于外界事物的不正确的、错误的感觉或知觉。错觉一般可分为视觉错觉、听觉错觉、触觉错觉、味觉错觉等。在产品造型设计中,侧重于视觉错觉的研究。

视错觉是指视感觉与客观存在不一致的现象,简称错视。人们观察物体时,由于物体受到形、光、色的干扰,加上人们的生理、心理原因而误认物象,从而产生与实际不符的判断性的视觉误差。例如,筷子放进有水的碗里,由于光线折射看起来筷子是折的;体胖者穿横条衣服显得更胖,体瘦者穿竖条衣服显得更瘦,等等。这些都是与实际不符的视错觉现象。视错觉是客观存在的一种现象,在造型设计中要获得完美造型,就需要从错视现象中研究错视规律,从而达到合理地利用错视和矫正错视,保证预期造型效果的实现。

视错觉一般可分为形的错觉和色的错觉两大类。形的错觉主要有长短、大小、远近、高低、残像、幻觉、分割、对比等。色的错觉主要有光渗、距离、温度、质量等。

### 3.4.2 视错觉现象

#### (1)长度错觉

长度错觉是指等长的线段在两端附加物的作用下产生与实际长度不符的错视现象。如图

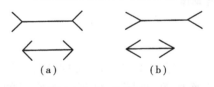

图 3.34 长度错觉(一)

3.34(a)所示,当附加物向外时,感觉线段偏长;附加物向内时,感觉线段偏短。这是因为眼睛被附加物强制向其延伸方向扫描运动的结果。当两线段不对齐时,这种效果更加明显,如图 3.34(b)所示。

如图 3.35(a)所示为长度相等、互相垂直的两直线,但看起来垂直线比水平线要长一些。其原因是眼球作上下运动较迟钝,而作左右运动比上下运动容易,由于它们所需的时间和运动量不相等,故会产生这种误差。为了取得等长的视觉效果,可将垂直线缩短,使垂直线与水平线长度之比为 14:15,如图 3.35(b)所示。

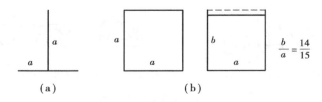

图 3.35 长度错觉(二)

#### (2)分割错觉

分割错觉是指图形受分割线分割后而产生的与实际大小不等的错视现象。如图 3.36(a)

所示为两个形状相同、大小相等的长方形,由于中间水平线和竖线产生的惯性诱导,被横线分割的长方形即显得略宽而被竖线分割的长方形则显得略高。若这种分割线超过 4 条以上,则有可能诱导视线向分割相反方向延伸,渐渐地产生加宽感或加高感的错觉。如图 3.36(b)所示为两个大小相同的正方形,看起来好像画横线的显得高些而画竖线的显得宽些。

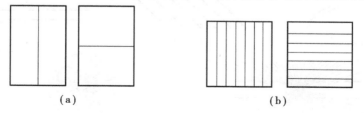

图 3.36　分割错觉

分割错觉产生的原因是由于分割线有引导视线沿分割方向作敏捷快速移动的结果。

一般来说,间格分割越多,加高或加宽感就越强。

**(3)对比错觉**

对比错觉是指同样大小的物体或图形在不同环境中因对比关系不同而产生的错觉。如图 3.37(a)、(b)所示同样大小的圆点因对比关系不同左边的显得大而右边的显得小。如图 3.37(c)所示的 5 条垂直线段是等长的,但由于各线段所对的角度不同,则感觉也不一样。如图 3.37(d)所示的左右两圆弧因刻度线分别在圆内、圈外,故显得左边的圆弧小些而右边的圆弧大一些。

图 3.37　对比错觉

**(4)透视错觉**

透视错觉是指人们观察物体时,在透视规律的作用下由于人们所处观察点位置的高低、远近的不同所产生的错觉现象。如图 3.38(a)所示,改变观察点观察该五等分的物体,由于透视变形关系则有下大上小之感。如图 3.38(b)所示,两个人虽等高但由于远近不同,距视点近的人显得高些而距视点远的人显得矮些。

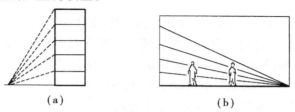

图 3.38　透视错觉

**(5)变形错觉(也称干扰错觉)**

变形错觉是指线段或图形因受其他因素干扰所产生的视错觉现象。如图 3.39(a)所示,一斜线被两平行线隔断为 a、b 两段,而看起来却好像有错开的感觉,c 线段好像是 a 线段的延长线。如图 3.39(b)所示为一组 45°倾角的平行线,因受其他线段干扰看起来却有互相不平行的感觉。

如图 3.39(c)、(d)所示,因受射线干扰两平行线似乎发生了弯曲,其"弯曲"方向倾向于射线发射方向。如图 3.39(e)所示,大圆内部的小圆由于受射线影响好像变得不那么圆了。

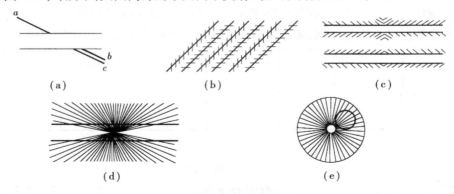

图 3.39  变形错觉(一)

如图 3.40(a)所示,直线因受弧线干扰而显得不直,其"弯曲"方向与干扰弧线方向相反。

如图 3.40(b)所示,正方形因受折线干扰而发生变形错觉,粗略看起来却像是一梯形。

（6）**光渗错觉**

白色(或浅色)的形体在黑色或暗色背景衬托下有较强的反射光亮、呈扩张性渗出,这种现象称为光渗。由光渗作用和视觉的生理特点而产生的错觉称为光渗错觉。如图 3.41 所示为上下两个等大正方形中有两个等大的圆,但由于光渗错觉看起来却好像白色的圆显得大些而黑色的圆显得小些。

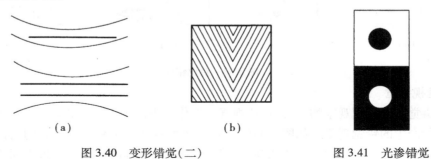

图 3.40  变形错觉(二)　　　　　　　　图 3.41  光渗错觉

（7）**翻转错觉**

由于眼睛注视位置不同,常可得出图形虚实的翻转变化。在图 3.42(a)中,观察 A 面时右边为一实体棱柱;观察 B 面时则左边为一实体棱柱。图 3.42(b)所示也为一翻转图形——看 A 面在前时是一个正阶梯;若看 B 面在前时则成为一个倒挂的阶梯。如图 3.42(c)所示也为一个翻转图形——若视 G 点为凹进时(各立方体上顶面为黑色),即为 6 个立方块;若看 G 点为凸出时(各立方体下底面为黑色),则为 7 个立方块。

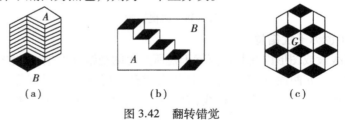

图 3.42  翻转错觉

### 3.4.3 视错觉的利用和矫正

利用视错觉是指将错就错、借错视规律以加强造型的效果。矫正视错觉是指事先预计到错觉的产生并借错视规律而使造型物改变实际形状、受错视作用而还原,从而保证预期造型效果的实现。

**(1)分割错觉的利用和矫正**

在造型要素中,哪一要素给人的印象强烈则视线就会被这一要素所吸引,从而产生增强该要素、减弱其他要素的视觉效果。如图 3.43 所示,大客车车身的中间水平线给人的印象强烈,可降低箱型车身在视觉上的高度感,从而产生横向的稳定感和速度感。

**(2)对比错觉的利用和矫正**

图 3.43 分割错觉的应用

如图 3.44 所示为宏基个人电脑显示器,对显示器进行分析,如认为显示器边框较宽,在视觉效果上即缩小了显示器,因而其整体轻巧感差。如图 3.45 所示为 IBM 笔记本电脑显示器,其边框较窄,因而使显示器面积有增大的视觉效果。

图 3.44 宏基电脑显示器    图 3.45 IBM 笔记本电脑显示器

**(3)变形错觉的利用和矫正**

如图 3.44 所示的显示器,其显示屏是四边外凸的矩形,如果机壳四边成直线,由于变形错觉的作用即会使机壳产生塌陷现象,为了矫正这种变形错觉机壳需要设计成外凸曲线。

在汽车造型设计中,如果把腰线和车身侧壁亮条都处理成直线,那么由于前后窗和窗板的延长线对腰线和车身侧壁亮条的干扰,就会发现腰线和亮条下凹,使整个车身欠丰满、线型缺乏弹性,为克服这个视觉缺陷就应把腰线和亮条作向上隆起处理,从而使造型显得丰满有力。

**(4)光渗错觉的利用和矫正**

由于光渗错觉而产生的面积不等现象,若需在视觉感受上达到两面积相等,则必须将浅色的做小些或深色的做大些,才能达到等大的视觉效果。如图 3.46 所示,法国国旗上的红、白、蓝三色的比例设计为 35:33:37,而却使人们感觉 3 种颜色的面积相等。这是因为白色给人以扩张的感觉,而蓝色和红色则有收缩的感觉。

**(5)透视错觉的利用和矫正**

造型中,如果对造型物的体量尺度感有等长、等大的要求,设计时就应充分估计到造型物在使用环境中对其观察产生的透视变形并予以矫正和调整。例如,在高大设备上竖直标明厂标,由于人在观察这些字时会产生透视错觉,感觉字的高度尺寸越上面则字显得越短,因而在设计这些字时,就应当自下而上将各个字的尺寸逐渐加大一些,以矫正透视错觉。

图 3.46　法国国旗

　　在客观现实生活中错觉现象很多,因此,在产品造型设计中就应特别注意利用和矫正各种错觉现象,以符合人们的视觉习惯,取得良好的造型效果。

# 第 **4** 章
# 工业产品色彩设计

色彩能使人快速区别不同物体、美化产品、美化环境。工业产品色彩的良好设计能使产品的造型更加完美,在提高产品的外观质量和增强产品在市场上的竞争力等方面都起着极其重要的作用。工业产品色彩设计对人的生理和心理也有一定影响,如果色彩宜人,则能使人们的精神愉快,情绪稳定,提高工效;反之,将使人们的精神疲劳,心情沉闷、烦躁,分散注意力,降低工效。

色彩有着先声夺人的魅力。例如,人们进入商店,首先作用于人视觉的是色彩,其次是形状,最后才是质感。根据经验表明,视觉对色彩和形状的感知率见表4.1。

**表 4.1 视觉对色彩和形状的感知率**

| 时 间 | 色彩/% | 形状/% |
|---|---|---|
| 最初 | 80 | 20(可持续 20 s) |
| 2 min 后 | 60 | 40 |
| 5 min 后 | 50 | 50(以后将持续下去) |

由此可见,色彩设计在造型设计中占有很重要的地位。

## 4.1 色彩的基础知识

### 4.1.1 何谓色彩

宇宙万物五颜六色,人们辨认物体的重要条件是色彩。那么色彩是什么呢?当人们观察有色物体时,由于光的照射,物体表面反射出来的光线,作用于人的视觉器官,而产生一种色彩感觉。例如,一只红色的苹果放在没有光线的暗房中,就看不见鲜红的颜色,所以说有光就有色,无光就无色。因此,色彩是光刺激视神经后所产生的一种视感反应。

### 4.1.2 色与光的关系

光在物理学上属于一种电磁波。波长为 700~400 nm(1 nm=1/1 000 000 mm)的光波,人眼可以感觉到,称为可见光;波长大于 700 nm 时,即为红外线;波长小于 400 nm 时,即为紫外线和医疗用的 X 射线,见表 4.2。

表 4.2　太阳光的放射波

| 紫外线 | 可见光 | | | | | | 红外线 |
|---|---|---|---|---|---|---|---|
| | 紫 | 青 | 绿 | 黄 | 橙 | 赤 | |
| 晒黑皮肤 | 400 nm | ← | 可感觉色彩 ← | | | 700 nm | |

太阳光通过棱镜片后,被分解为一条由红、橙、黄、绿、青、蓝、紫 7 种色光组成的色带,这条色带称为光谱。由于青色和蓝色相差甚微,蓝色可包括青色,故一般称红、橙、黄、绿、蓝、紫这 6 种为标准色,其中,红光波长最长,紫光波长最短,如图 4.1 所示。

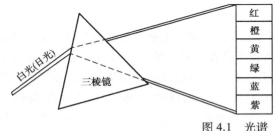

红:700~610 nm
橙:610~590 nm
黄:590~570 nm
绿:570~500 nm
蓝:500~450 nm
紫:450~400 nm

图 4.1　光谱

色光是太阳中各种物质燃烧的结果。在阳光的光子中可找到各种光物质,如红色光中含有氢氧元素,橙色光中含有钠元素,黄色光中含有氮元素,绿色光中含有铁元素,蓝色光中含有氢元素,紫色光中含有铁钙元素。因阳光中所含各种色光的物质特性不同,当阳光照射到某一物体时,由于同类元素具有相互结合作用,物体将同类元素的色光吸收,因此这部分色彩就不呈现;而异类元素具有互相排斥作用,物体将异类元素的色光反射出来,则其色彩可见。例如,呈现红色,反射红光,吸收其他色光;呈现蓝色,反射蓝光,吸收其他色光。

工业产品所指的色彩,是通过各种颜色的色料加以调配而成的,色光与色料的性质是不同的。色光是一种电磁波,是由具有一定能量和动量的粒子所组成的粒子流,而色料(包括颜料、染料、油漆等)则是以各种有机物质与无机物质组成的色素。

工业产品造型设计所讲的色彩,是指色料的颜色。

### 4.1.3　色彩分类

日常人们能用眼睛看到的颜色非常丰富,有 200 万~800 万种,在这些千变万化的色彩中,几乎找不到相同的色彩。

色彩可按有彩色和无彩色区分,也可按冷暖性区分,如图 4.2 所示。

色彩 ┤ 无彩色色系 ┤ 白／灰／黑 ┤ 等没有色彩的颜色<br>
　　　 有彩色色系 ┤ 纯色／其他一般色彩<br>
按冷暖性区分 ┤ 暖色系——红、橙、橙黄、黄<br>
　　　　　　　 冷色系——白、蓝

图 4.2　色彩的分类

### 4.1.4 色彩的三要素

色相、明度、纯度称为色彩的三要素,它是鉴别、分析、比较色彩的标准,也是认识和表示色彩的基本依据。

**(1)色相**

色相(Hue)简写为H,是指色彩的相貌,如红、橙、黄、绿、蓝、紫即为不同色相。这6种色在光谱上是呈直线形排列,如图4.1所示。在使用色料时,可使它们首尾相连呈一圆环形,称此环为色相环,如图4.3所示。

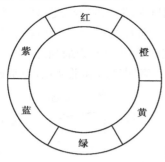

图4.3 六色相环

图4.4 十二色相环

通常在主要色相中间加入中间色相,可形成十色相、十二色相或二十四色相等色相环。常用的是十二色相环,如图4.4所示。

**(2)明度**

明度(Value)简写为V,是指色彩的明暗程度。反射率的大小决定色彩的明暗程度。反射率大则明度高,反之则明度低。在色料中黑色明度最低,白色明度最高。任何色料混入白色后均可提高其明度,混入白色越多明度越高;若混入黑色均可降低明度,混入黑色越多明度越低。

用黑白两色不同量混合,可得不同明度的灰色,通常从黑到白可分为8个、9个或11个不同明度的色阶,称为明度阶段,作为分析色彩明暗程度的标准,如图4.5所示。明度最高V=10,即为理想的白色;明度最低V=0,为理想的黑色;而V=1~3为低明度,V=3~6为中明度,V=7~9为高明度。明度阶段又称为无彩轴。

如果把白色的明度定为100,黑色的明度定为0,则各色的明度如下:

| | |
|---|---|
| 白色:100 | 纯红色:4.93 |
| 黄色:78.9 | 青色:4.93 |
| 橙黄及橙色:69.85 | 暗红色:0.80 |
| 黄绿及绿色:30.33 | 青紫色:0.36 |
| 红橙色:27.33 | 紫色:0.13 |

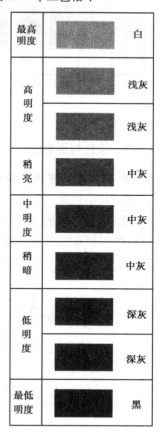

图4.5 明度阶段

71

青绿色:11.00　　　　黑色:0

可见,在有彩色中黄色最亮,紫色最暗。

**(3)纯度**

纯度(Chroma)简写为 C,是指色彩的鲜艳程度。

纯度又称为彩度或饱和度。在色相环中的各色是纯度最高的色彩。在任何一个色相中掺入白色后,其纯度就降低,而明度提高;若掺入黑色,则其纯度和明度都降低。因而前者称为"明调",后者称为"暗调"。

在一种色相中,逐渐加入白色或黑色,可得一系列不同纯度的色阶,称为纯度阶段。

以明度阶段为纵坐标,纯度阶段为横坐标。越靠近明度阶段的色彩纯度越低,越远则纯度越高,最外侧的是纯度最高的纯色,如图 4.6(a)所示。纯度阶段可分为 9 个阶段,以 1S 到 9S 来表示。1S—3S 为低纯度,4S—6S 为中纯度,7S—8S 为稍高纯度,9S 为最高纯度。

由图 4.6(b)可知,纯色在中明度区可形成很多阶段,在高明度区和低明度区则较少。

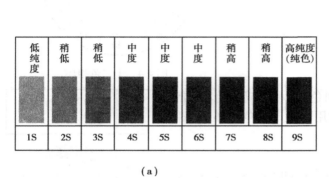

(a)

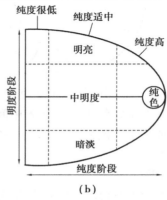

(b)

图 4.6　纯度阶段

### 4.1.5　原色与混合色

**(1)原色、间色、复色及补色**

无法用其他色彩(或色光)混合出来的色称原色。色光的三原色是红、蓝、绿;色料的三原色是红、黄、蓝。色光的三原色相混合可得白光;色料的三原色相混合则成黑浊色,如图 4.7 所示。三原色可调配出任何其他色彩,故三原色又称第一次色。

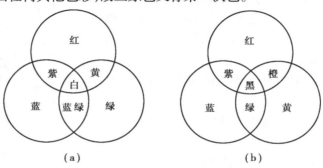

(a)　　　　　　　　　　　(b)

图 4.7　三原色

三原色的任何两色混合而得到的颜色称为间色,如图 4.7(b)所示中的橙、绿、紫。

间色:

橙=红+黄

绿=蓝+黄

紫=红+蓝

由两种间色或原色与间色混合而得的颜色称为复色。

复色:

橙紫(红灰)＝橙+紫＝(红+黄)+(红+蓝)

绿紫(蓝灰)＝绿+紫＝(蓝+黄)+(红+蓝)

可见,复色实际上是三原色的混合,不过是以其中一色为主进行混合,只要三原色中的任一色比例稍有不同,就可以产生出多种不同的复色。

三原色中任一色与其余两原色混合的间色即为互补色。例如,红与绿(黄+蓝)、蓝与橙(黄+红)、黄与绿(红+蓝)都为互补色。由于互补色在色彩关系中的对比关系最强,因此表现力强、明快。

**(2)色彩的混合**

人们通常所见到的色彩大多是多种色彩的混合。色彩的混合可分为减色混合、中间混合两种。

1)减色混合

如果不同色料混合而得到的新的色彩较混合前的色彩更暗淡,则称为减色混合。例如,红色与黄色柠檬黄混合而得的橙色,不如混合前的红色和黄色明亮。水粉、水彩、油画颜料及染料都属于减色混合的色料。

2)中间混合(中性混合)

中间混合有色盘旋转混合和空间视觉混合,其特点是混合后的明度是混合色的平均明度。在一个圆形转盘上组合几个色块,快速旋转,可产生新的色彩,这种混合称为色盘旋转混合。此外,将一些不同色彩的细小的点组合在一起,相隔一定距离观看时,产生另一种色彩,这种混合称为空间视觉混合,印刷上的网点制版印刷就是应用这种原理。

# 4.2　色彩的体系

## 4.2.1　色立体

将色彩的三要素——色相、明度、纯度合理地配置成一个三维空间的立体形状,就称色立体,如图 4.8(a)所示。用水平面的圆周表示色相环,过圆中心作一垂直水平面的轴线,此轴即为明度轴,白色在上,黑色在下,圆的中心为灰色,把圆周上的各色相与轴连接,可以表示纯度,接近明度轴的纯度低,远离明度轴的纯度高;在色立体中作垂直于明度轴的剖切面,将得到同明度的各色相,这个平面称为同明度面。作包含明度轴的纵剖切面(一半),可得到一个等色相面,如图 4.8(b)所示。任何一个色相由于明度和纯度的差异都可有千变万化的色彩,但不论何种色彩,都可在这个色立体中找到。

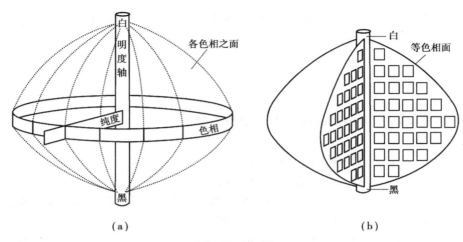

（a）　　　　　　　　　　　　　　　（b）

图 4.8　色立体

### 4.2.2　色的表示体系

至今人眼能辨别的色彩有 200 万~800 万种,对这么多种色彩,不可能给每一种起一个精确的名称,应采用科学的表示法,用记号来表示每一种色彩,以体现每一种色彩的色相、明度、纯度之间的关系。

目前,国际上使用的色表示法有美国的孟塞尔（Munsell）色标、德国的奥斯特瓦德（Ostwald）色标及日本色研所色标。下面介绍用得较广的孟塞尔色标及日本色研所色标。

（1）孟塞尔表色系

孟塞尔表色系是美国的美术教师孟塞尔于 1905 年发明的。它把色彩三要素——色相 H、明度 V、纯度 C 构成一个立体模型,称为孟塞尔色立体。它是以红（R）、黄（Y）、绿（G）、蓝（B）、紫（P）5 种色相为基础,再加上黄红（YR）、黄绿（YG）、蓝绿（BG）、蓝紫（BP）、红紫（RP）5 种中间色顺时针方向排列组成 10 种主要色相,又对每一种色相按顺时针方向 10 等分,由此获得 100 种色相的孟氏色相环,如图 4.9 所示。各色相上的第五种即为该色相的代表色,如5R,5Y,5YR,…。直径两端的色相为互补色。

明度阶段是在白和黑之间加入明度渐变的 9 个灰色,成 11 个阶段,用 $N_{10}$ , $N_9$ , $N_8$ , … , $N_0$ 表示,而有彩色则用与此等明度的灰色表示明度,用 1/, 2/, 3/, … , 9/等记号表示。

孟塞尔法的主要色相中以红（5R）的纯度等级最高,也就是纯度最高,共有 14 等级,而蓝绿（5BG）的纯度等级只有 6 级。由于每一种色相的纯度等级不一,因此,孟氏色立体的形状呈不规则形,如图 4.10、图 4.11 所示。

孟塞尔是以 HV/C（色相明度/纯度）的形式来表示某一种色彩,如 5R4/14 即表示色相为 5R、明度为4、纯度为 14 的纯红色彩。

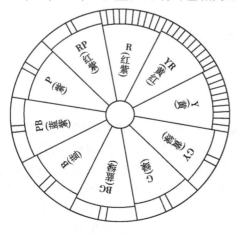

图 4.9　孟氏色相环

对无彩色的黑白系列的中性灰色用"N"表示。以 NV/（中性灰色明度/）的标记方法表示，如 N5/则表示明度值为 5 的中性灰色。

（2）**日本色彩研究所表色系**

日本色彩研究所发表的表色系是以红、橙、黄、绿、蓝、紫 6 个主要色相为基础，再加入 5 个中间色相，每个色相再细分为 2 或 3 色相，共构成 24 色相（见图 4.12）。该色相环的特点是互补色关系不在直径两端的对立位置。

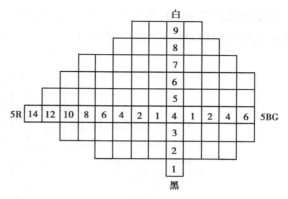

图 4.10　孟氏等色相面

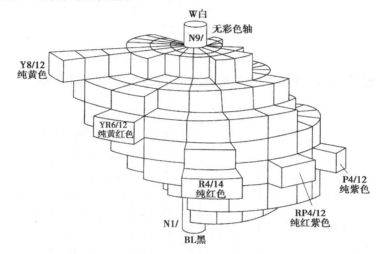

图 4.11　孟氏色立体

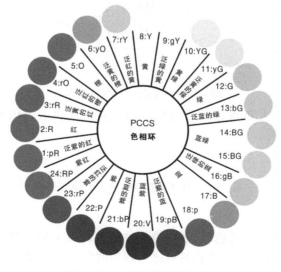

图 4.12　日本色研所的色相环

明度阶段以黑为 10,白为 20,中间加入渐变的 9 个灰色,共 11 个阶段。其纯度的区分与孟塞尔表色系类似,根据色相、纯度的不同,纯红色的纯度 10 是最高的(见图 4.13)。

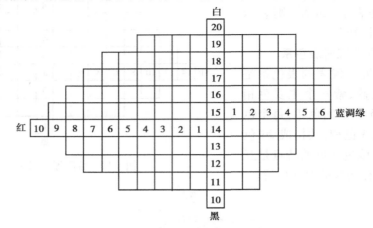

图 4.13　日本色研所的等色相面

由于纯度长短不一,因而形成一个横卧的蛋形色立体,如图 4.14 所示。

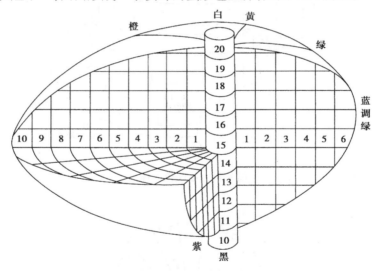

图 4.14　日本色研所的色立体

色的标记法:以色相-明度-纯度的顺序标记,如 1-14-10 表示色相为 1、明度为 14、纯度为 10 的纯红色。

## 4.3　色彩的对比与调和

工业产品一般不会只有一种色彩,往往是两种或两种以上的色彩配置在一起。当两种以上色彩并置在一起时,就必然产生色彩的对比与调和问题。差异性大的表现为对比,差异性小的则表现为调和。对比与调和是色彩设计最基本的配色方法,是获得色彩既变化丰富又有统一的重要手段。

### 4.3.1　色彩对比

色彩对比有同时对比和连续对比两大类。

**（1）同时对比**

两种色彩并置时，所产生的对比现象称为同时对比。同时对比有色相对比、明度对比、纯度对比、冷暖对比和面积对比等。

不同程度的对比，给人的视觉效果也各异。

最强对比：生硬、粗犷。

强对比：生动、热烈。

弱对比：柔和、平静、安定。

最弱对比：朦胧、暧昧、单调。

1）色相对比

由于色相的差异而形成的色彩对比称为色相对比。例如，将两张相同色调的橙色纸，一张放在红色纸上，另一张放在黄色纸上。此时，在红色纸上的橙色看起来会稍微带黄色，而放在黄色纸上的橙色则稍微带有红色，这种现象即为色相对比。色相对比的强弱取决于两色相在色相环上的位置，如图 4.15 所示。

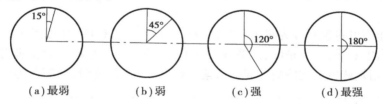

图 4.15　色相对比强弱取决于两色相在色相环上的位置

①色相相距在 15°以内的对比，称为同类对比。它是最弱色相对比，实际上是同色相中不同纯度和明度的对比。其色相感比较单纯、柔和、典雅，色调容易调和统一，但容易产生单调、平淡之感。

②色相相距在 45°左右的色相对比，称为邻近色对比。它是弱色相对比，其色感比同类色相对比要明快、活泼，可弥补同类色相对比的不足，又能获得和谐、雅致、柔和、耐看的效果。

③色相相距在 120°左右的色相对比，称为强对比。它具有刺激性强，易使人兴奋、激动、疲劳的特点，因而在工业产品上只宜小面积使用。

④色相相距 180°左右的色相对比，称为互补色对比。它是最强色相对比。

2）明度对比

由于色彩的明暗差异而形成的对比，称为明度对比。它具有使明调色更明亮、暗调色更暗的效果。例如，将两张同明度的灰色纸分别放置在白纸和黑纸上时，会感到白底纸上的灰色较暗，而放在黑底纸上的灰色较明亮。同样道理，白色与黑色放在一起时，白色会比与其他色彩并置在一起时显得更白，这就是明度对比的效果，也说明同一色彩因底色不同会产生明度变化。在绘制效果图时，如能恰当地运用色彩的明暗对比，则能使画面取得明快、突出重点、有深远感的视觉效果。

工业产品多采用明度对比适中或稍强的对比，强对比只用在特殊需要的部位，如仪表上的指针、刻度、字符和面板上的显示及文字等。

3）纯度对比

色彩因纯度差异而形成的对比，称为纯度对比。纯度对比会使原来的纯度发生变化，纯度高的显得更纯、更鲜艳，纯度低的显得更弱、更柔和或更灰。纯度差异的程度决定纯度对比的强弱。纯度差异大的为强对比，给人以刺激、兴奋、生动、活跃、鲜艳的感觉，若对比太强则有生硬、炫目、刺激强、易疲劳的感觉；纯度差异小的为弱对比，给人以柔和、含蓄的感觉。

降低纯度的方法有以下 4 种：

①加入白色。纯度降低，明度提高。

②加入黑色。纯度降低，明度降低。

③加入灰色（或同时加入白色和黑色）。纯度降低。

④加入互补色。纯度降低，如红色加入绿色，可得到灰暗的红色。

工业产品多用低纯度的色彩，纯度对比较弱。强对比只用于需要引人注目的局部和装饰部分。

4）冷暖对比

色彩因冷暖差别而形成的对比称为冷暖对比。色彩本身并无冷暖的属性，人们由于生活经验和联想，在心理上对某些色彩有冷的感觉，而对另一些色彩又有暖的感觉。例如，进入红橙色的房间，会感到温暖，而进入浅蓝色的房间，则有一股寒意。这是因为红橙色刺激血液循环加快。

根据心理作用可将色彩分为暖色和冷色两类。在十二色相环中（见图 4.4）以最亮的黄色和最暗的紫色为中心线，一边是红、红橙、橙、橙黄等暖色，另一边则是蓝绿、蓝等冷色。最暖的是橙色，最冷的则是蓝色。在冷暖之间的蓝紫、紫、红紫与黄、黄绿、绿等色为中性色。这种区分是相对的。

同一色相由于明度和纯度的不同，也有冷暖感。不论是冷色或暖色，只要加入白色，明度提高，色彩就变冷；反之，加入黑色，明度降低，就会增加暖和感。例如，暖色的红加入白色变成粉红色后，会有凉的感觉；而冷色的蓝加入黑色后，变成暗色，就有较暖的感觉。

在工业产品的色彩设计中，多用冷暖差别较小的弱对比和用中性色。

5）色彩的面积对比

因色彩面积大小的差异而形成的对比，称为面积对比。

物体表面色彩面积大，则光量和色量也大；反之，则光量和色量小。若色彩的明度、纯度不变，其对比关系将随着它们之间的面积变化而变化。色彩面积大小，对人的视觉效果是不同的。例如，面积相同的红、绿色并置在一起时，给人的视觉是均衡的、稳定的。若在大面积的绿色背景上配置小面积的红色，则产生强烈的刺激性，如俗话说"万绿丛中一点红"，能起到引人注目、突出重点的作用。

在工业产品色彩设计中，色彩的面积应有主次之分，以一色为主时，其面积应占主导，另一色的面积次之，这样主次分明，方能获得较好的视觉效果。

（2）**连续对比**

人们观察某一种色彩后，接着再观察第二种色彩时，后看到的色彩将会受到前者的影响，其色调在视觉上也会产生变化，这种现象称为"连续对比"。

例如，将一张彩色纸放在白纸上，注视 1 min 后，把彩纸移开，就会发现在原来放彩纸的地方,好像有一个与原来彩纸形状相同而色相不同的虚影。这就是连续对比所产生的现象。因长时间注视某一种色彩,使视神经受刺激产生疲劳,为了消除疲劳,眼睛会自动产生所视色彩的互补色,以达到视觉平衡。

这种现象在日常生活中也常碰到,如先看红色,再看绿色,就会感到绿色中有少量红色。

### 4.3.2　色彩的调和

色彩调和是指具有某种秩序的色彩组合。色彩调和的目的是解决诸多色彩之间的内在联系,调和是为了和谐和统一。调和与对比是事物的两个方面,有对比才谈得上调和。它们往往同时存在,但在产品的色彩设计中调和应是主要的,有了调和才能体现统一。

色彩的组合方式有两种:在统一中求变化,称为类似调和;在变化中求统一,称为对比调和。

**(1)类似调和**

类似调和的实质是指色彩对比时,色彩的三要素中有一个或两个要素相同或类似,以达到和谐、统一、调和的目的。类似调和有明度调和、纯度调和、色相调和及混入同一色的调和。

在上述调和方法中,色彩两要素相同的调和比一个要素相同的调和显得更和谐,调和感更强,如红与绿,色相不同,若改变其明度和纯度使其变成浅粉红、淡绿,即可取得良好的调和效果。

**(2)对比调和**

对比调和以变化为主,它是通过色彩三要素的差异来实现的。为了使色彩对比不过于强烈,必须在变化中求统一。例如,色相呈对比,就得在明度和纯度中求统一;反之,若纯度和明度呈对比,就应利用相同或类似的色相来求得统一和变化的均衡效果。

对比强烈时的调和方法如下:

①两对比色相互按一定比例加入对方,以缩小两色的差别,达到调和。

②同时加入白色或黑色,改变明度,降低纯度,削弱对比,增强同一性,达到调和效果。

③同时加入灰色,降低明度和纯度,减小对比,使之调和。

④两对比色同时加入另一色相,改变色相,增强共同因素,达到调和。另外在对比强烈的色彩之间加入若干渐变的层次,或把白、灰、黑及光泽色(金、银等)置于两对比色之间,起过渡作用,都能起到调和的效果。

色彩的对比与调和是矛盾的两个方面,调和过分,则缺乏变化,会感到单调、贫乏;对比过分,则缺乏统一,会感到零乱、不协调。因而,恰当地运用色彩的对比与调和关系,对于在色彩设计中取得色彩美的艺术效果是极其重要的。

## 4.4　色彩的感情与应用

不同的色彩,对人的生理和心理会产生不同的作用,这种作用是因人们长期的生活经验积累和对大自然周围环境等的联想,随着年龄、性别、文化程度、民族习惯及个人爱好的差异而形成的。但共同的社会条件和生活环境,也使色彩具有一般性的共同感情,当设计用色时,应根据一般人对色彩的感情效果去选择色彩。

### 4.4.1　色彩的感情

**（1）色彩的冷暖感**

色彩冷暖感的产生，主要是由于人们在观察各种色彩时，引起对客观事物和生活经验的联想。例如，看到红、橙、黄等色，会使人联想到红太阳、炉火，使人感到温暖，从而与暖热的概念联系起来，故称这些色为暖色；当看到蓝色或蓝绿色，就联想到大海洋、冰雪，就与清冷的概念相联系，因而称蓝、蓝绿色为冷色。

不仅有彩色会给人冷暖的感觉，就是无彩色也会给人不同的感觉，像白色及明亮的灰色也给人以寒冷的感受；而暗灰及黑色则比前者给人以较温暖的感受。可见冷暖感的概念是相对的，如紫色比红色冷，而与蓝色相比，则紫色又较暖。色彩冷暖比较次序见表4.3。

表4.3　色彩冷暖比较

| 色　相 | 暖→冷 |
|---|---|
| 红 | 朱红、大红、深红、玫瑰红 |
| 黄 | 深黄、中黄、淡黄、柠檬黄 |
| 绿 | 草绿、淡绿、深绿、粉绿、翠绿 |
| 蓝 | 群青、钴蓝、湖蓝、普蓝 |

了解了色彩的冷暖感，在产品色彩设计时，就应根据产品的功能和使用环境等条件，选择冷暖不同的色彩。例如，在热带或高温条件下工作的环境宜选用冷色，而在寒带或低温条件下工作的环境宜选用暖色，以适应和平衡人们的心理特点。

**（2）色彩的轻重感**

明度不同的色彩对人们的心理会产生不同的轻重感。色彩的轻重感与明度和纯度有关，一般明度高，感觉轻；明度低，感觉重。纯度高显暖色有重感，纯度低显冷色有轻感。

在产品的色彩设计中，对于要求增强稳定感的，则应上轻下重，这时产品下部应涂以重感色（一般为深暗色）。对于要求体现轻巧的产品，则应选明调的色彩或在下部适当位置配置淡色或明度较高的色调。

如图4.16所示的豪华客轮体积较大，但航行在大海中就像沧海中的一叶，为了醒目安全，在色彩方面把客轮整体的色彩设计为白色，因为白色属膨胀色，有增大船体的视觉效果且明度高，使船体的质量视觉上有所减轻又易于与墨蓝色的海水区分，对安全也有利。为了使客轮的视觉航行稳定性好，在船体的后部加了三条黑色彩带，与前边的三排窗口相呼应。

如图4.17所示的协和客机是英法联合研制的世界上最大的超音速客机，机身纤细秀长，狭长的三角翼像天鹅羽翼，令人赏心悦目，有着"世界航客史上最漂亮的飞机"之美誉。其色彩采用了纯白色的设计，使整架飞机以轻巧灵活的姿态栩翔于蓝天白云之中。

**（3）色彩的远近感**

在同一画面上或同一产品上，不同的色彩会使人们感到有的色在前，有的色在后，即有的有近感，有的有远感。一般暖色、明度高的有近感；而冷色、明度低的有远感。色彩的远近感与画面的底色和产品的主色调有关。在深底色上的远近感决定于色彩的明度和冷暖；在浅底色上的远近感决定于色彩的明度；在灰底色上则取决于色彩的纯度。

图 4.16　豪华客轮

图 4.17　协和客机

色彩的远近次序举例见表 4.4。

**表 4.4　色彩的远近次序**

| 背景色 | 近→远 |
|---|---|
| 黑色 | 白、黄、橙、浅绿、红、蓝、紫 |
| 白色 | 黑、紫、红、浅绿、橙、黄 |
| 蓝色 | 黄、橙、红、绿、黑 |
| 灰色 | 黄、橙、蓝、绿、黑、红 |

　　高明度的暖色如橙、黄、白称为近感色,明度低的冷色及一些中性色如蓝、黑、紫、绿为远感色。

　　在产品设计时,往往利用色彩的近感色来强调重点部位,以引人注目。对次要部分则用远感色,使其隐退。

（4）色彩的胀缩感

在同一画面上或产品上的色彩对比中，有些色彩的轮廓使人有膨胀或缩小之感。一般是明度高和暖色系的色彩有膨胀感，明度低和冷色系的色彩有收缩感。这是由于明亮的部分在人的视网膜上所形成的图像，总有一光圈包围着，使轮廓产生了扩张，致使观察者有放大之感，这种现象称为光渗现象。例如，同一个人，穿白色或浅色的衣服，其视觉效果有更丰满之感，而改穿黑色或深暗色的衣服就显得更苗条一些。

由于色彩的胀缩感，在色彩配色时，必须考虑选取适当的尺度关系，以取得面积或体量的等同感。

如图 4.18 所示的 B-18 枪手战略轰炸机，载弹量 25 t，机身平滑修长、深色色彩神秘，有收缩性，隐形性能好，敌方不易发现，雷达屏幕上的反射截面小，仅为 B-52 轰炸机的 1%。

图 4.18　B-18 枪手战略轰炸机

（5）色彩的软硬感

色彩的软硬感主要与色彩的明度和纯度有关。明亮的色彩感觉软，深暗的色彩感觉硬，高纯度和低纯度的色彩有硬感，而中等纯度的色彩则显得较柔软。

在无彩色中，黑色和白色给人感觉较硬，而灰色则较柔软；在有彩色中，暖色较柔软，冷色较硬，中性的绿色和紫色则柔软。在产品设计时，通常根据功能要求利用色彩的软硬感来体现产品的个性。

（6）色彩的兴奋与安静感

色彩的兴奋与安静感主要取决于色相和纯度。暖色的红、橙、黄有兴奋感，而冷色的灰性色有安静感。但纯度降低，兴奋感与安静感也随之减弱。

兴奋的色彩使人精力充沛，情绪饱满；而平静色则使人精神集中，冷静沉着。

### 4.4.2　色彩的联想与象征

所谓色彩的联想，是指人们观察色彩时，往往想到与该色彩相联系的某些事物，致使该色彩成为该事物的象征，由于这种感觉而引起的一种心理现象。色彩的联想与象征是由大自然的客观现实，过去的经验、记忆和知识所引起的。由于人的年龄、性格、性别、经历、民族习惯等不同而不同，但也有共同之处。

色彩的联想可分为具体的与抽象的。大多数人在幼年时，容易联想到身边的动、植物或大自然的景象，对成年人，由于进入社会，有一定的生活经验和知识，则抽象的联想较多（见表4.5）。

表 4.5　色彩的联想与象征

| 色　相 | 具体的联想与象征 | 抽象的联想与象征 |
|---|---|---|
| 红 | 火、血、太阳、苹果、红旗 | 热情、温暖、兴奋、紧张、革命、危险 |
| 橙 | 柿子、橘子、南瓜 | 兴奋、快乐、温和、辉煌、成熟 |
| 黄 | 香蕉、黄金、黄花、向日葵、柠檬 | 光明、希望、活泼、明快、高贵 |
| 绿 | 青草、树叶、竹子 | 春天、和平、安全、理想、希望 |
| 蓝 | 海洋、蓝天、湖水 | 沉静、理智、开朗、清凉 |
| 紫 | 葡萄、茄子、紫菜 | 高雅、神秘、消极、忧郁 |
| 白 | 白雪、白兔、白纸、白云 | 纯洁、神圣、纯真、柔弱 |
| 灰 | 灰老鼠、水泥、阴天、灰砂 | 消极、失望、沉默、忧郁、死亡 |
| 黑 | 夜晚、煤炭、墨、头发 | 刚健、严肃、悲哀、恐怖、不吉利 |

上述色彩的象征，在工业、军事、交通、卫生等部门广泛应用。例如，机床、仪表上的指示灯及交通信号灯，以红色表示"禁止"，因它的光波长，传播最远，对人的视觉和心理刺激也最强烈。黄色表示"注意""小心"。橙色既醒目又有较强刺激，常用于预告危险，作为"警戒色"。绿色表示"运行正常""安全"，因绿色对人的视觉刺激最小，给人以舒适的感觉。

### 4.4.3　各国喜爱与禁忌的色彩

由于世界各国的文化教育、风俗习惯、宗教信仰等因素不同，某种色彩在某一国家或地区是受欢迎的，象征吉祥，而在另一个国家是消极的，禁忌的。因此，在产品色彩设计中，必须了解各国人民对色彩的好恶。

## 4.5　工业产品的色彩设计

工业产品的色彩设计与绘画等艺术作品的要求不同，前者要受到产品功能要求、材料、加工工艺等因素的制约。因而对产品的色彩设计应是美观、大方、协调、柔和，既符合产品的功能要求、人机要求，又满足人们的审美要求。

### 4.5.1　工业产品配色的基本原则

**（1）总体色调的选择**

色调是指色彩配置的总倾向、总效果。任何产品的配色均应有主调色和辅助色，只有这样，才能使产品的色彩既有统一又有变化。色彩越少要求装饰性越强，色调越统一；反之，则杂乱，难于统一。工业产品的主色调以 1~2 色为佳，当主色调确定后，其他的辅助色应与主色调协调，使之形成一个统一的整体色调。

色调的种类很多，不同的色调，对人的生理和心理产生不同的作用。

明调：明快、亲切。

暗调：庄重、朴素、压抑。

暖调：温暖、热情、亲切。

冷调：清凉、沉静。

红调：兴奋、热情、刺激。

黄调：明快、温暖、柔和。

橙调：兴奋、温暖、烦躁。

蓝调：寒冷、清静、深远。

紫调：华丽、娇艳、忧郁。

因此，色调的选择应满足以下要求：

1）满足产品功能的要求

图4.19　焊接机器人

每一产品都具有其自身的功能特点，在选择产品色调时，应首先考虑满足产品功能的要求，使色调与功能统一，以利于产品功能的发挥。例如，军用车辆采用草绿色或迷彩色，医疗器械采用乳白色或浅灰色，制冷设备采用冷色，消防车采用红色，机器人采用"警戒色"（见图4.19），这些色调都是根据产品功能的要求而选择的。

2）满足人机协调的要求

产品色调的选择应使人们使用时感到亲切、舒适、安全、愉快和美的享受，满足人们的精神要求，从而提高工效。例如，机械设备与人较贴近，色调应是对人无刺激的明度较高、纯度较低的色彩，才有利于操作者集中精神，有安全感，不易失误，提高效率。因此，选择的色调应有利于人机协调的要求。

3）适应时代对色彩的要求

不同的时代，人们的审美标准不同。例如，20世纪50年代，色彩倾向暗、冷、单一的色，而60年代逐渐由暗向明，由冷向暖，由单一到二套色或多色方向发展，而目前工业产品的色彩则向偏暖、偏明、偏低纯度的方向发展。多用浅黄、浅蓝、浅绿色，使产品具有更加旺盛的生命力。为此，必须预测人们在不同的时代对某种色彩的偏爱和倾向，使产品的色彩满足人们对色彩爱好的变化，赶上时代的要求，使产品受到人们的欢迎。

4）符合人们对色彩的好恶

前面已介绍不同国家和地区对色彩有不同的爱好，因此，在产品设计时应了解使用对象对色彩的好恶，使产品的色调符合当地人们的喜好，这样产品在商品市场上才有竞争力。

（2）**重点部位的配色**

当主色调确定后，为了强调某一重要部分或克服色彩平铺直叙、单调，可将某个色进行重点配置，以获得生动活泼、画龙点睛的艺术效果。工业产品的重点配色，常用于重要的开关，引人注目的运动部件和商标、厂标等。

重点配色的原则如下：

①选用比其他色调更强烈的色彩。

②选用与主调色相对比的调和色。

③应用在较小的面积上。

④应考虑整体色彩的视觉平衡效果。

**(3)配色的易辨度(又称视认度)**

易辨度是指背景色(即底色)与图形色或产品色与环境色相配置时,对图形或产品的辨认程度。易辨度的高低取决于两者之间的明度对比。明度差异大,容易分辨,易辨度高;反之,则易辨度低。

经科学测量,同一色彩与不同色彩配置时,其易辨度是不同的,见表 4.6 和表 4.7。

表 4.6　清晰的配色

| 顺　序 | 1 | 2 | 3 | 4 | 5 | 6 | 7 | 8 | 9 | 10 |
|---|---|---|---|---|---|---|---|---|---|---|
| 背景色 | 黑 | 黄 | 黑 | 紫 | 紫 | 蓝 | 绿 | 白 | 黑 | 黄 |
| 图形色 | 黄 | 黑 | 白 | 黄 | 白 | 白 | 白 | 黑 | 绿 | 蓝 |

表 4.7　模糊的配色

| 顺　序 | 1 | 2 | 3 | 4 | 5 | 6 | 7 | 8 | 9 | 10 |
|---|---|---|---|---|---|---|---|---|---|---|
| 背景色 | 黄 | 白 | 红 | 红 | 黑 | 紫 | 灰 | 红 | 绿 | 黑 |
| 图形色 | 白 | 黄 | 绿 | 蓝 | 紫 | 黑 | 绿 | 紫 | 红 | 蓝 |

对仪器、仪表、操纵台等的色彩设计,易辨度的优劣,将对安全而准确的操作、提高工效以及精神上的享受都有很大影响。

**(4)配色与光源的关系**

不同的光源所呈现的色光也不同。

①太阳光。呈白色光。

②白炽灯。呈黄色光。

③荧光灯。呈蓝色光。

产品有其本身的固有色,但被不同的光源照射时,所呈现的色彩效果各不相同,因此在配色时,应考虑不同的光源对配色的影响(见表 4.8)。

表 4.8　不同光源对配色的影响

| 配　色 | 冷光荧光灯 | 3 500 K 白光荧光灯 | 柔白光荧光灯 | 白炽灯 |
|---|---|---|---|---|
| 暖色<br>(红、橙黄) | 能使暖色冲淡或使之带灰色 | 能使暖色暗淡,对浅淡的色彩及淡黄色会使之稍带黄绿色 | 能使鲜艳的色彩(暖色或冷色)更为有力 | 加重所有暖色使之更鲜明 |
| 冷色<br>(蓝、绿和黄绿) | 能使冷色中的黄色及绿色成分加重 | 能使冷色带灰色,并使冷色中的绿色成分加强 | 能使浅色彩和浅蓝、浅绿等冲淡,使蓝色及紫色罩上一层粉红色 | 使一切淡色冷色暗淡及带灰色 |

由表 4.8 可知,只有当色光与所配置的色相吻合时,才能使所配的色泽更鲜明,否则将发生配色的失真。故在色彩设计时,应考虑光源色对产品固有色的影响,以达到配色的预想

效果。

（5）**配色与材料、工艺、表面肌理的关系**

相同色彩的材料，采用不同的加工工艺（抛光、喷砂、电化处理等）所产生的质感效果是不同的。例如，电视机、录音机等的机壳虽色彩一样都是工程塑料（ABS），但由于表面肌理有的是表面有颗粒的，有的是条状的，或表面平整有光泽的等，它们所获得的色质效果是不同的。又如，机械设备，根据功能和工艺的要求，对某些部件可采用表现金属本身特有的光泽，既显示金属制品的个性和自然美，也丰富了色彩的变化。

因此，在产品配色时，只要恰当地处理配色与功能、材料、工艺、表面肌理等之间的关系，就能获得更加丰富多变的配色效果。

### 4.5.2　工业产品色彩设计的一般原则

（1）**仪器、仪表、控制台的色彩设计**

仪器、仪表及控制台的色彩设计实际上就是对外壳和面板的色彩设计。

1）面板

面板是仪器、仪表的脸面，是与人经常接触的部分，面板色彩的优劣，不仅对功能的发挥，而且对外观造型都有很大的影响。

一般在面板上有很多元器件，如表头、指示器、显示器、旋钮、按键、文字、符号等。操作者要经常注视面板，并进行操作。因此，选择色彩时，要求面板的色彩素雅无刺激，使人感到亲切、易辨度高。故面板的色彩宜采用与元器件有一定明度对比的柔和较暗的色调，一般多用单色调，只有当面板的面积较大，元器件较多时，才用二套色或用不同色块、线框来区分不同功能的元器件，如图 4.20 所示。

图 4.20　数控机床操作面板

图 4.21　主机与辅助设备的色彩设计

2）外壳（或机箱柜）

仪器、仪表一般结构小巧，精度较高，因此外壳的色彩应有利于体现功能、结构的特点。一般外壳的色彩宜采用明度较高、纯度较低的表面无光或亚光偏暖色或中性色调，给人以精巧轻盈、明快、亲切的感觉。

对体量较大的仪器、仪表，如机箱柜，应采用二套色或在恰当的地方配置装饰带，使色彩丰富,生动有变化。此外,色调的选择还应考虑与主机的主色调或配套的其他设备相呼应,做到色彩设计的整体统一。如图 4.21 所示的机箱柜的侧面采用与主机色调一致的浅蓝色,而正面则采用纯度较高而明度较低的蓝色调,使主机与机柜色调和谐又有变化。

　　3)控制台的外壳

　　控制台的色彩设计应使操作者感到亲切、心情舒畅、操作准确、迅速方便。控制台一般体积较大,为了避免色彩单一,控制台外壳的色彩目前多采用较柔和淡雅无刺激的二套色或三套色,并常配置装饰带。如图 4.22 所示的色带不仅与下部色彩相呼应,起到了和谐统一的效果,而且也给人以沉静、开阔、明快的视觉效果。

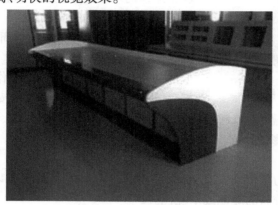

图 4.22　控制台的色彩设计

**(2)机床类设备的色彩设计**

　　机床产品种类繁多,大小不一,但机床设备一般都是固定安置,与人贴近且接触时间长。因此,色彩不宜对人有刺激,使人感到烦躁不安,而应有利于使操作者心情愉快、精神饱满、思想集中、安全操作。对中小型机械设备的色彩宜采用明度较高、纯度较低的中性色或偏暖的色彩,如淡雅的绿色、浅蓝色、奶白色、淡黄色等,使人感到精密、亲切、心情舒畅,从而提高工作效率高。如图 4.23 所示为一台加工中心机床,其形体上大下小,又采用白色为主调,给人一种玲巧精致、典雅的感觉,也体现了该机床高、精、尖的特性。如图 4.24 所示的数控铣床,采用明度较高、纯度较低的浅蓝色为主调,而加工部位采用发黑处理,表现了金属的质感,与浅蓝色相配置色质柔和、自然大方,给人以清新的感觉。

图 4.23　加工中心　　　　　　　　　　图 4.24　数控铣床

图 4.25　锻压机

对大型机械设备,为了增强坚固、可靠、稳重的视觉效果,色彩多采用明度较低、纯度较高的中性或偏暖的色调,一般采用上明下暗、上轻下重或中间配置与主调色明度对比较大的色彩,使人感到庄重、稳定、安全、色彩生动和谐。如图 4.25 所示为锻压机,体积较大,主调色用较含蓄的果绿色,可移动的工作部件涂以乳黄色,这不仅引起操作中的警觉,也由于运用了色的分割,减弱了形体的笨重感,又突出了液压机主体的功能,达到了稳定又不单调的视觉效果。

此外,对一些重要的操作部位和有危险的外露件等,为了安全,应采用"警戒色"。例如,主机采用明度较低的蓝灰色调,而运动部位、工作台采用"警戒色"——橙色,面板上的一些重要开关、按键也采用鲜艳的红、黄色和明度对比较大的浅蓝色等,起到引人注目的作用。

**（3）运输工具的色彩设计**

1）汽车

汽车的速度较快,为了行人安全,引人注意,减少车祸,并给乘客以安全、平稳、亲切的感觉,其色彩宜选用明度较高的暖色或中性色。

大型客车,因体积大,采用单一的色显得单调乏味,因此常用色带进行装饰,一方面可使色彩丰富多变,另一方面也增加了稳定安全的视觉效果。

小轿车的色彩一般多采用单色和应用明线或暗线进行装饰。小汽车采用暗线（即凹线）,由于光影效果,使单一的色彩有明暗的变化,使人感到色彩柔和大方。

2）工程机械与拖拉机

这一类设备行驶速度较慢,工作场地又较杂乱,安全因素尤为重要。色彩设计时,应考虑选用鲜艳类色彩,一般多用橘黄、朱红、棕黄等色彩,有时也用近感色如米黄色。

如图 4.26 所示为一辆液压汽车起重机,其色调选用黄色调,下部车身用明度较低的橘黄色,而上部升降部位则采用明度较高的黄色,使人感到上轻下重,有安全感。在吊钩部位则采用黄黑相间的警戒标志,引起作业区附近人们的注意,防止行人靠近工作场所。

图 4.26　液压汽车起重机

如图 4.27 所示为拖拉机上的柴油机,其外露的部位为了与拖拉机的色调一致,也采用了鲜艳的红色,并作了色的分割,避免了拖拉机的色彩单一。

图 4.27　柴油机

3)飞机

出于功能和安全要求考虑,飞机多采用银灰色或银白色,并配置纯度较高的装饰带,使人感到既平稳又轻巧,犹如银燕一样在空中飞翔。同时,这种银灰色能减少太阳辐射能和紫外线照射的影响,有利于飞机在空中安全飞行。

4)船舶

为了使运行的船舶在一望无边的海洋中能清楚地看见对方,一般采用明度较高的中性色或偏冷色,使之与江河湖海的自然景色协调,现在也有的用二套色和配置色带的处理方法,如上浅下暗或中间配置色带。

## 4.6　色彩润饰

### 4.6.1　色彩润饰

色彩润饰可用水粉、水彩、色粉、油画等,因水粉色彩鲜明,有一定的覆盖能力,比其他方法更富于表现造型物的色质效果,因此应用广泛。现就水粉润饰方法的要点作以下叙述:

①由于水粉颜料具有不透明性,因此它的覆盖能力强,但要覆盖前一色时,一定要等前色干透后,再用较稠的颜料将其覆盖。

②同一水粉颜料干湿不同时,颜色变化较大,湿时颜色较深,干时颜色较浅。因此,初学者最好先试画色样,待干透后,认为符合要求,再正式画到图纸上。

③水粉颜料调配时,宜一次调配出足够量的颜料,宁剩勿缺,因前后调配出来的颜色很难完全一致。

④在效果图中当要求平直图线时,可将颜料灌入鸭嘴笔中,然后靠尺画出。

⑤水粉颜料调配时,水分要适量。如水分太多,纸易泡胀,出现凹陷或凸起,干后色不均;水分太少,笔涂不动,故水量以笔能涂得动为宜。

⑥几种颜料相配时,一定要调匀后再上色,运笔时要按一定方向,才能使着色均匀。

⑦笔头要清洁,尤其由一色换另一色时,必须将笔头彻底洗净,尤其是毛笔的根部。

### 4.6.2 效果图着色时应注意的问题

一幅成功的效果图应使所表达的产品真实反映它的色、质感效果。色彩要清新、醒目、突出重点。为此,在效果图着色时,必须处理好产品的色调、虚实关系及背景色等之间的关系。

①必须处理好产品的色调。色调处理适宜,能给人协调舒适的感觉,能使画面生动明快,否则易出现杂乱、灰暗、浑浊的感觉。产品的色彩因光射的情况不同和受环境色的影响,产品的固有色将起很大变化。因此,在选择色调时,必须仔细观察分析,处理好产品的固有色、环境色和光源色之间的关系,要掌握产品在不同光照和环境中所形成的色调,这样才能反映产品真实的色质特征。

②在着色时,对画面上的各个部分,不能平均对待,应分清主次,对重点部分要仔细刻画,予以突出,这样才能使画面有重点,有虚实感,才能吸引人们对重点部分和产品的注目。

③效果图中背景色的处理对突出主题、丰富画面起着很重要的作用。背景色的选择以衬托产品为原则,一般要与产品的色调有较明显的对比,如采用明度对比、纯度对比等。

### 4.6.3 几种常用色调的调配

初学者在使用色彩时,通常不知如何调配所需色彩,特介绍以下几种常用色彩的调配供参考:

驼色:红 4%+黑 6%+赭石 10%+白 80%

棕黄:土黄 10%+淡黄 20%+赭石 70%+少量黑

乳黄:土黄 10%+淡黄 8%+白 80%+赭石 2%

土绿:土黄 10%+蓝 5%+白 85%

奶油色:白 80%+土黄 20%或白 80%+中黄 20%

奶白色:白 90%+柠檬黄 10%+少量红

咖啡色:赭石 80%+黑 20%

银灰色:白 80%+深蓝(或群青)15%+赭石 5%或白 80%+深蓝 15%+黑 5%

# 第 **5** 章
# 人机工程设计

## 5.1 概　述

工业产品造型设计的现代化,不仅要求造型的新颖、美观、大方,色彩符合现代人的审美要求,还要求符合人机工程学。

人机工程学起源于欧洲,20 世纪 50 年代前后在美国形成体系,并得以迅速发展。

### 5.1.1 人机工程学的概念

人机工程学是一门运用生理学、心理学和其他学科的有关知识,使机器与人相适应,创造舒适而安全的工作条件,从而提高工效的一门学科。

随着现代科学技术的发展,高速、精密、准确、可靠的操作等要求,都给操作者造成了相当大的精神和体力上的负担。这就要求设计人员必须考虑产品的形态对人的心理和生理的影响。因为产品的物质功能只有通过人的使用才能体现出来,所以产品功能的发挥不单单取决于产品本身的性能,还取决于这些产品在使用时与操作者能否产生人机间高度协调,即符合人机工程学。

### 5.1.2 人机工程学研究的目的及其范围

人机工程学研究的对象是工程技术设计中与人体有关的问题,从而使工程技术设计与人体的各种要求相适应,使人机系统工作的效率达到最高。

人机工程学研究的目的有以下 4 个方面:

①设计产品必须考虑如何适应和满足人的生理和心理的各种要求。

②产品的设计应使操作简便、省力与准确、可靠。

③使工作环境舒适和安全。

④提高工作效率。

人机工程学的研究范围大致有以下 3 个方面:

①研究人机的合理分工和相互适应的问题。造型设计中的人机工程学主要是讨论在充分

考虑人和机器特征的前提下,如何做到人机职能的合理分配。当然,人机系统中人是主动者,而机器是人的劳动工具,是被动者。因此人机关系是否协调,要看机器本身是否符合人的特征。

②研究被控制对象的状态,即信息如何输入以及人的操纵活动信息如何输出。显然,这里主要研究的是人的生理过程和心理过程的规律性。

③建立"人—机—环境"系统的原则。例如,研究如何进行作业空间设计和环境条件对作业的影响等。根据人的心理和生理特征,应对机器、环境提出相应的要求,即在产品设计时应考虑创造和设计一个良好的工作条件与环境,保证操作者能在最佳环境内高效、可靠、安全地进行工作。

显然,人机工程学的出发点是追求人和机器的和谐,特别是对具有高速运转的机械和复杂装置的机械为对象的人机系统。把人与机器作为一个系统来研究,应用人机工程学的原理,解决怎样设计产品才能使之适合人的使用,这一问题越来越受到重视。只有正确合理地解决上述人机工程学的问题,才能设计出实用、经济、美观的产品。因此,掌握和研究与造型设计有关的人机工程学的知识就非常有必要。

## 5.2 人体的人机工程学参数

### 5.2.1 静态测量人体尺度

人体尺度一般是指人体高度、宽度和胸廓前后径以及各部分肢体的大小等。通常是在静止状态下直接测量(对不同种族、年龄、性别的人体各部分尺寸以及活动范围作静态的测量)后,进行数据统计分析得到。

由于我国地域辽阔,不同地区的人体尺寸差异较大,因此将全国划分为 6 个区域——东北、华北区,西北区,东南区,华中区,华南区,西南区。

1989 年 7 月 1 日颁布了"中国成年人人体尺寸"新的国家标准,它提供了我国成年人人体尺寸的基础数据,适用于工业产品、建筑设计、军事工业以及工业的技术改造、设备更新及劳动安全保护等方面。

表 5.1 为国家标准的附录中列出的 6 个地区的人体身高、胸围、体重的平均值及标准差,供设计人员参考。

表 5.2(a)、(b)、(c)分别为国家标准提供的人体主要部位尺寸、立姿时人体各部位尺寸和坐姿时人体各部位尺寸,并且按男、女性别分开,按 3 个年龄段列出其相应的百分位数。如图 5.1(a)、(b)、(c)所示分别为上述各项目的部位。

使用国家标准提供的人体尺寸数据时应注意以下两点:

①表列数值均为裸体测量的结果,在用于设计时,应考虑全国各地区着衣量的不同而增加余量。

②立姿时要求自然挺胸直立,坐姿时要求端坐。如果用于其他立、坐姿势的设计(如放松的坐姿)时,要增加适当的修正值。

表 5.1　人体身高、胸围、体重数据

（A）年龄：18～60 岁（男）

| 项　目 | 东北、华北区 | | 西北区 | | 东南区 | | 华中区 | | 华南区 | | 西南区 | |
|---|---|---|---|---|---|---|---|---|---|---|---|---|
| | 均值 $M$ | 标准差 $S_D$ | 均值 $M$ | 标准差 $S_D$ | 均值 $M$ | 标准差 $S_D$ | 均值 $M$ | 标准差 $S_D$ | 均值 $M$ | 标准差 $S_D$ | 均值 $M$ | 标准差 $S_D$ |
| 体重/kg | 64 | 8.2 | 60 | 7.6 | 59 | 7.7 | 57 | 6.9 | 56 | 6.9 | 55 | 6.8 |
| 身高/mm | 1 693 | 56.6 | 1 684 | 53.7 | 1 686 | 55.2 | 1 669 | 56.3 | 1 650 | 57.1 | 1 647 | 56.7 |
| 胸围/mm | 888 | 55.5 | 880 | 51.5 | 865 | 52.0 | 853 | 49.2 | 851 | 48.9 | 855 | 48.3 |

（B）年龄：18～55 岁（女）

| 项　目 | 东北、华北区 | | 西北区 | | 东南区 | | 华中区 | | 华南区 | | 西南区 | |
|---|---|---|---|---|---|---|---|---|---|---|---|---|
| | 均值 $M$ | 标准差 $S_D$ | 均值 $M$ | 标准差 $S_D$ | 均值 $M$ | 标准差 $S_D$ | 均值 $M$ | 标准差 $S_D$ | 均值 $M$ | 标准差 $S_D$ | 均值 $M$ | 标准差 $S_D$ |
| 体重/kg | 55 | 7.7 | 52 | 7.1 | 51 | 7.2 | 50 | 6.8 | 49 | 6.5 | 50 | 6.9 |
| 身高/mm | 1 586 | 51.8 | 1 575 | 51.9 | 1 575 | 50.8 | 1 560 | 50.7 | 1 549 | 49.7 | 1 546 | 53.9 |
| 胸围/mm | 888 | 66.4 | 837 | 55.9 | 831 | 59.8 | 820 | 55.8 | 819 | 57.6 | 809 | 58.8 |

表 5.2a　人体主要尺寸

（男）

| 测量项目 | 年龄分组<br>百分位数 | 18～60 岁 | | | | | | | 18～25 岁 | | | | | | |
|---|---|---|---|---|---|---|---|---|---|---|---|---|---|---|---|
| | | 1 | 5 | 10 | 50 | 90 | 95 | 99 | 1 | 5 | 10 | 50 | 90 | 95 | 99 |
| 4.1.1 身高/mm | | 1 543 | 1 583 | 1 604 | 1 678 | 1 754 | 1 775 | 1 814 | 1 554 | 1 591 | 1 611 | 1 686 | 1 764 | 1 789 | 1 830 |
| 4.1.2 体重/kg | | 44 | 48 | 50 | 59 | 71 | 75 | 83 | 43 | 47 | 50 | 57 | 66 | 70 | 78 |
| 4.1.3 上臂长/mm | | 279 | 289 | 294 | 313 | 333 | 338 | 349 | 279 | 289 | 294 | 313 | 333 | 339 | 350 |
| 4.1.4 前臂长/mm | | 206 | 216 | 220 | 237 | 253 | 258 | 268 | 207 | 216 | 221 | 237 | 254 | 259 | 269 |
| 4.1.5 大腿长/mm | | 413 | 428 | 436 | 465 | 496 | 505 | 523 | 415 | 432 | 440 | 469 | 500 | 509 | 532 |
| 4.1.6 小腿长/mm | | 324 | 338 | 344 | 369 | 396 | 403 | 419 | 327 | 340 | 346 | 372 | 399 | 407 | 421 |
| 测量项目 | 年龄分组<br>百分位数 | 26～35 岁 | | | | | | | 36～60 岁 | | | | | | |
| | | 1 | 5 | 10 | 50 | 90 | 95 | 99 | 1 | 5 | 10 | 50 | 90 | 95 | 99 |
| 4.1.1 身高/mm | | 1 545 | 1 588 | 1 608 | 1 683 | 1 755 | 1 776 | 1 815 | 1 533 | 1 576 | 1 596 | 1 667 | 1 739 | 1 761 | 1 798 |
| 4.1.2 体重/kg | | 45 | 48 | 50 | 59 | 70 | 74 | 80 | 45 | 49 | 51 | 61 | 74 | 78 | 85 |
| 4.1.3 上臂长/mm | | 280 | 289 | 294 | 314 | 333 | 339 | 349 | 278 | 289 | 294 | 313 | 331 | 337 | 348 |
| 4.1.4 前臂长/mm | | 205 | 216 | 221 | 237 | 253 | 258 | 268 | 206 | 215 | 220 | 235 | 252 | 257 | 267 |
| 4.1.5 大腿长/mm | | 414 | 427 | 436 | 466 | 495 | 505 | 521 | 411 | 425 | 434 | 462 | 492 | 501 | 518 |
| 4.1.6 小腿长/mm | | 324 | 338 | 345 | 370 | 397 | 403 | 420 | 322 | 336 | 343 | 367 | 393 | 400 | 416 |

**续表** （女）

| 年龄分组<br>测量项目 百分位数 | 18~55岁 | | | | | | | 18~25岁 | | | | | | |
|---|---|---|---|---|---|---|---|---|---|---|---|---|---|---|
| | 1 | 5 | 10 | 50 | 90 | 95 | 99 | 1 | 5 | 10 | 50 | 90 | 95 | 99 |
| 4.1.1 身高/mm | 1 449 | 1 484 | 1 503 | 1 570 | 1 640 | 1 659 | 1 697 | 1 457 | 1 494 | 1 512 | 1 580 | 1 647 | 1 667 | 1 709 |
| 4.1.2 体重/kg | 39 | 42 | 44 | 52 | 63 | 66 | 74 | 38 | 40 | 42 | 49 | 57 | 60 | 66 |
| 4.1.3 上臂长/mm | 252 | 262 | 267 | 284 | 303 | 308 | 319 | 253 | 263 | 268 | 286 | 304 | 309 | 319 |
| 4.1.4 前臂长/mm | 185 | 193 | 198 | 213 | 229 | 234 | 242 | 187 | 194 | 198 | 214 | 229 | 235 | 243 |
| 4.1.5 大腿长/mm | 387 | 402 | 410 | 438 | 467 | 476 | 494 | 391 | 406 | 414 | 441 | 470 | 480 | 496 |
| 4.1.6 小腿长/mm | 300 | 313 | 319 | 344 | 370 | 376 | 390 | 301 | 314 | 322 | 346 | 371 | 379 | 395 |

| 年龄分组<br>测量项目 百分位数 | 26~35岁 | | | | | | | 36~55岁 | | | | | | |
|---|---|---|---|---|---|---|---|---|---|---|---|---|---|---|
| | 1 | 5 | 10 | 50 | 90 | 95 | 99 | 1 | 5 | 10 | 50 | 90 | 95 | 99 |
| 4.1.1 身高/mm | 1 449 | 1 486 | 1 504 | 1 572 | 1 642 | 1 661 | 1 698 | 1 445 | 1 477 | 1 494 | 1 560 | 1 627 | 1 646 | 1 683 |
| 4.1.2 体重/kg | 39 | 42 | 44 | 51 | 62 | 65 | 72 | 40 | 44 | 46 | 55 | 66 | 70 | 76 |
| 4.1.3 上臂长/mm | 253 | 263 | 267 | 285 | 304 | 309 | 320 | 251 | 260 | 265 | 282 | 301 | 306 | 317 |
| 4.1.4 前臂长/mm | 184 | 194 | 198 | 214 | 229 | 234 | 243 | 185 | 192 | 197 | 213 | 229 | 233 | 241 |
| 4.1.5 大腿长/mm | 385 | 403 | 411 | 438 | 467 | 475 | 493 | 384 | 399 | 407 | 434 | 463 | 472 | 489 |
| 4.1.6 小腿长/mm | 299 | 312 | 319 | 344 | 370 | 376 | 389 | 300 | 311 | 318 | 341 | 367 | 373 | 388 |

**表 5.2b  立姿人体尺寸/mm**
（男）

| 年龄分组<br>测量项目 百分位数 | 18~60岁 | | | | | | | 18~25岁 | | | | | | |
|---|---|---|---|---|---|---|---|---|---|---|---|---|---|---|
| | 1 | 5 | 10 | 50 | 90 | 95 | 99 | 1 | 5 | 10 | 50 | 90 | 95 | 99 |
| 4.2.1 眼高 | 1 436 | 1 474 | 1 495 | 1 568 | 1 643 | 1 664 | 1 705 | 1 444 | 1 482 | 1 502 | 1 576 | 1 653 | 1 678 | 1 714 |
| 4.2.2 肩高 | 1 244 | 1 281 | 1 299 | 1 367 | 1 435 | 1 455 | 1 494 | 1 245 | 1 285 | 1 300 | 1 372 | 1 442 | 1 464 | 1 507 |
| 4.2.3 肘高 | 925 | 954 | 968 | 1 024 | 1 079 | 1 096 | 1 128 | 929 | 957 | 973 | 1 028 | 1 088 | 1 102 | 1 140 |
| 4.2.4 手功能高 | 656 | 680 | 693 | 741 | 787 | 801 | 828 | 659 | 683 | 696 | 745 | 792 | 808 | 831 |
| 4.2.5 会阴高 | 701 | 728 | 741 | 790 | 840 | 856 | 887 | 707 | 734 | 749 | 796 | 848 | 864 | 895 |
| 4.2.6 胫骨点高 | 394 | 409 | 417 | 444 | 472 | 481 | 498 | 397 | 411 | 419 | 446 | 475 | 485 | 500 |

| 年龄分组<br>测量项目 百分位数 | 26~35岁 | | | | | | | 36~60岁 | | | | | | |
|---|---|---|---|---|---|---|---|---|---|---|---|---|---|---|
| | 1 | 5 | 10 | 50 | 90 | 95 | 99 | 1 | 5 | 10 | 50 | 90 | 95 | 99 |
| 4.2.1 眼高 | 1 437 | 1 478 | 1 497 | 1 572 | 1 645 | 1 667 | 1 705 | 1 429 | 1 465 | 1 488 | 1 558 | 1 629 | 1 651 | 1 689 |
| 4.2.2 肩高 | 1 244 | 1 283 | 1 303 | 1 369 | 1 438 | 1 456 | 1 496 | 1 241 | 1 278 | 1 295 | 1 360 | 1 426 | 1 445 | 1 482 |
| 4.2.3 肘高 | 925 | 956 | 971 | 1 026 | 1 081 | 1 097 | 1 128 | 921 | 950 | 963 | 1 019 | 1 072 | 1 087 | 1 119 |
| 4.2.4 手功能高 | 658 | 683 | 695 | 742 | 789 | 802 | 828 | 651 | 676 | 689 | 736 | 782 | 795 | 818 |

续表

| 测量项目 \ 百分位数 \ 年龄分组 | 18~60 岁 | | | | | | | 18~25 岁 | | | | | | |
|---|---|---|---|---|---|---|---|---|---|---|---|---|---|---|
| | 1 | 5 | 10 | 50 | 90 | 95 | 99 | 1 | 5 | 10 | 50 | 90 | 95 | 99 |
| 4.2.5 会阴高 | 703 | 728 | 742 | 792 | 841 | 857 | 886 | 700 | 724 | 736 | 784 | 832 | 846 | 875 |
| 4.2.6 胫骨点高 | 394 | 409 | 417 | 444 | 473 | 481 | 498 | 392 | 407 | 415 | 441 | 469 | 478 | 493 |

（女）

| 测量项目 \ 百分位数 \ 年龄分组 | 18~55 岁 | | | | | | | 18~25 岁 | | | | | | |
|---|---|---|---|---|---|---|---|---|---|---|---|---|---|---|
| | 1 | 5 | 10 | 50 | 90 | 95 | 99 | 1 | 5 | 10 | 50 | 90 | 95 | 99 |
| 4.2.1 眼高 | 1 337 | 1 371 | 1 388 | 1 454 | 1 522 | 1 541 | 1 579 | 1 341 | 1 380 | 1 396 | 1 463 | 1 529 | 1 549 | 1 588 |
| 4.2.2 肩高 | 1 166 | 1 195 | 1 211 | 1 271 | 1 333 | 1 350 | 1 385 | 1 172 | 1 199 | 1 216 | 1 276 | 1 336 | 1 353 | 1 393 |
| 4.2.3 肘高 | 873 | 899 | 913 | 960 | 1 009 | 1 023 | 1 050 | 877 | 904 | 916 | 965 | 1 013 | 1 027 | 1 060 |
| 4.2.4 手功能高 | 630 | 650 | 662 | 704 | 746 | 757 | 778 | 633 | 653 | 665 | 707 | 749 | 760 | 784 |
| 4.2.5 会阴高 | 648 | 673 | 686 | 732 | 779 | 792 | 819 | 653 | 680 | 694 | 738 | 785 | 797 | 827 |
| 4.2.6 胫骨点高 | 363 | 377 | 384 | 410 | 437 | 444 | 459 | 366 | 379 | 387 | 412 | 439 | 446 | 463 |

| 测量项目 \ 百分位数 \ 年龄分组 | 26~35 岁 | | | | | | | 36~55 岁 | | | | | | |
|---|---|---|---|---|---|---|---|---|---|---|---|---|---|---|
| | 1 | 5 | 10 | 50 | 90 | 95 | 99 | 1 | 5 | 10 | 50 | 90 | 95 | 99 |
| 4.2.1 眼高 | 1 335 | 1 371 | 1 389 | 1 455 | 1 524 | 1 544 | 1 581 | 1 333 | 1 365 | 1 380 | 1 443 | 1 510 | 1 530 | 1 561 |
| 4.2.2 肩高 | 1 166 | 1 196 | 1 212 | 1 273 | 1 335 | 1 352 | 1 385 | 1 163 | 1 191 | 1 205 | 1 265 | 1 325 | 1 343 | 1 376 |
| 4.2.3 肘高 | 873 | 900 | 913 | 961 | 1 010 | 1 025 | 1 048 | 871 | 895 | 908 | 956 | 1 004 | 1 018 | 1 042 |
| 4.2.4 手功能高 | 628 | 649 | 662 | 704 | 746 | 757 | 778 | 628 | 646 | 660 | 700 | 742 | 753 | 775 |
| 4.2.5 会阴高 | 647 | 672 | 686 | 732 | 780 | 793 | 819 | 646 | 668 | 681 | 726 | 771 | 784 | 810 |
| 4.2.6 胫骨点高 | 362 | 376 | 384 | 410 | 438 | 445 | 460 | 363 | 375 | 382 | 407 | 433 | 441 | 456 |

表 5.2c　坐姿人体尺寸/mm

（男）

| 测量项目 \ 百分位数 \ 年龄分组 | 18~60 岁 | | | | | | | 18~25 岁 | | | | | | |
|---|---|---|---|---|---|---|---|---|---|---|---|---|---|---|
| | 1 | 5 | 10 | 50 | 90 | 95 | 99 | 1 | 5 | 10 | 50 | 90 | 95 | 99 |
| 4.3.1 坐高 | 836 | 858 | 870 | 908 | 947 | 958 | 979 | 841 | 863 | 873 | 910 | 951 | 963 | 984 |
| 4.3.2 坐姿颈椎点高 | 599 | 615 | 624 | 657 | 691 | 701 | 719 | 596 | 613 | 622 | 655 | 691 | 702 | 718 |
| 4.3.3 坐姿眼高 | 729 | 749 | 761 | 798 | 836 | 847 | 868 | 732 | 753 | 763 | 801 | 840 | 851 | 868 |
| 4.3.4 坐姿肩高 | 539 | 557 | 566 | 598 | 631 | 641 | 659 | 538 | 557 | 565 | 597 | 631 | 641 | 658 |
| 4.3.5 坐姿肘高 | 214 | 228 | 235 | 263 | 291 | 298 | 312 | 215 | 227 | 234 | 261 | 289 | 297 | 311 |
| 4.3.6 坐姿大腿厚 | 103 | 112 | 116 | 130 | 146 | 151 | 160 | 106 | 114 | 117 | 130 | 144 | 149 | 156 |
| 4.3.7 坐姿膝高 | 441 | 456 | 464 | 493 | 523 | 532 | 549 | 443 | 459 | 468 | 497 | 527 | 535 | 554 |
| 4.3.8 小腿加足高 | 372 | 383 | 389 | 413 | 439 | 448 | 463 | 375 | 386 | 393 | 417 | 444 | 454 | 468 |

续表

| 测量项目 \ 年龄分组 百分位数 | 18~60岁 | | | | | | | 18~25岁 | | | | | | |
|---|---|---|---|---|---|---|---|---|---|---|---|---|---|---|
| | 1 | 5 | 10 | 50 | 90 | 95 | 99 | 1 | 5 | 10 | 50 | 90 | 95 | 99 |
| 4.3.9 坐深 | 407 | 421 | 429 | 457 | 486 | 494 | 510 | 407 | 423 | 429 | 457 | 486 | 494 | 511 |
| 4.3.10 臀膝距 | 499 | 515 | 524 | 554 | 585 | 595 | 613 | 500 | 516 | 525 | 554 | 585 | 594 | 615 |
| 4.3.11 坐姿下肢长 | 892 | 921 | 937 | 992 | 1 046 | 1 063 | 1 096 | 893 | 925 | 939 | 992 | 1 050 | 1 068 | 1 100 |

| 测量项目 \ 年龄分组 百分位数 | 26~35岁 | | | | | | | 36~60岁 | | | | | | |
|---|---|---|---|---|---|---|---|---|---|---|---|---|---|---|
| | 1 | 5 | 10 | 50 | 90 | 95 | 99 | 1 | 5 | 10 | 50 | 90 | 95 | 99 |
| 4.3.1 坐高 | 839 | 862 | 874 | 911 | 948 | 959 | 983 | 832 | 853 | 865 | 904 | 941 | 952 | 973 |
| 4.3.2 坐姿颈椎点高 | 600 | 617 | 626 | 659 | 692 | 702 | 722 | 599 | 615 | 625 | 658 | 691 | 700 | 719 |
| 4.3.3 坐姿眼高 | 733 | 753 | 764 | 801 | 837 | 849 | 873 | 724 | 743 | 756 | 795 | 832 | 841 | 864 |
| 4.3.4 坐姿肩高 | 539 | 559 | 569 | 600 | 633 | 642 | 660 | 638 | 556 | 564 | 597 | 630 | 639 | 657 |
| 4.3.5 坐姿肘高 | 217 | 230 | 237 | 264 | 291 | 299 | 313 | 210 | 226 | 234 | 263 | 292 | 299 | 313 |
| 4.3.6 坐姿大腿厚 | 102 | 111 | 115 | 130 | 147 | 152 | 160 | 102 | 110 | 115 | 131 | 148 | 152 | 162 |
| 4.3.7 坐姿膝高 | 441 | 456 | 464 | 494 | 523 | 531 | 553 | 439 | 455 | 462 | 490 | 518 | 527 | 543 |
| 4.3.8 小腿加足高 | 373 | 384 | 391 | 415 | 441 | 448 | 462 | 370 | 380 | 386 | 409 | 435 | 442 | 458 |
| 4.3.9 坐深 | 405 | 421 | 429 | 458 | 486 | 493 | 510 | 407 | 420 | 428 | 457 | 486 | 494 | 511 |
| 4.3.10 臀膝距 | 497 | 514 | 523 | 554 | 586 | 595 | 611 | 500 | 515 | 524 | 554 | 585 | 596 | 613 |
| 4.3.11 坐姿下肢长 | 889 | 919 | 934 | 991 | 1 045 | 1 064 | 1 095 | 892 | 922 | 938 | 992 | 1 045 | 1 060 | 1 095 |

（女）

| 测量项目 \ 年龄分组 百分位数 | 18~55岁 | | | | | | | 18~25岁 | | | | | | |
|---|---|---|---|---|---|---|---|---|---|---|---|---|---|---|
| | 1 | 5 | 10 | 50 | 90 | 95 | 99 | 1 | 5 | 10 | 50 | 90 | 95 | 99 |
| 4.3.1 坐高 | 789 | 809 | 819 | 855 | 891 | 901 | 920 | 793 | 811 | 822 | 858 | 894 | 903 | 924 |
| 4.3.2 坐姿颈椎点高 | 563 | 579 | 587 | 617 | 648 | 657 | 675 | 565 | 581 | 589 | 618 | 649 | 658 | 677 |
| 4.3.3 坐姿眼高 | 678 | 695 | 704 | 739 | 773 | 783 | 803 | 680 | 636 | 707 | 741 | 774 | 785 | 806 |
| 4.3.4 坐姿肩高 | 504 | 518 | 526 | 556 | 585 | 594 | 609 | 503 | 517 | 526 | 555 | 584 | 593 | 608 |
| 4.3.5 坐姿肘高 | 201 | 215 | 223 | 251 | 277 | 284 | 299 | 200 | 214 | 222 | 249 | 275 | 283 | 299 |
| 4.3.6 坐姿大腿厚 | 107 | 113 | 117 | 130 | 146 | 151 | 160 | 107 | 113 | 116 | 129 | 143 | 148 | 156 |
| 4.3.7 坐姿膝高 | 410 | 424 | 431 | 458 | 485 | 493 | 507 | 412 | 428 | 435 | 461 | 487 | 494 | 512 |
| 4.3.8 小腿加足高 | 331 | 342 | 350 | 382 | 399 | 405 | 417 | 336 | 346 | 355 | 384 | 402 | 408 | 420 |
| 4.3.9 坐深 | 388 | 401 | 408 | 433 | 461 | 469 | 485 | 389 | 401 | 409 | 433 | 460 | 468 | 485 |
| 4.3.10 臀膝距 | 481 | 495 | 502 | 529 | 561 | 570 | 587 | 480 | 495 | 501 | 529 | 560 | 568 | 586 |
| 4.3.11 坐姿下肢长 | 826 | 851 | 865 | 912 | 960 | 975 | 1 005 | 825 | 854 | 867 | 914 | 963 | 978 | 1 008 |

续表

| 测量项目 | 年龄分组 百分位数 | 26~35 岁 | | | | | | | 36~55 岁 | | | | | | |
|---|---|---|---|---|---|---|---|---|---|---|---|---|---|---|---|
| | | 1 | 5 | 10 | 50 | 90 | 95 | 99 | 1 | 5 | 10 | 50 | 90 | 95 | 99 |
| 4.3.1 坐高 | | 792 | 810 | 820 | 857 | 893 | 904 | 921 | 786 | 805 | 816 | 851 | 886 | 896 | 915 |
| 4.3.2 坐姿颈椎点高 | | 563 | 579 | 588 | 618 | 650 | 658 | 677 | 561 | 576 | 584 | 616 | 647 | 655 | 672 |
| 4.3.3 坐姿眼高 | | 679 | 696 | 705 | 740 | 775 | 786 | 806 | 674 | 692 | 701 | 735 | 769 | 778 | 796 |
| 4.3.4 坐姿肩高 | | 506 | 520 | 528 | 556 | 587 | 596 | 610 | 504 | 518 | 525 | 555 | 584 | 592 | 608 |
| 4.3.5 坐姿肘高 | | 204 | 217 | 225 | 251 | 277 | 284 | 298 | 201 | 215 | 223 | 251 | 279 | 287 | 300 |
| 4.3.6 坐姿大腿厚 | | 107 | 113 | 116 | 130 | 145 | 150 | 160 | 108 | 114 | 118 | 133 | 149 | 154 | 164 |
| 4.3.7 坐姿膝高 | | 409 | 423 | 431 | 458 | 486 | 493 | 508 | 409 | 422 | 429 | 455 | 483 | 490 | 503 |
| 4.3.8 小腿加足高 | | 334 | 345 | 353 | 383 | 399 | 405 | 417 | 327 | 338 | 344 | 379 | 396 | 401 | 412 |
| 4.3.9 坐深 | | 390 | 403 | 409 | 434 | 463 | 470 | 485 | 386 | 400 | 406 | 432 | 461 | 468 | 487 |
| 4.3.10 臀膝距 | | 481 | 494 | 501 | 529 | 561 | 570 | 590 | 482 | 496 | 502 | 529 | 562 | 572 | 588 |
| 4.3.11 坐姿下肢长 | | 826 | 850 | 865 | 912 | 960 | 976 | 1 004 | 826 | 848 | 862 | 909 | 957 | 972 | 996 |

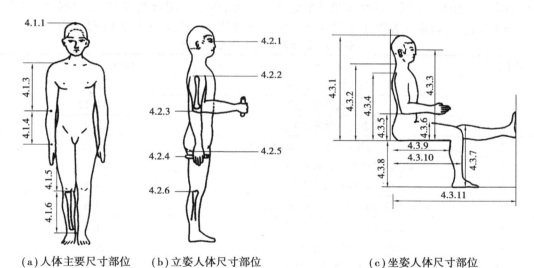

（a）人体主要尺寸部位　　　（b）立姿人体尺寸部位　　　　　（c）坐姿人体尺寸部位

图 5.1　人体尺寸部位

　　表 5.3 为人体各部分尺寸与身体高度的比例。表中身体高度为 100,是按中等人体地区计算的。

表 5.3　人体各部分尺寸与身高的比例

| 比例项目 | 百分比/% | |
|---|---|---|
| | 男 | 女 |
| 两臂展开长度与身高之比 | 102.0 | 101.0 |
| 肩峰至头顶高度与身高之比 | 17.6 | 17.9 |

续表

| 比例项目 | 百分比/% | |
|---|---|---|
| | 男 | 女 |
| 上肢长度与身高之比 | 44.2 | 44.4 |
| 下肢长度与身高之比 | 52.3 | 52.0 |
| 上臂长度与身高之比 | 18.9 | 18.8 |
| 前臂长度与身高之比 | 14.3 | 14.1 |
| 大腿长度与身高之比 | 24.6 | 24.2 |
| 小腿长度与身高之比 | 23.5 | 23.4 |
| 坐高与身高之比 | 52.5 | 52.8 |

各类机器和设备的高低尺度由许多因素决定。其中,人体尺度则决定了人机系统的操纵是否方便和舒适宜人。因此,产品设计的工作高度(如操纵部件的安装高度)要根据人的身体高度来确定。这种以人体身高为基础确定设备高度与工作高度的方法,通常是把设备或操纵部件归纳为某一典型类型,建立设备和人体身高的比例关系,以图、表的形式供设计时选用。表 5.4 所列为如图 5.2 所示各高度编号的定义。例如,确定控制台的高度,可根据图 5.2 与表 5.4 中 14 号查出;若确定操纵手把的安装高度,可根据图 5.2 与表 5.4 中 11 号查出。

表 5.4　设备高度与人体身高之比

| 图中编号 | 定　义 | 设备与身高之比 |
|---|---|---|
| 1 | 与人同高的设备 | 1/1 |
| 2 | 设备与眼睛同高 | 11/12 |
| 3 | 设备与人体重心同高 | 5/9 |
| 4 | 设备与坐高(上半身高)相同 | 6/11 |
| 5 | 眼睛能够望进设备的高度(上限) | 10/11 |
| 6 | 能够挡住视线的设备高度 | 33/34 |
| 7 | 站着用手能放进和取出物体的台面高度 | 7/6 |
| 8 | 站着手向上伸所能达到的高度 | 4/3 |
| 9 | 站姿使用方便的台面高度(上限) | 6/7 |
| 10 | 站姿使用方便的台面高度(下限) | 3/8 |
| 11 | 站姿最适宜的工作点高度 | 6/11 |
| 12 | 站姿用工作台高度 | 10/19 |
| 13 | 便于用最大力牵拉的高度 | 3/5 |
| 14 | 坐姿控制台高度 | 7/17 |
| 15 | 台面下的空间高度(下限) | 1/3 |
| 16 | 操纵用座椅的高度 | 3/13 |
| 17 | 休息用座椅的高度 | 1/6 |
| 18 | 座椅到操纵台面的高度 | 3/17 |

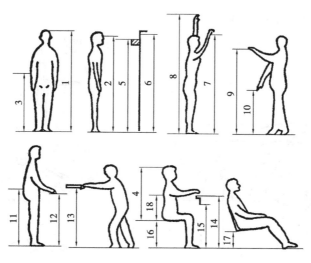

图 5.2　设备高度

### 5.2.2　动态人体尺度测量

动态人体测量包括的内容很广,这里仅介绍在各种姿势中,身体的躯干部分保持不动,人的四肢肢体活动范围的尺度测量。

**(1)人站立时肢体活动范围**

1)上肢活动范围(包括上肢的活动角度与触及范围)

如图 5.3 所示为站立时,人的手臂在正前方的垂直作业范围。其中,阴影区表示最有利的操作范围,粗实线大圆弧为手臂操作的最大范围,细实线短圆弧为手可达到的最大范围,虚线圆弧为手臂操作适宜的范围。

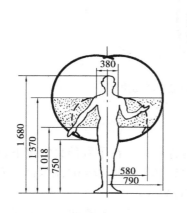
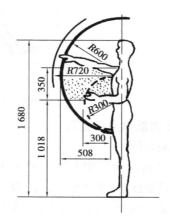

图 5.3　站立时手臂空间尺度

如图 5.4 所示为人手臂在水平台面上的运动轨迹范围。粗实线表示正常操作范围,虚线表示最大操作范围,细实线表示平均操作范围。

如图 5.5(a)所示为上肢活动的最大角度,如图 5.5(b)所示为手操作时处于轻松状态的最好活动方向。单手动作时最好方向为侧向 60°;双手动作时最好方向是左右各侧 30°,双手轻松准确操作的活动方向是沿中轴线。

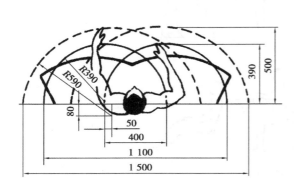

图 5.4　手臂空间尺度(俯视)

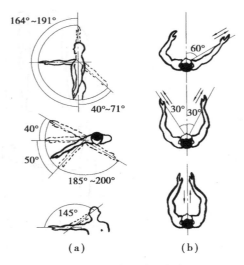

图 5.5　上肢活动的角度

2)下肢活动范围

如图 5.6 所示为下肢的最大活动角度。

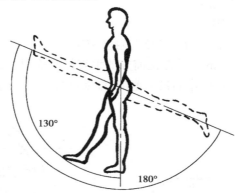

图 5.6　下肢的最大活动角度

**(2)人坐姿时肢体活动范围**

1)上肢活动范围

如图 5.7(a)所示为被测对象中最大 3%的青年男子在手臂伸直情况下,右手在人体中线沿垂直平面不同角度上,手所触及的范围($A=45°$,$B=105°$,$D=0°$,$E=15°$,$F=75°$,分别表示手臂离开座椅参考点中轴线的角度,见图 5.7(b))。

如图 5.7(b)所示为被测对象中最大 3%的青年男子在手臂伸直情况下,右手在不同水平运动角度条件下所触及的范围($A=-50$,$B=225$,$C=560$,$D=1\ 170$,$E=1\ 015$,$F=865$,分别为手离开座椅参考点的高度)。

如图 5.7(c)所示为青年男女右手伸展情况下,作左右方向的水平运动时,在不同角度手所触及的范围(手的高度高于座椅参考点 400 mm)。图中 $A$ 为最小 5%的男子,$B$ 为男子的中数,$C$ 为最大 5%的男子,$D$ 为最小 5%女子,$E$ 为女子的中数,$F$ 为最大 5%的女子。

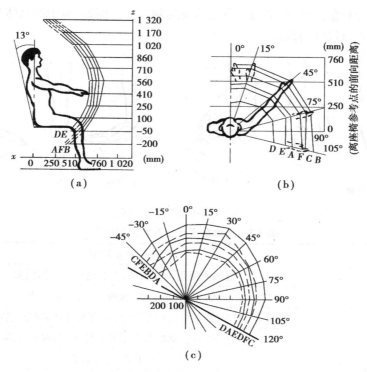

图 5.7　坐姿时上肢的活动范围

2）下肢活动范围

如图 5.8 所示为人体下肢活动的最大范围。

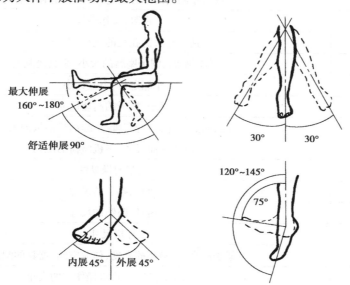

图 5.8　坐姿时下肢的活动范围

（3）手关节的活动范围

如图 5.9 所示为人体手关节活动的最大范围。

前面所述人体状态（静态、动态）的测定项目与应用对象的关系见表 5.5。这些测定项目对考虑和决定设计对象的尺寸、造型具有很重要的制约力。例如,表中的人体身长与体宽的测量值就制约着出入口尺寸的设计。

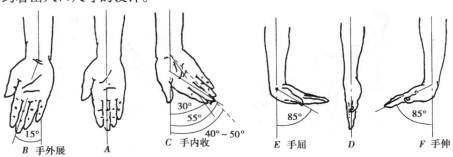

图 5.9　手关节的活动幅度

表 5.5　人体测定项目及其应用举例

| 人体测定项目 | 应用对象举例 |
|---|---|
| 体型 | 缝制衣服用人体模型,工业设计用人体模型 |
| 身长 | 入口及通道的高,床的大小,衣服尺寸 |
| 手的大小 | 方向盘、把手、旋钮的造型及尺寸,手套的尺寸,键盘上键的大小 |
| 手的运动方向 | 把手的方向,柄的造型及安装位置,易握的条件 |
| 肘高 | 椅子扶手高,作业点高 |
| 指尖高 | 手提箱、袋的大小 |
| 指极 | 双手环抱东西的大小 |
| 坐高 | 汽车车厢内的坐卧舒适性,剧场座椅的配列 |
| 眼高 | 视野,操作性能 |
| 身体的周径 | 钻洞时所需孔径的大小,衣服尺寸 |
| 身体的宽径 | 车辆座席、剧场座席的大小,家具的配列 |
| 身体的容积 | 车厢定员,浴盆大小 |
| 膝高 | 桌子、椅子的高矮尺寸 |
| 足的大小 | 鞋、袜的尺寸,自行车脚蹬、缝纫机踏板的大小 |
| 大腿长 | 椅子座面尺寸,飞机座椅的配列 |
| 下肢长 | 汽车的操纵性 |
| 头的大小 | 面具、帽子的尺寸 |
| 面孔大小 | 面具、眼镜的尺寸 |
| 耳朵的大小 | 耳机尺寸 |
| 手所及的范围 | 架子的高矮,吊环的高度,作业空间、器具的配置 |
| 蹲卧时的高度 | 澡盆的深度,起重机操作室的大小 |
| 下肢的运动域 | 机械的操作性 |
| 手指伸开时的大小 | 钢琴琴键的宽窄及间隔 |
| 步幅 | 台阶的间隔,裙下摆的尺寸 |

### 5.2.3  人的视觉特征

人在工作过程中,视觉的应用是最重要和最频繁的。因为人们在认识物质世界的过程中,大约有 80% 的信息是从视觉得到的。故人的视觉特征是人机工程学的重要参数之一。

**(1)视野**

1)一般视野

一般视野指头部和眼球固定不动时,人观看正前方所能看见的空间范围,常以角度来表示。

如图 5.10 所示,在垂直方向约为 130°(视平线上方 60°,下方 70°);在水平方向约为 120°。最有效的视野区为水平线向上 30°,向下 40°;以鼻为中心,左右 15°~20° 的范围内。人的视野中心 3° 以内为最佳视觉区,虽然此区域很小,但由于眼球和头部都能运动,因此整个物体还是能很清晰地看见。

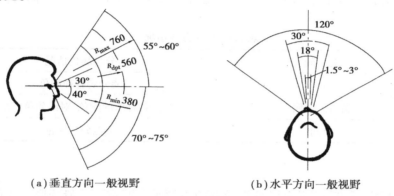

(a)垂直方向一般视野　　　　(b)水平方向一般视野

图 5.10　一般视野

2)色觉视野

各种颜色对人眼的刺激不同,色彩视野也有所差别。如图 5.11 所示为各种颜色在垂直方向和水平方向的色觉视野。从图 5.11 可知,白色的视野最大,其次为黄、蓝、绿。绿色视野最小。

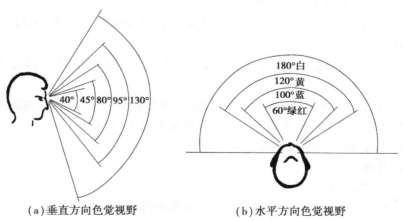

(a)垂直方向色觉视野　　　　(b)水平方向色觉视野

图 5.11　色觉视野

103

色觉视野与被看对象的颜色和其背景色对比有关。例如,白底衬黑或黑底衬白,其视野是不同的。表5.6为黑色背景上的几种色觉视野。

表5.6　黑色背景上几种色觉视野

| 视野方向 | 视野/(°) | | | |
|---|---|---|---|---|
| | 白　色 | 蓝　色 | 红　色 | 绿　色 |
| 从中心向外侧(水平方向) | 90 | 80 | 65 | 48 |
| 从中心向内侧(水平、靠鼻侧) | 60 | 50 | 35 | 25 |
| 从中心向下(垂直方向) | 75 | 60 | 42 | 28 |
| 从中心向上(垂直方向) | 50 | 40 | 25 | 15 |

照度不同也影响人眼睛对颜色的分辨能力。表5.7给出一天中不同时间分辨颜色的情况。

表5.7　颜色分辨情况

| 时　　间 | 分辨颜色情况 |
|---|---|
| 白天 | 能分辨各种颜色 |
| 黄昏或黎明 | 能分辨各种浓的颜色,对淡颜色分辨不清 |
| 夜间 | 不能分辨颜色 |

（2）视距

视距在这里指人的眼睛观察操纵指示器的正常观察距离。一般选取700 mm为最佳视距。过远和过近对人观察操纵指示器的辨认速度和准确性都不利,一般最大视距为760 mm,最小视距为380 mm。

（3）视觉运动规律

①眼睛沿水平方向运动比沿垂直方向运动快,故先看到水平方向的形体,后看到垂直方向的形体。因此,很多机器外形设计呈现为横向的长方形。

②人的视线扫描过程一般是由左到右,从上到下运动,观察环形形象一般是沿着顺时针方向较准确、迅速。

③眼睛作垂直运动要比水平运动易于疲劳。因此,水平方向的观察准确度比垂直方向的要高些。

④如图5.12所示,把视觉目标分为4个象限,当眼睛偏离视中心时,在偏离距离相同的情况下,观察率高低的顺序为第Ⅰ象限、第Ⅱ象限、第Ⅲ象限、第Ⅳ象限。

⑤眼睛对直线轮廓比对曲线轮廓更易于接受。

（4）视区的分布

1)水平方向的视区分布(见图5.13)

①10°以内为最佳视区(1.5°～3°最优),是人观察物体最清晰的区域。

②20°以内为瞬息区,人们在很短时间内即可辨清物体。

③30°以内为有效区,人们需集中注意力才能辨清物体。

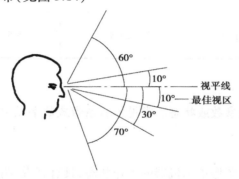

图 5.12　视觉目标 4 个象限的划分

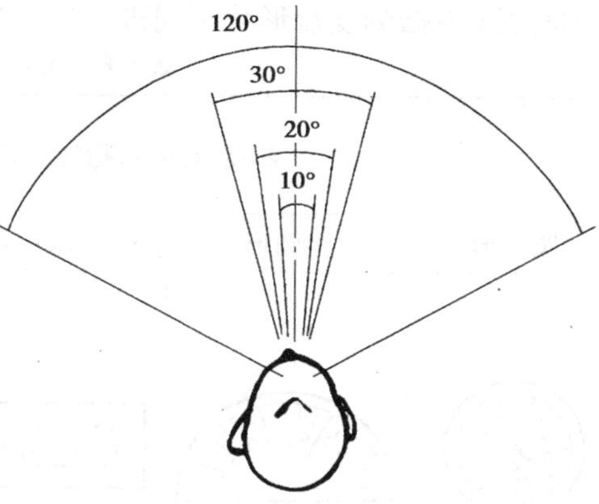

图 5.13　水平视区

④当人的头部不动时,120°以内为最大视区。当物体处于 120°位置时,一般看起来都模糊不清,不易辨认。若头部转动,最大视区可扩大到 220°左右。

2)垂直方向的视区分布(见图 5.14)

图 5.14　垂直视区

垂直方向的最佳视区往往在视平线以下约 10°处。在视平线以上 10°和以下 30°范围内为垂直方向的良好视区;视平线以上 60°和以下 70°为最大视区。最优视区范围和水平方向相同。

## 5.3　显示装置设计

机器向人传递信息时有视觉传递、听觉传递和触觉传递等方式。在人机系统中,视觉传递是最主要的。因为在生产中实际上是操作者对生产中的信息进行传递和处理,而信息传递与处理的速度、质量与视觉传递的显示设计关系极大,因此,现代工业产品设计必须重视显示装置的设计。

### 5.3.1　显示装置的种类

按指示方式可分为以下 3 种:

**(1)指针式显示器**

这种显示装置应用最普遍,它通过各种形式的指针指示有关参数或状态。表 5.8 为指针

105

式显示器的种类(根据刻度盘形状不同进行划分)。

表 5.8　指针式显示器

| 种类 | 刻度盘固定,指针运动 | | | | 刻度盘运动,指针固定 |
|---|---|---|---|---|---|
| | 圆　形 | 半圆形 | 水平直线 | 竖直直线 | 开窗式 |
| 形式 | | | | | <br>开窗式的刻度盘<br>也可以是其他<br>形式 |
| 使用条件 | 读数范围比较小 | | | | 读数范围较大 |
| 错误率/% | 10.9 | 16.6 | 27.5 | 35.5 | 0.5 |

**(2)数字式显示器**

直接用数码来显示有关参数或状态。常见的有条带式数字显示器、荧光屏显示器、数码管或液晶显示屏等。

**(3)图形式显示器**

这种显示装置用形象化图形指示机器的工作状态,具有直观、明显的特点。它适用于需要短时间内立即作出判断并进行操纵的场合,如飞机上用的一些仪表。

一般工业产品多采用指针式和数字式显示器,图形式显示器应用得比较少。

指针式显示器与数字式显示器的特点:指针式显示器具有清晰、读数准确地显示特点。对于偏差值不仅可指出数字,还可表示出偏差处于定值的哪一侧(正或负)。指针式显示器还可用于显示容器中液面的高度,而数字显示则有困难。

数字式显示器具有认读过程简单、认读速度快、准确度高的特点,且不易产生视觉疲劳。

### 5.3.2　显示装置的选择

选择显示装置的原则如下:

①显示装置所显示的精确度应符合设计要求。如果显示的精确度超过需要,会造成读数上的困难和误差的增大,因此选择显示装置的精度并非越高越好。

②信息要以最简单的方式传递给观察者。

③信息必须易于识别并尽量避免换算。

④根据不同的功能要求,选择不同的显示装置:

a.当要求反映开和关、是和否、有和无时,要选择速度快的指示灯或警报器。

b.当要求反映被控制对象的参量方向时,应选择指针式显示器,通过指针移动表示出增加或减少和比正常值偏离量。

c.当要求反映正确数量、测量值或变化值时,应选用数字式显示器,因它的精确度高。

### 5.3.3　显示装置的设计

#### (1)数字式显示器的设计

数字式显示器的基本设计原则如下:

①数字应从左向右横排,以符合人们的视觉规律。

②数码的高与宽之比多为 2∶1 或 1∶10。

③数字的变换速度必须大于 0.2 s,也就是说每个数字至少应停留 0.2 s 才能使人观察清楚。

数码管显示多为红色或绿色,常用于各种测试数据的显示,红色比绿色更清楚,如图 5.15 所示。

图 5.15　数码管显示器　　　　　　图 5.16　全波段收音机

随着电子技术的不断发展,液晶显示屏的应用越来越广泛。液晶显示的文字或符号多为黑色,根据不同需要,可显示单行或多行内容,并对字体的大小加以区别。同时,液晶显示的内容也不只局限于数字,还可以显示文字,并可与图形化显示相结合,使显示更为直观。

如图 5.16 所示为一台全波段收音机,它应用大屏幕数字式电子频率显示,并设有夜间照明功能,使显示内容一目了然。

如图 5.17 所示为双行显示的体脂测量仪,根据字的大小显示不同的内容。

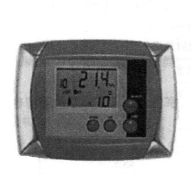  

图 5.17　体脂测量仪　　　　图 5.18　多功能温湿度计　　　　图 5.19　全功能天气预报器

如图 5.18 所示为三行显示的多功能温湿度计,以 3 行数字分别显示时间、温度和湿度。

如图 5.19 所示为一台全功能天气预报器。在其液晶显示屏上除了以数字形式显示的温度、时间等内容之外,还以图形的形式表示出天气预报、温度变化趋势和气压变化情况等内容。

#### (2)指针式显示器的设计

如图 5.20 所示为几种指针式显示器,图 5.20(a)为压力计;图 5.20(b)为温度计;图5.20(c)

为汽车仪表盘,用以显示车速和油量。在这几个例子中,表盘、指针、数字字体等均有所不同。

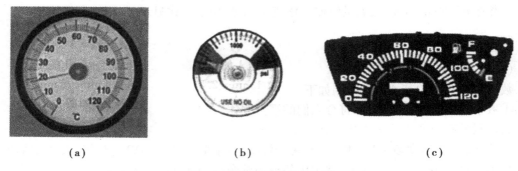

图 5.20　几种指针式显示器

1)度盘的设计

①形式。主要取决于设备的精度要求和使用要求。从观察的准确度和速度对表 5.8 的几种显示器进行比较,可得出开窗式为最佳。这是由于开窗式度盘外露的刻度少,观察范围小,视线集中。由于眼睛水平方向运动要比垂直方向快,故水平方向视觉传递快,因此水平方向的观察准确度要高于垂直方向的准确度。所以竖直直线型显示器的认读速度最慢,准确度最低,认读错误率也最高。

②大小。度盘的大小和人眼睛的观察距离及刻度数量有关。由表 5.9,根据圆形刻度盘的测试结果可知,刻度盘的大小一般随视距与刻度数量增减而改变。从观察的清晰度分析,当刻度盘尺寸增大时,度盘、指针和字符量也相应增大,但如果尺寸过大,观察者眼睛扫描的线路必然增长,在一定的时间内对读数的速度和准确度也要产生影响。当然也不宜过小,过小同样效果不好。对直径为 25~100 mm 的圆形刻度盘,通过实验分析:当直径从 25 mm 开始增大时,认读的速度和准确率也随之提高,读错率低;当直径增加到 80 mm 后,读错率高;直径处于 35~70 mm 的刻度盘,认读准确度没有什么差别。可见,直径为中间值时效果最好。但是,对刻度盘的认读速度和准确度不仅与度盘尺度有关,还与观察者的视距的比例(视角大小)有关。根据有关试验,刻度盘的最佳视角为 2.5°~3°。故当确定视距之后,即可得出刻度盘的最佳尺寸。根据试验,圆形刻度盘在视距为 750 mm 时,其最优直径为 44 mm。

表 5.9　刻度盘直径与观察距离及标记数量的关系

| 刻度的数量 | 刻度盘的最小允许直径/mm | |
|---|---|---|
| | 观察距离为 500 mm 时 | 观察距离为 900 mm 时 |
| 38 | 25.4 | 25.4 |
| 50 | 25.4 | 32.5 |
| 70 | 25.4 | 45.5 |
| 100 | 36.4 | 64.3 |
| 150 | 54.4 | 98.0 |
| 200 | 72.8 | 129.6 |
| 300 | 109.0 | 196.0 |

2）刻度与刻度线的设计

刻度盘的刻度是人机进行信息交换的重要途径,刻度设计的优劣将直接影响操作者的工作效率。

①刻度。刻度线间的距离称为刻度。根据人的视觉规律和生理特点,人眼直接认读刻度最小不能小于 0.6~1 mm。一般取 1~2.5 mm,最大可取 4~8 mm。

②刻度线。刻度线一般分 3 级,即长刻度线、中刻度线和短刻度线,如图 5.21（a）、（b）所示。其中,为了避免反向认读的错误,可采用如图 5.21（c）所示的递增式刻度线。

③刻度线宽度。刻度线的宽度一般取刻度

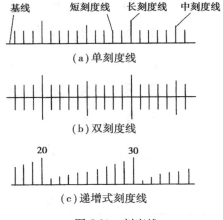

图 5.21　刻度线

大小的 5%~15%,普通刻度线通常取 0.1 mm±0.02 mm。当刻度线宽度为刻度大小的 1/10 时,认读误差最小。刻度线长度可按表 5.10 选用。

表 5.10　刻度线的长度和观察距离的关系

| 观察距离/m | 刻度线长度/mm | | |
|---|---|---|---|
| | 长刻度线 | 中刻度线 | 短刻度线 |
| 0.5 以内 | 5.5 | 4.1 | 2.3 |
| 0.5~0.9 | 10.0 | 7.1 | 4.3 |
| 0.9~1.8 | 20.0 | 14.0 | 8.6 |
| 1.8~3.6 | 40.0 | 28.0 | 17.0 |
| 3.6~6.0 | 67.0 | 48.0 | 29.0 |

3）字符设计

数字、拉丁字母及一些专用符号等是用得较多的字符。要想清楚地显示刻度,使人认读得既快又准,就必须根据人机工程学的要求,求得字符的最佳设计。

①形状。形状应简单、醒目、易认。一般多用直线和尖角来加强字体本身特有的笔画,突出形的特征,切勿用草体和进行艺术上的变形与修饰,以免误认。如图 5.22（a）、（b）所示在视觉条件较差的情况下,辨认率较高;在视觉条件较好的情况下,图 5.22（c）比图 5.22（a）、（b）要好,图 5.22（d）为最佳设计之一。

②大小。一般在视距为 710 mm 情况下,仪表盘上的字母、数字大小,按表 5.11 选用;其他场合的字母、数字可按表 5.12 选用。若视距增大或减小,则表中的数值可按下式成比例增大（或减小）,即

$$增大（或减小）的比率 = \frac{视距\ mm}{710\ mm}$$

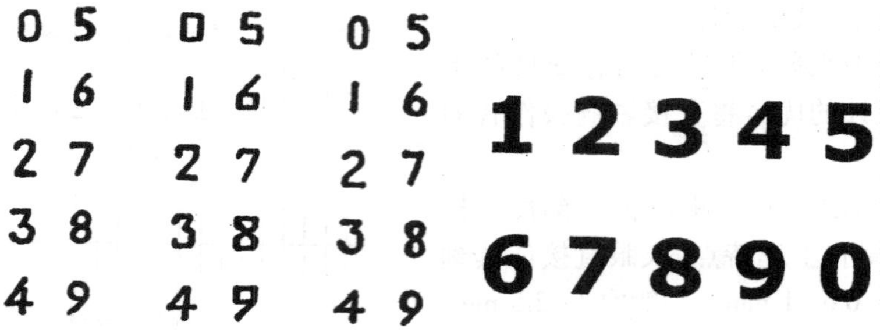

(a)圆弧形　　(b)方角形　　(c)混合形　　　　(d)建议字体

图 5.22　数字形体

表 5.11　字母数字合适的大小

| 字母数字的性质 | 低亮度下 | 高亮度下 |
|---|---|---|
| 重要的(位置可变) | 5.1~7.6 | 3.0~5.1 |
| 重要的(位置固定) | 3.6~7.6 | 2.5~5.1 |
| 不重要的 | 0.2~5.1 | 0.2~5.1 |

表 5.12　一般用途的字母数字建议选用的大小

| 视　距 | 字　高 |
|---|---|
| <80 | 2.3 |
| 80~900 | 4.3 |
| 900~1 800 | 8.6 |
| 1 800~3 600 | 17.3 |
| 3 600~6 000 | 28.7 |

③高与宽之比。实验证明,欲获得良好的认读效果,字体的高宽比应采用 3:2,拉丁字母高宽比为 5:3.5;字体的笔画粗细与字高之比为 1:8~1:6。

必须说明,照明情况和字符与底色的色彩明度对比度等因素对观察和认读的速度、准确度等都有很大的影响,当照明较强、对比度大时,笔画可稍细些,反之可稍粗些。字符与底色一般多采用黑底白字。

4)指针的设计

指针是人认读刻度的主要基础,所以对于指针的设计应从如何使人迅速而又准确地瞄准刻度这一原则出发。一般主要从以下 3 个方面考虑:

①形状。指针形状应单纯、明确、轮廓清晰,不宜作任何艺术性装饰。这不仅符合当代人的审美观点,而且也易于形成视觉中心。指针的针身以头顶尖、尾部平、中间宽或狭长三角形为好,如图 5.23 所示。

②宽度与长度。指针的针尖宽度应与最小刻度线等宽,以保证在阅读最小刻度值时的准确度。或者为刻度大小的 $10^{-n}$ 倍($n$ 为整数)。指针长度一般距离刻度符号 1.6 mm 左右,但也

不能远离刻度,针尖不可覆盖刻度符号。圆形刻度盘的指针长度不宜超过它的半径,需要超过时(如需平衡质量时),其超过部分颜色应与度盘面的颜色相同。

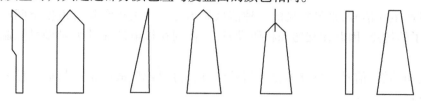

(a)刀形　(b)剑形　(c)直角三角形　(d)塔形　(e)带指示线塔形　(f)杆形　(g)梯形

图 5.23　指针的基本形状

③指针零点位置。根据人的生理特点和习惯,一般指针零点位置大都在时针 9 点或 12 点的位置上,见表 5.13。在操纵台的面板上,出现若干个同一功能的指针式仪表时,它们的指针方向应该相同,这样不易造成视觉上的混乱,它们的指针零点位置在时针 9 点的位置上为最佳。如图 5.24 所示为指针零点位置示意图。

表 5.13　指针零点位置

| 显示装置情况 | 零点位置 |
|---|---|
| 指针固定而度盘运动 | 时钟 12 点位置 |
| 圆形度盘 | 时钟 12 点或按需要定 |
| 跟踪用显示装置 | 时钟 12 点或 9 点位置 |
| 警戒用显示装置 | 时钟 12 点位置 |

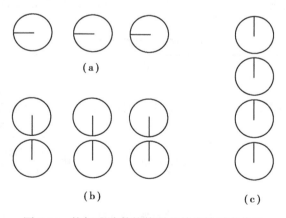

(a)

(b)　　　　　(c)

图 5.24　按标准读数校核误差的指针零点位置

5)刻度盘、刻度线、指针和字符的颜色配置

在现代设计中,盘面通常设计为黑色,主要指针为白色、黄色、橙黄色等。而刻度线与字符应和指针同色,次要指针可为其他颜色,但应为对比色。在光线较差的照明条件下,显示器盘面应以白色为宜,而刻度线等采用黑色。总之,色彩的配置应采用对比色,但不能产生炫目现象。

### 5.3.4 信号灯设计

信号灯产生光信号,是最常见的一种信息显示方式。由于它具有占据空间小、视距远、醒目、简单明了的优点,因此在交通和科研设备上,特别在机电产品的大量操纵控制系统中都广泛采用。

根据使用功能,信号灯可分为警戒信号灯、运行信号灯、故障信号灯等。信号灯设计的一般原则如下:

**(1)在一定视距的情况下,信号灯的视觉效果应该清晰、醒目**

信号灯的使用,大部分是用来指示机器的某种运行状态和要求。例如,警戒信号灯是用来指示操作者注意某种不安全的因素等。因此,就要求信号灯必须具备清晰、醒目的特点,使操作者能及时发现,采取紧急措施。

指示灯的亮度与人的视觉效果密切相关,是清晰和醒目的先决条件。强光比弱光更易形成视觉中心,提醒操作者注意。一般情况下,信号灯的亮度至少是背景亮度的 2 倍,并且背景以无光为好,以免产生炫目现象。

**(2)信号灯色彩的设计必须满足其使用目的**

色彩本身就有先声夺人的视觉效果,不同色相,其效果也不同。因此,对信号灯的色彩设计必须从两点着重考虑,一是色彩醒目,但不炫目;另一是易于分辨。

通常人们能较准确地分辨出 10 种以内的色相。它们是黄、紫、橙、浅蓝、红、浅黄、绿、紫红、蓝、淡黄。它们之间的分辨度与色彩的对比强弱有关,对比强者分辨度高。

信号灯的色彩设计,应使其色彩功能与使用功能相一致。如作为警戒、禁止、停顿或指示不安全情况的信号灯,应使用红色;提醒注意的信号灯用黄色;表示正常运行的信号灯用绿色;其他信号灯则用白色或别的颜色。表 5.14 是目前我国电工成套装置中的指示灯颜色及其含义。

表 5.14　指示灯的颜色及其含义

| 颜 色 | 含 义 | 说 明 | 举 例 |
|---|---|---|---|
| 红 | 危险或告急 | 有危险或应立即采取行动 | 1.润滑系统失压<br>2.温升已超(安全)极限<br>3.有触电危险 |
| 黄 | 注意 | 情况有变化或即将发生变化 | 1.温升(或压力)异常<br>2.发生仅能承受的短时过载 |
| 绿 | 安全 | 正常或允许进行 | 1.冷却通风正常<br>2.自动控制运行正常<br>3.机器准备启动 |
| 蓝 | 按需要指定用意 | 除红、黄、绿三色之外的任何指定用意 | 1.遥控指示<br>2.选择开关在"准备"位置 |
| 白 | 无特定用意 | 任何用意。如作正在"执行"用 | |

当设备上的信号灯不止一个时,应在色彩或形状上加以区别,并标有相应的功能标记。如用→表示方向,用×或⊖表示禁止,用! 表示警觉或危险,用较快的闪光表示高速运行,用较慢的闪光表示低速运行等,使闪光在视觉上的节奏与人们的心理感受合拍。

（3）信号灯位置设计

重要的信号灯必须设置在视野中心 3° 的范围内,一般的信号灯可安排在离视野中心 20° 内,只有相当次要的信号灯才允许设置在离开视野中心 60°~80° 以外,但总的范围均不能超出操作者不转动头部和身体所能观察到的视野范围。

（4）信号灯与控制器和其他显示器的协调关系

当信号灯的含义与某种操作反应相联系时,就必须考虑信号灯与控制器和操作者反应的协调关系。例如,指示某种操作的信号灯最好设置在相应的控制器的上方或下方。信号灯的指示方向最好和操作活动方向一致。如开关往上推,上面灯亮;开关向下拉,下面灯亮。这样布置可使操作者的视觉与操作功能合拍,否则易使操作者失误,而酿成重大故障。

### 5.3.5　操作台面板上显示器的总体布局

#### （1）面板上的显示器排列

根据人的视觉规律,显示面板的总体外形应为水平长方形。面板上的显示器排列顺序最好与操作者的工作认读顺序一致。彼此有联系的或同一功能的显示器应靠近,而且可采用分割线的方式或不同的色彩按功能分割,以形成一个完整的整体。如图 5.25 所示,使面板布置得简洁、明了、美观。

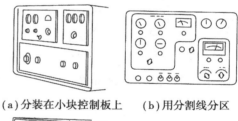

(a) 分装在小块控制板上　　(b) 用分割线分区

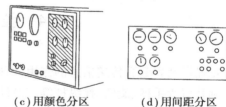

(c) 用颜色分区　　　　(d) 用间距分区

图 5.25　仪表控制板的分区方法

根据人的视区分布,视野 3° 为最佳视区。因此,应该把最常用、最重要的显示器布置在这个视区内,其他显示器可按其常用程度和重要性分别设在瞬息区内或有效区内。

#### （2）显示面板的最佳认读范围

根据实验,当眼睛离面板 800 mm 时,若眼球不动,水平视野 20° 范围为最佳认读范围,其无错认读时间为 1 s 左右。当水平视野超过 24° 以上时,正确认读时间开始急剧增加。因此,24° 为最大的认读范围。

#### （3）显示面板的总体布局

当显示器多、面板大时,则视距不等。一般离面板中心部分的视距最短,视力最好,最清晰,认读效率也最高。一般布置显示器时,应尽量避免操作者转动头部和移动座椅,以减少疲劳,提高工作效率。根据显示器数量和控制室的容量,选择以下布置形式:

1）直线形式布置

此形式结构简单,安装方便,但面板不宜过长（见图 5.26(a)）。适用于显示器较小的小型控制台。

2）弧形布置

此形式由各显示器组合呈圆弧形,其结构和安装较复杂,但视觉条件较好（见图 5.26(b)）。

一般用于 10 个以上显示器的中型控制台。

　　3）弯折式布置

　　此形式一般是组合成型,其结构和安装比较简单,视觉条件较好(见图 5.26(c)、(d)、(e))。一般适用于大中型控制台。

　　根据视觉特征,一个显示面板的视距最好是 700 mm 左右,其高度最好在视平线附近,且以视线与显示器垂直为佳。由于人在观察时,头部一般略有自然的前倾,因此要求面板也相应地向后仰,以保证面板与人的视线相垂直。如图 5.27 所示,一般面板后仰角为 15°~30°,即面板与地面的交角为 60°~75°。

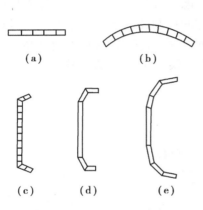

图 5.26　显示面板的布置

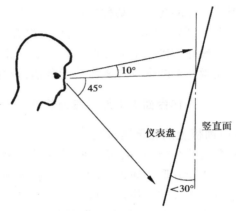

图 5.27　面板与人的视线应相垂直

## 5.4　控制装置设计

　　视觉显示装置起着传递信息的作用,而操纵控制装置则起着执行信息传递的作用。这里所述控制装置为手柄、旋钮、操纵杆等。设计控制装置时,首先要考虑操作者的性别和人的生理尺寸,使之适应人体的生理结构特点,从而达到提高工效及使操作者能准确、迅速、安全、连续操作的目的。

### 5.4.1　控制装置的类型与选择

（1）控制装置的类型

按操纵的动力区分,可分为以下 3 大类:

①手动控制器。如按键、开关、旋钮、手柄及转轮等。

②脚动控制器。如脚踏板、脚踏钮等。

③其他。如声控、光控等这些利用敏感元件的换能装置来实现启动或关闭的机件。

（2）控制装置的选择

控制装置的选择主要是按使用功能和操作要求进行选择,这对于安全生产、提高工效非常重要。一般应遵循以下 5 个原则:

①快速、精细的操作,主要采用于手动或指动控制器。用力的操作应采用手臂及下肢

控制。

②手动控制器应安排在容易接触到和易看到的空间。

③对于按钮,它们的间距应为 15 mm,各子控制器的间距不小于 50 mm。

④手揿按钮、旋钮适用于费力小、移动幅度不大及高精度的阶梯式或连续式调节。

⑤长臂杆、手柄、手轮、踏板则适用于费力、幅度大和低精度的操作。对于各种控制器的使用情况见表 5.15。

表 5.15　各种控制器的使用情况比较

| 使用情况 | 按　钮 | 旋　钮 | 踏　钮 | 旋转选择开关 | 钮子开关 | 手摇把 | 操纵杆 | 手　轮 | 踏　板 |
|---|---|---|---|---|---|---|---|---|---|
| 需要的空间 | 小 | 小~中 | 较小 | 中 | 小 | 中~大 | 中~大 | 大 | 大 |
| 编码 | 好 | 好 | 差 | 好 | 较好 | 较好 | 好 | 较好 | 差 |
| 视觉辨别位置 | 可 | 好 | 差 | 好 | 好 | 可 | 好 | 较好 | 差 |
| 触觉辨别位置 | 差 | 可 | 可 | 好 | 好 | 可 | 较好 | 较好 | 较好 |
| 一排类似控制器的检查 | 差 | 好 | 差 | 好 | 好 | 差 | 好 | 差 | 差 |
| 一排控制器的操作 | 好 | 差 | 差 | 差 | 好 | 差 | 好 | 差 | 差 |
| 合并控制 | 好 | 好 | 差 | 较好 | 好 | 差 | 好 | 好 | 差 |

### 5.4.2　控制装置设计的一般要求

控制器的设计质量直接影响整个系统的运行。往往生产中出现的事故,从表面看,似乎是操作者缺乏训练或思想不集中而引起的。但如果进一步地分析就会发现,造成事故的原因主要是由于控制器设计没有充分考虑人的因素而造成的。因此,对人机系统中人的因素的考虑和重视,是提高工效和避免事故的关键所在。

控制装置设计的基本要求如下:

①任何控制器都要适应人体生理特征的要求。例如,控制器的安装位置、排列方式、操纵速度和操纵力的大小都要符合人体的生理特征,以便使操作者能舒适而满意地进行操作。

②控制器要与设备系统的工作状态结合起来。控制器的运动方向应和显示器指针或设备的运动方向相适应,并符合人的习惯。例如,设备某部分是上下直线运动时,此部分的控制器的操作方向也应是上下直线运动;又如,汽车的方向盘操作的方向与汽车转弯的方向应该是一致的。

③控制器的形态应体现其操作方式,以利于辨认。

④控制器的造型设计要求外形尺寸大小适当,适应人体生理特点,而且造型应美观大方,且便于操纵。

### 5.4.3 控制装置的设计

**(1)手动控制器的设计**

1)手的运动特征

研究手的运动规律,对于手动控制器的设计是很重要的。手的运动规律如下:

①手的垂直方向运动速度比水平运动速度快。

②手从上往下运动的速度比从下往上运动的速度快。

③在水平面内,手的前后运动速度比左右运动速度快,旋转运动比直线运动快。

④对一般人来说,右手活动比左手快,顺时针活动比逆时针活动快。

⑤单手操作比双手操作既快又准。

2)旋钮

旋钮是用于控转的手动元件。根据功能要求分为可连续多次旋转,旋转角度可达360°;也可作定位旋转等,其形状可分为圆形旋钮、多边形旋钮、指针形旋钮、手动转盘等,如图5.28所示。

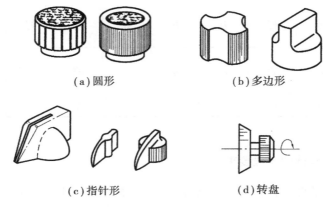

| (a)圆形 | (b)多边形 |
| --- | --- |

| (c)指针形 | (d)转盘 |
| --- | --- |

图5.28　旋钮

①圆形旋钮。可用于作连续、平稳的旋转(0°~360°)及用于多重旋转,可作微量旋钮,精度较高。为了满足旋转要求,往往在其表面加工有直纹或网纹滚花,旋钮的边缘可轻微地倒角,但应避免旋钮有锥度。

②多边形旋钮。常用于不需要连续旋转的场合,一般调节范围不足360°,旋转定位精度不高。

③指针式旋钮。旋钮带有指针的形状,当旋转旋钮时,可靠指针确定旋钮的位置。这种开关应当具有机械的制动器,当旋钮刚好到位时,操作者应"感觉到"或者听到。因此,可得到较精确的调节。设计时,应突出指针的形状,以便使操作者了解旋钮的最终位置,并且该旋钮应当有足够的长度、深度,从而使操作者充分地握住,甚至可设计一种附加长度,以便协助操作者使用较小的力使旋钮旋转定位。

显然,根据设计的形状不同,旋转的用力和旋转量的大小也有区别。图5.28(a)适合于微调,图5.28(b)旋钮力量可大些,图5.28(c)旋钮上带有指示刻线。

如图5.29所示提供了旋钮的适宜直径与操作活动的关系。

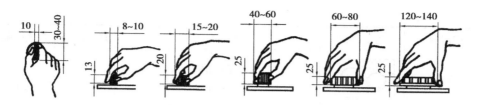

图 5.29 适宜操作的旋钮尺寸

3)按键

在设计中,经常使用的按键以四角钝圆的四方形最为方便。不常用的可采用圆形。按键表面应稍有凹陷或纹理粗糙,以便揿时手指不易滑脱。以手掌揿压的按键表面应为蘑菇形,这样有利于手掌用力均匀。

如图 5.30(a)所示为外凸弧形按键,其操作手感不好,一般用于轻小型而操作次数较少的设备上。按键形式以中凹的图 5.30(d)型为佳。按键应凸出面板一定的高度,过低不易感觉位置是否正确,如图 5.30(b)所示。按键之间应有一定的间距,否则容易同时接触两个键,如图 5.30(c)所示。适宜的尺寸如图 5.30(e)所示。密集的按键可做成如图 5.30(f)所示的形式。

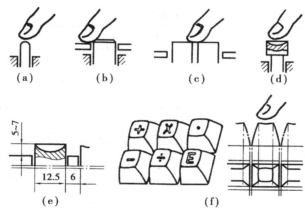

图 5.30 按键

表 5.16 为旋钮、按键及其他操作器的排列方式及适宜的间距尺寸。

表 5.16 控制器的间隔/mm

| 控制器 | 测量位置 | 操作方法 | 最小间隔 | 最大间隔 |
|---|---|---|---|---|
| 按键 | | 使用一个手指(随机) | 13 | 50 |
| | | 使用一个手指(按一定顺序) | 7 | 25 |
| | | 使用不同手指(随机或按一定顺序) | 13 | 13 |
| 扳钮开关 | | 使用一个手指(随机) | 20 | 50 |
| | | 使用一个手指(按一定顺序) | 13 | 25 |
| | | 使用不同手指(随机或按一定顺序) | 16 | 20 |
| 曲柄及杆柄 | | 两手同时 | 50 | 100 |
| | | | 75 | 125 |

续表

| 控制器 | 测量位置 | 操作方法 | 最小间隔 | 最大间隔 |
|---|---|---|---|---|
| 旋钮 | | 单手(随机) | 25 | 50 |
| | | 两手同时 | 75 | 125 |
| 踏板 | | 单脚(随机) | $d = 100$<br>$D = 200$ | 150<br>250 |
| | | 单脚(按定顺序) | $d = 50$<br>$D = 150$ | 100<br>200 |

在设计按键时除了要合理地确定出其所需压力之外,还要注意为了减少不注意时的按压所造成的错误操作,必须使按键有一定的阻力,特别是对于机械机器,一个合适的压力控制是非常必要的。

4)手轮、摇把

手轮、摇把一般作为旋转性操作元件,它们的有关尺寸和操纵杆握持部分的尺寸见表5.17。

表 5.17  控制器的尺寸/mm

| 手轮及摇把 | 应用特点 | 建议采用的 $R$ 值 |
|---|---|---|
| | 一般转动多圈 | 20~51 |
| | 快速转动 | 28~32 |
| | 调节指针到指定刻度 | 60~65 |
| | 追踪调节用 | 51~76 |
| 操纵杆 | 形  式 | 建议采用的尺寸 |
| | 一般 | 22~32(不小于7.5) |
| | 球形 | 30~32 |
| | 扁平形 | $S$ 不小于 5 |

5)拇指轮

操作者利用拇指或食指进行操作的一种旋钮,它们只适用于平稳、连续的旋转,而不需要精确的调节场合。例如,音量、光强等,其形状如图5.31所示。

设计这种拇指轮的阻力一般为170~579 g。若采用多个拇指轮,注意水平布置时不要一个在另一个之上,或一个在另一个前面,通常该轮向上或向右旋转为"增加功能"。

(2)脚动控制器的设计

用脚操纵的控制器也是比较常用的控制装置,如汽车的离合器踏板、刹车踏板以及其他机械(冲床、蒸汽锤等)的脚踏板等。

1)脚的运动特征

用脚操纵时,脚的运动主要是膝关节和脚掌的运动。详情在人体尺度测量章节中介绍过。

这里简单介绍关于脚的施力情况。

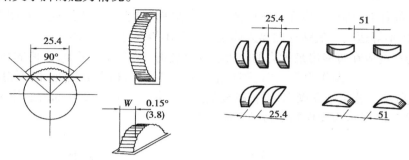

图 5.31　适宜操作的拇指轮尺寸

①站姿与坐姿相比,应尽量采用坐姿操作,因为坐姿时身体易保持平衡,而站姿操作的优点是能施以较大的操纵力。

②左脚与右脚操作比较,在施力大小、施力速度和准确度等方面,一般人的右脚都优于左脚。

③脚掌施力与脚趾施力相比,在操纵力较大(大于 5 kg)时,宜用脚掌着力为好;对于操纵力较小(小于 5 kg)或需快速连续控制时,宜用脚趾操作为佳。

④脚动控制器的适宜用力较手动控制器可大些。脚踏用力与腿的曲折角有关,如汽车的加速器。当脚踏用力小于 22.7 kg 时,腿的屈折角应以 107° 为宜;当大于 22.7 kg 时,则腿的屈折角应以 130° 为宜。表 5.18 介绍关于脚动控制器适宜用力的情况。

表 5.18　脚动控制器用力的推荐值

| 脚动控制器 | 推荐用力值/kg |
| --- | --- |
| 脚休息时,脚踏板的承受力 | 1.8～3.2 |
| 悬挂的脚蹬 | 4.5～6.8 |
| 功率制动器 | 直至 6.8 |
| 离合器和机械制动器 | 直至 13.6 |
| 离合器和机械制动器的最大蹬力 | 27.2 |
| 方向舵 | 72.6～181.4 |
| 可允许的脚蹬力最大值 | 226.8 |
| 创纪录的脚蹬力最大值 | 408.2 |

⑤由于脚的施力敏感度低于手的施力敏感度,为了防止脚动控制器的碰移或误操作,建议脚动控制器应有一个启动压力,这个启动压力至少应当超过脚休息时脚踏板的承受力。

2)选用脚动控制器的原则

①用于需要连续进行操作,而用手又不方便的场合。

②无论是连续性控制,还是间歇性控制,其操纵力都在超过 5 kg、15 kg 的情况下。

③手的控制工作量过大,不足以完成控制任务时。

3)脚动控制器的位置尺寸

为了使操作者在操作时既省力又舒适,就必须处理好控制器相对于人的位置。否则操作起来不但费劲,还易疲劳。

当人正坐操作时,脚踏板应在人座位的正中央所在位置上。如果踏板向两侧布置,不仅出力减小,操作还不舒适。一般踏板偏离人体正中位置不得超过 75~125 mm。

脚踏板的高度应在脚能出最大力的位置。在坐姿时,操作力为蹬力,座椅的高度要低于一般座椅的高度。这样当操作力很大时,踏板的高度可与椅面相平或稍低,但不得超过椅面高度,如图 5.32 所示。若是站立操作,则脚踏板的高度不得超过地面 250 mm,最佳为 200 mm 或稍小些。如图 5.33 所示为操作脚踏板的空间范围。

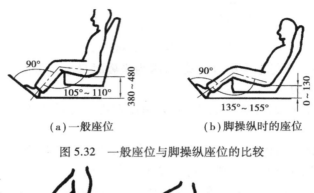

（a）一般座位 　　　　　　　（b）脚操纵时的座位

图 5.32　一般座位与脚操纵座位的比较

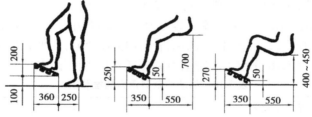

图 5.33　操作脚踏板的空间活动范围

脚踏控制器可分为调节踏板(这种踏板随移动距离的增加而增大阻力,以便产生增量的反馈)和开关踏板两种。

①调节踏板。脚踏板可分直动式、往复式和回转式,如图 5.34 所示。脚踏板典型的例子有汽车的制动踏板,这种踏板人腿与脚的舒适角度为 90°,其位置有 3 种情况,如图 5.35 所示。其中,图 5.35(a)是座位较高,小腿与地面几乎垂直的情况,脚的下压力不能超过 90 N。图 5.35(b)是座位较低,小腿倾斜的情况,此时踏力不能超过 180 N。图 5.35(c)是座位很低,小腿较平的情况,此时一般蹬力能达到 600 N。为了便于施力,必须提供一牢固的座椅支撑,如

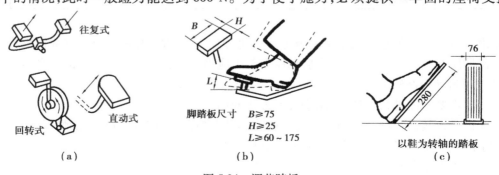

（a）　　　　　　　（b）　　　　　　　（c）

图 5.34　调节踏板

图 5.36 所示,图中⊕为两个受力点。

②开关踏板。当脚踏开关用于立位操纵时,要很好地安排其位置,使操作者在不影响稳定性的情况下就能使用。并且还要注意避免发生误踩的危险,一般其色彩设计为黄色或橙黄色,以引人注目。踏板的形状和尺寸如图 5.37 所示。其中,用于机械操作型的脚踏板的最佳角度为大约 10°或再小一些。如果过大,对站立操作者来

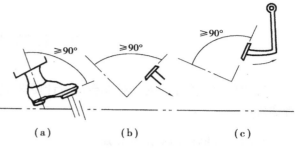

图 5.35　调节踏板的 3 种位置

说,单脚操作易失去平衡,很不安全。有时要求双脚均能踏动,或操作有其他需要可不断改变操作者的姿势,此时最好采用踏动杠杆,如图 5.38 所示,踏动杠杆距地面不应超过 150 mm,伸长量不大于 150 mm。

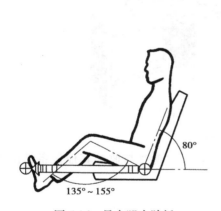

图 5.36　最大蹬力踏板

图 5.37　踏板开关操纵

在某种情况,当手操作不便时,可采用脚踏钮代替手动按钮迅速地操作,如汽车启动马达脚踏钮。如图 5.39 所示为常用脚踏钮的尺寸,供参考。

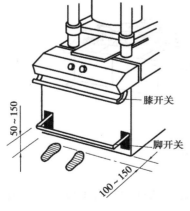

图 5.38　踏动杠杆

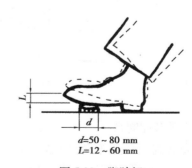

图 5.39　脚踏钮

## 5.5　控制台的设计

现代化的生产系统对于控制台的设计要求,应该是尺度宜人,造型美观,操作方便,给人以舒适感。

### 5.5.1　控制台的形式和特点

目前,常用的控制台有以下4种形式:

**(1)桌式控制台**

桌式控制台是最简单的控制台。其特点是视野开阔,光线充足,操作方便,结构简单,如图5.40所示。

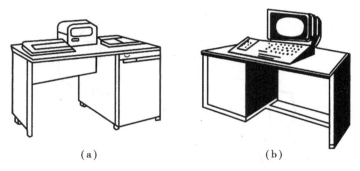

(a)　　　　　　　　　　　　(b)

图5.40　桌式控制台

桌式控制台适用于控制器和显示器较少且操作者需经常观察与监控其他设备情况的场合。一般控制台台面做成水平面。

**(2)直柜式控制台**

直柜式控制台台面由一个竖直面和一个平台或几个倾斜面板组成。其特点是台面较大,视线较好。直柜式控制台适用于控制器、显示器较多和需要操作者经常观察与监控台外情况的场合。控制台的高度不宜超过人坐姿时的视平线,控制台可一人操作,也可多人操作。造型可整体,也可根据需要进行多体组合,如图5.41所示。

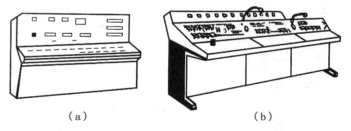

(a)　　　　　　　　　　　　(b)

图5.41　直柜式控制台

**(3)弧形控制台**

弧形控制台的观察条件较好,能使操作者注意力集中,操作方便,工效高。但结构比较复杂,适用于中小型的控制系统,如图5.42所示。

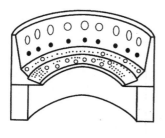

图 5.42　弧形控制台

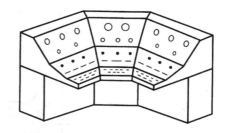

图 5.43　弯折式控制台

**（4）弯折式控制台**

弯折式控制台的观察条件较好，使用方便，结构稍复杂。适用于控制器、显示器很多的控制系统。通常是用若干个直柜式控制台组成，如图 5.43 所示。

### 5.5.2　控制台的尺寸和布置

控制台的尺寸主要决定于控制器、显示器的安置、数量和人体尺度等要求。如图 5.44 所示为典型控制台的基本尺寸，仅供参考。

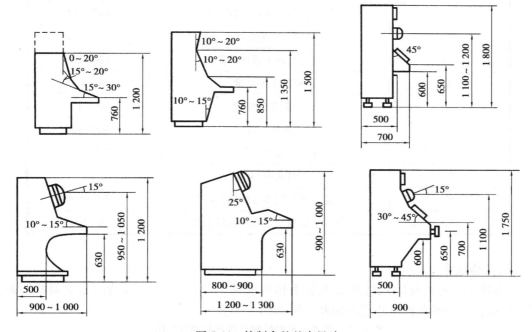

图 5.44　控制台的基本尺寸

人的操作姿势有坐姿、站姿和坐—站姿（可坐可站）3 种。根据人机工程学的要求，控制台布置的尺寸范围也不同。

**（1）坐姿操作**

坐姿操作往往是身躯伸直稍向前倾 10°~15°，腿平放，小腿一般垂直着地或稍向前倾斜着地，身体处于舒适状态。根据人的视觉特征和人体尺度要求，控制台的主要布置尺寸如图 5.45 和见表 5.19 所示。

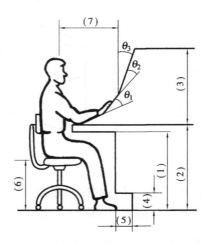

图 5.45　坐姿作业时控制台一般布置范围

表 5.19　坐姿作业时控制台布置的尺寸范围

| 图中编号 | 内　　容 | 数　　值 |
|---|---|---|
| （1） | 控制台台面下的空间高度 | 600～650 |
| （2） | 控制台台面的高度 | 700～900 |
| （3） | 控制台台面至顶部的距离 | 700～800 |
| （4） | 伸脚掌的高度 | 90～110 |
| （5） | 伸脚掌的深度 | 100～120 |
| （6） | 座椅高度 | 400～450 |
| （7） | 控制台正面的水平视距 | 650～750 |
| $\theta_1$ | 台面倾斜角 | 15°～30° |
| $\theta_2$ | 布置主要控制器台面的倾斜角 | 30°～50° |
| $\theta_3$ | 布置主要显示器台面的倾斜角 | 0～20° |

**（2）站姿操作**

站姿操作一般是身体自然站直或躯干稍向前倾 15°角左右，上臂抬起角度最好不超过 45°。控制台的一般布置尺寸范围如表 5.20 和图 5.46 所示。

表 5.20　站姿作业时控制台布置的尺寸范围

| 图中编号 | 内　　容 | 数　　值 |
|---|---|---|
| （1） | 控制台台面下的空间高度 | 800～900 |
| （2） | 控制台台面的高度 | 900～1 100 |
| （3） | 地面至显示装置的最上限距离 | 1 700～2 000 |
| （4） | 控制台正面的水平视距 | 650～750 |

（3）**坐—站姿操作**

此类控制台应供坐姿和站姿操作,因此要求座椅高度可根据需要调节,在座椅或控制台适当位置加设脚搁板,便于搁脚以减少疲劳。布置尺寸范围如图 5.47 和表 5.21 所示。

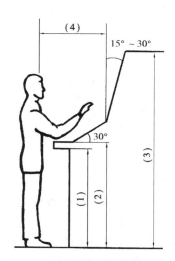
图 5.46　站姿作业时控制台一般布置范围

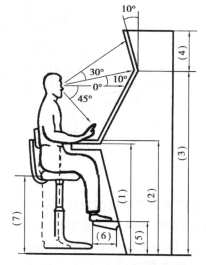
图 5.47　坐—站姿时控制台的布置范围

表 5.21　坐—站姿作业时控制台布置的尺寸范围

| 图中编号 | 内　　容 | 数　　值 |
|:---:|:---:|:---:|
| （1） | 控制台台面下的空间高度 | 800～900 |
| （2） | 控制台台面的高度 | 900～1 100 |
| （3） | 地面至布置主要显示器的上限高度 | 1 600～1 800 |
| （4） | 布置次要显示装置的高度 | 200～300 |
| （5） | 搁脚板高度 | 250～350 |
| （6） | 搁脚板长度 | 250～300 |
| （7） | 高座椅高度 | 750～850 |

# 5.6　座椅设计

座椅与人们的生活息息相关,无论是工作、学习、出门旅行、在家休息都离不开座椅。座椅伴随人们的生活已经有几千年的历史了,但是关于座椅的设计问题至今仍是值得研究的课题。

最早用人体解剖学的观点研究椅子舒适性的是瑞典整形外科医生 B. 阿盖布罗姆(B.Akerblom)。他在 1948 年发表的专著《站与坐的姿势》中,系统地论述了人体不同姿态对肌肉及关节的影响。1954 年他完成了著名的阿盖布罗姆椅背曲线,如图 5.48 所示。

1968 年国际人机工程学会在瑞士召开了以座椅为主题的国际学术讨论会,这次会议在全世界掀起了座椅研究的高潮。许多国家在 20 世纪 70 年代已将座椅研究的成果制定成标准指导工业生产。有关的标准有学校课桌椅、办公用椅、工作椅、飞机座椅、汽车座椅、火车座椅等。我国于 1983 年制订了《学校课桌椅功能尺寸》(GB/T 3976—1983)供设计时参考。

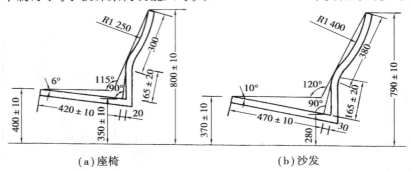

（a）座椅　　　　　　　　　　　（b）沙发

图 5.48　Akerblom 椅背曲线

50 多年来关于座椅的设计问题已有多位学者进行过系统科学的研究，各种设计参数也相继见于诸多资料。但就目前来看，尚不能说一把真正获得公认的理想的舒适座椅已经问世。这是因为人体的坐姿是个复杂的问题。例如，从事长时间体力劳动的人能坐上一只木板凳休息，则会感到非常舒适，而对于常年日工作量 8 h 且取坐姿工作的人（如秘书、打字员等），任何一种座椅都不会被认为是完美无缺的。在西方某些国家还流行一种"适度不舒适"的座椅设计，即某些流动性较大的公共空间（如快餐店等）为加速人员流动，有意识地把座椅设计得不太舒适；另有一些工作场合需要较高的警觉性，也通过把座椅设计得不太舒适，以提高工作人员的警觉性。日本在解决工作人员坐姿工作的警觉性问题另辟新招，如日本马自达汽车公司为了防止人们在从事单调坐姿工作时打瞌睡，推出一种"功能音乐式"座椅，即在座椅上安装附加设施，让座者每隔 30 s 听一次音乐，同时振动坐者的腰部，以驱赶睡意，使人员集中注意力从事工作。因此，要想设计出一把相对理想的座椅必须根据使用目的进行多种因素的考虑。

关于坐姿与座椅有关的一般特点如下：

①坐姿可最省力地保持上体铅直，并可相对地固定脚、膝、髋及脊柱各关节，有利于减轻全身肌肉的静负荷，减少人体能量的消耗。

②坐姿比站姿更有利于促进血液循环。站立时血液和组织液均向腿部汇集，而坐下之后，放松了腿部肌肉，腿部血液得以畅流，有利于消除疲劳。

③坐姿可使体位稳固，减少无意识的身体摇摆，有利于双手精确地操作，同时也解放了双脚，有利于脚发挥更多的作用。

④坐姿可利用靠背发挥腿脚向前方的蹬力。

⑤当座椅有强烈的摇摆运动时，坐姿人体用以减弱摆动对身体影响的能力远远小于立姿。立姿可以发挥双腿的减振功能，双腿有一定的长度，由多道关节与上体相连，具有很好的变形能力，可吸收摆动的能量。

⑥研究证明，坐姿时腹部肌肉放松且脊柱前弯，除影响消化系统及呼吸系统的功能之外，长时间就座（如超过 60 min）还会引起血管静压力增加，血液回流受阻，由此会出现小腿肿胀、疼痛。

由以上分析可以得出两点简单结论：第一，坐姿与立姿均为人体的自然工作姿态，而立姿多为动态工作所需要,坐姿多用于静态工作,各有利弊,需根据实际情况进行选取;第二,座椅设计要满足 3 点要求,即适应坐姿生理特点、减轻坐姿疲劳及发挥坐姿优点。

从坐姿特点着手研究座椅设计,首先,以人体解剖学的观点分析坐姿时人体骨骼和肌肉的变化,进而用生物力学的方法对坐姿进行力学分析,然后讨论坐姿舒适性的概念,最后给出各种座椅设计中的人机工程方法。

### 5.6.1　座椅设计的生物力学原理

人的生活离不开座椅。理想的座椅对人的工作和休息都是十分有益的。因此,了解人在坐姿状态下的有关解剖生理特征,并依据人的坐姿生理特征进行座椅设计,才能减轻坐姿疲劳程度,提高工作效率。

#### (1)坐姿对人体脊柱形态的影响

不同形式的座椅会使就座者采取不同的坐姿,即使是同一把椅子也可有不同的坐姿。坐姿时人体的支撑结构为脊柱、骨盆、腿和脚。其中,脊柱最关键,脊柱由 33 块脊椎骨靠复合韧带和介于其间的椎间盘连接组成,如图 5.49 所示。

从侧面观察人体脊柱是由 7 节颈椎、12 节胸椎、5 节腰椎以及骶骨和尾骨组成,它们由软骨组织和韧带联系,使人体能进行屈伸、侧屈和回转等活动。脊柱是人体躯干的中轴和支柱,其 4 个区段的作用如下:

①颈椎支承头部,既是头部的运动关节,又是头部的缓冲环节。

②胸椎与肋骨相连接构成胸腔。

③由于人体的质量由脊柱承受且由上至下逐渐增加,因而椎骨也是由上至下逐渐变得粗大。腰椎支承全部上体的质量,又是保证上体活动的万向关节轴,上体的受力也都要由腰椎承担,因此腰椎特别粗大而有力。

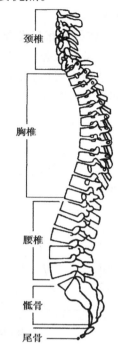

图 5.49　脊柱的构造

④骶尾段与髋骨等构成骨盆。坐姿时腰椎将受力传给骨盆,由髋骨下部的坐骨传给椅面,骨盆是支撑上体质量、受力、缓冲、振动,适应体位变化等的基础部分。

如图 5.50 所示为坐姿与腰椎压力示意图。当人体自然站立时,脊柱呈理想的"S"形曲线状,腰椎不易疲劳,如图 5.50(a)所示;当人体取坐姿工作时,往往会因座椅设计得不科学而促使人们采用不正确的姿势,从而迫使脊柱变形,疲劳加速,并产生腰部酸痛等不适症状,如图 5.50(b)所示;如果座椅设计得能让腰部得到充分的支撑,使腰椎恢复到自然状态,那么疲劳就会得到延缓,从而得到

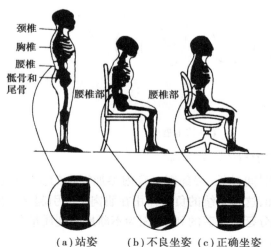

(a)站姿　(b)不良坐姿　(c)正确坐姿

图 5.50　坐姿与腰椎压力示意图

轻松舒适感,如图 5.50(c)所示。

实验研究证明,如果自然放松状态下的人体曲线能与座椅靠背曲线充分吻合,座椅舒适度评价值就高。

(2)**体压分布与坐姿疲劳**

人在坐姿状态下,体重作用在座面和靠背上的压力分布称为坐态体压分布。它与坐姿及座椅的结构密切相关,是设计座椅时需要掌握的重要参数。不论座椅设计如何适应人体的形态及其受力的需要,如果长时间保持一种固定的坐姿,也会产生静力疲劳。

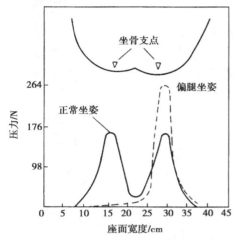

图 5.51 座面上的体压分布

就座者的骨盆可以比喻为倒立的椎体,与椅面接触的主要是臀部两块薄肌肉层下的坐骨。人体大约 75%的质量需由骨盆下两块面积为 25 cm² 左右的坐骨支点(薄肌肉层支承)承受。1963 年登普西(Dempsey)从他的实验中得到如图 5.51 所示的结果,也证明了上述结论。他还支持了随着持续时间的延长,臀部血管的血液循环受阻,会引起痛感和麻木等"挤压疲劳"的观点。

座面体压主要分布在臀部,并在坐骨部分产生最大的压力。由坐骨向外,压力逐渐减少。为了减少臀部下部的压力,座面一般应设计成软垫,其柔软程度以使坐骨处支承人体的 60%左右的质量为宜。采用软性坐垫,增大臀部与座面的接触面积,就改善了这种压力集中的现象,使整个臀部均承担体重的压力减缓坐骨下支点处的疲劳,从而可延长就座时间。迪布希莱(Diebschlag)和马勒・林罗斯(Mull-Limroth)于 1980 年记录了被试者在硬座和泡沫软垫上的体压分布曲线,结果如图 5.52 所示。软垫与臀部的接触面积由 900 cm² 增加到 1 050 cm²,而压力峰值却减少了 40%。

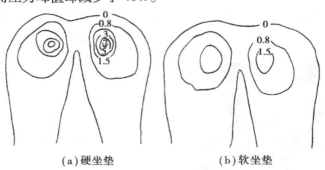

(a)硬坐垫　　　　　　　　(b)软坐垫

图 5.52 不同坐垫的压力分布(单位:N/cm²)

但是,不论什么座面,保持一种固定的坐姿时间过长,臀部细血管内参加循环的血液量就会减少,控制身体下部生理机能的功能将会下降,这种持续的负荷作用在肌肉上会引起挤压疲劳。只有不断地活动身体才能使身体的各个部分延迟疲劳的到来,因为不断地改变质量分布,变化肌肉的负荷,就能使肌肉在变化中得到能量的调节。

对于腰肌也是这样,尽管不同的坐姿对腰椎弯曲形状的影响不同,有的小些有的大些,但不论是哪种姿势,长时间采取一种坐姿总会产生静力疲劳。只有不断地调整坐姿变换脊椎的形态,变换椎间盘、韧带、肌肉等受力情况,才能改善血液循环,缓解腰部的静力疲劳。因此,任何一种座椅在设计时都应考虑变换坐姿的可能性。

### 5.6.2 坐姿舒适性与座椅造型设计

坐姿舒适性包括静态舒适性、动态舒适性和操作舒适性。静态舒适性要研究的问题,主要是依据人体测量数据设计舒适的座椅尺寸和调整参数;动态舒适性主要研究座椅的隔振减振设计,重点是座椅悬架机构的动态参数优化设计问题;操作舒适性主要研究座椅与操纵装置之间相对位置的合理布局问题。本节主要讨论静态舒适性问题。

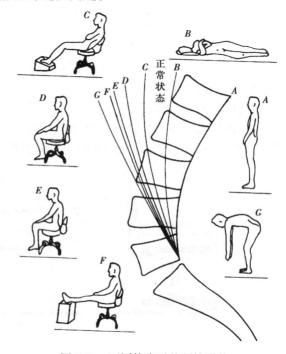

人体正常的腰部是松弛状态下侧卧的曲线形状,在这种状态下,各椎骨之间的间距正常,椎间盘上的压力轻微而均匀,椎间盘对韧带几乎没有推力作用,人最感舒适。人体作弯曲活动时,各椎骨之间的间距发生变化,椎间盘则受推挤和摩擦,并向韧带作用推力,韧带被拉伸,致使腰部感到不舒适,腰弯曲变形越大,不舒适感越严重。如图5.53所示为不同体姿时腰椎弧线的变形情况。

1964 年基根(Keegan)与拉德克(Radke)用 X 射线照片图研究脊椎的形态变化时发现,当大腿和小腿适当弯曲、舒适地侧卧在垫子上时,可使脊椎处于最自然的弯曲状态,如图 5.53 所示的 A 状态,此姿势时的腰椎弧线 A 为正常;由 B 到 G 腰椎的不自然程度越来越大,其间各种坐姿(包括延伸为直立姿时)的腰椎弧线均会产生或多或少的变形,均会有一定程度的不舒适感。因

图 5.53 不同体姿时的腰椎形状

此,尽量使腰椎弧线接近正常的生理弧线是舒适坐姿的前提,也是座椅设计中应遵循的基本原则。

研究坐姿舒适性的目的是为座椅设计服务的。通常情况下,座椅主要是供人们休息或工作时使用的。如图 5.54 所示为有关人机学者推荐使用的"休息坐姿"和"作业坐姿"的有关人体关节角度参数,可供设计座椅时参考使用。

现代工业生产和日常生活中使用的座椅各式各样,但概括起来可分为两类:即休闲型座椅和作业型座椅。休闲型座椅主要是供人们休息用的,如沙发、靠背椅、安乐椅以及医疗座椅等,火车、汽车、飞机等交通工具上的乘客座椅也属这一类。这类座椅的最大特点是强调坐姿状态下的舒适性。而作业型座椅是为了满足人们某项工作需要而专门设计的,根据不同的工作性质,座椅的造型尺度也有不同的要求。一般来说,作业型座椅可分为办公用座椅、操作用座椅和驾驶用座椅。

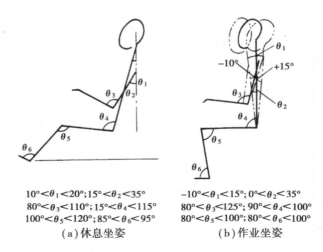

$10° < \theta_1 < 20°; 15° < \theta_2 < 35°$
$80° < \theta_3 < 110°; 15° < \theta_4 < 115°$
$100° < \theta_5 < 120°; 85° < \theta_6 < 95°$

（a）休息坐姿

$-10° < \theta_1 < 15°; 0° < \theta_2 < 35°$
$80° < \theta_3 < 125°; 90° < \theta_4 < 100°$
$80° < \theta_5 < 100°; 80° < \theta_6 < 100°$

（b）作业坐姿

图 5.54　舒适坐姿下的关节角度

**（1）办公用座椅**

办公用座椅大多指在办公室内与办公桌配套使用的座椅。这类座椅设计时，要强调舒适性和短距离移动的灵活性，座椅可旋转，椅脚上安装万向轮，椅背应有腰靠和肩靠的"两点支撑"。必要时，可加扶手，以便小憩时手臂有支撑，如图 5.55 所示。

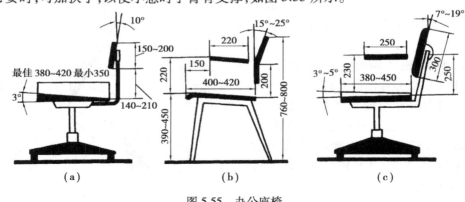

图 5.55　办公座椅

**（2）操作用座椅**

操作用座椅是指操作微机所用座椅，以及与控制台、某些装配检验工作配套的座椅。它的特点是人坐在座椅上主要是为了完成某些操作动作。由于操作人员多为换班制，因此这类座椅的高低应为可调节的，其调节范围为工作台面下方 24～30 cm，以适应各班次工作人员的不同身高要求，如图 5.56 所示。

随着微机的逐步广泛使用，人机学者对微机的工作座椅曾作了多种形式的研究设计，如图 5.57 所示的座椅则是所推荐的形式之一。

如图 5.58 所示为挪威设计师汉司·孟索尔设计的新式座椅——跪式坐具。它的特点是座面前倾，在座面前下方有一个托垫来承托两膝。人坐时，大腿与腹部自然形成理想的张开角度，可避免躯干压迫内脏而影响呼吸和血液循环；两膝跪在托垫上，大大减轻了臀部的压力，足踝也得以自由。它的最大好处是使脊柱挺直，骨节间平均受压，避免变形增生，使人体的躯干自动挺直，从而形成一个使肌肉放松的最佳平衡状态；它没有靠背，背部可以自由活动，但不能后靠休息,且下肢活动不便。

　　在跪式坐具的基础上,有关人机学者又研究设计出一种称为"云椅"的坐具,它是将跪式坐具和微机工作台组合在一起的,如图 5.59 所示。

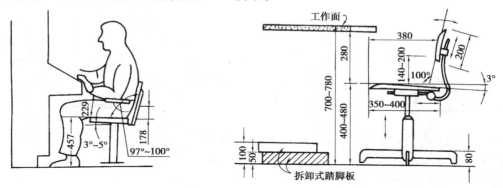

图 5.56　操作座椅

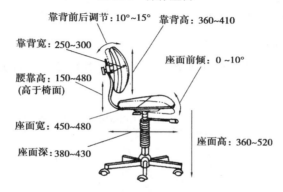

靠背前后调节:10°~15°　靠背高:360~410
靠背宽:250~300
座面前倾:0~10°
腰靠高:150~480
(高于椅面)
座面宽:450~480
座面高:360~520
座面深:380~430

图 5.57　微机操作座椅设计

图 5.58　跪式坐具

图 5.59　云椅

（3）**驾驶用座椅**

　　交通运输设备涉及范围很广,驾驶用座椅的基本要求相差也较大。但它们的共同特点是作业空间有限,连续作业时间较长,操作频繁,要求精力集中等。因此,驾驶用座椅有不同于前述座椅的形式。如图 5.60 所示为轻便小汽车驾驶座椅的形式。图中给出的尺寸是以身高 1 690~1 800 mm 的人体形为基础,对于比这种身材高或低的人,可调节座椅位置,在水平面上可调节±100 mm,在垂直面上可调节±40 mm。

　　如图 5.61 所示为载货汽车驾驶座椅的形式。图上给出的尺寸对身高（1 750±50）mm 的驾驶员最佳。座椅位置可以调节,在水平面上可调节±100 mm,在垂直面上可调节±50 mm。

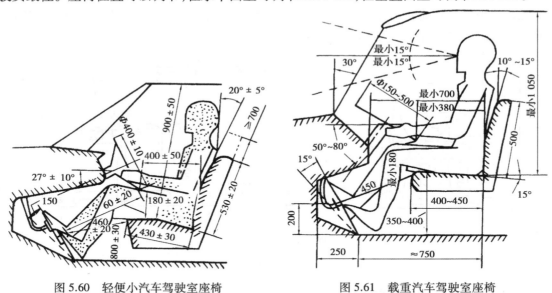

图 5.60　轻便小汽车驾驶室座椅　　　　　　图 5.61　载重汽车驾驶室座椅

如图 5.62 所示为火车司机驾驶用座椅的形式。图中的尺寸是有关人机学者通过实践检验所得的数据。

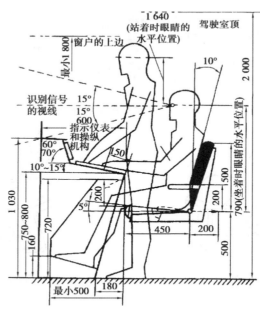

图 5.62　火车司机驾驶室座椅

## 5.7　人机工程在汽车造型设计中的应用

### 5.7.1　概　述

人机工程技术在汽车造型设计中的应用,主要体现在驾驶员和乘员在驾驶和乘坐状态下的舒适性、视野、手伸及性、操纵方便性等方面。在美国,过去长途卡车司机一般都是人高马大,但是近年来,由于身材较矮小的妇女和拉美人当司机的越来越多,汽车制造商必须让驾驶室能适应不同身材的司机。为此美国的卡车工程师将人体工程技术应用到卡车设计与制造当中,他们利用逼真的虚拟现实仿真系统,研究出能够让不同身高的司机均能获得操作方便、视野开阔的设计。这些根据人体工程技术开发的创新设计(如能够适应身材矮小、腿短或肚子大的司机的方向盘,可调式刹车、离合器和油门踏板等)最近已经用于正在生产的牵引车上。

目前,三维人体模型在车身设计中的应用已经日趋成熟,并可通过商业应用软件进行辅助设计。例如,EAI 公司的 JACK 软件是根据 1988 年美国军方人体测量调查结果(ANSUR 88)创建的精确三维人体模型,能进行姿势预测、舒适评价、手伸及性、空间适应性分析以及基于最新的人体解剖学和生理学数据的生物力学(静态受力和疲劳强度)进行分析。福特公司已将JACK 软件应用于其 C3P(CAD/CAM/CAE/PDM)项目中,进行人体工效分析,包括舒适性、可达范围、疲劳状态、视野范围,使其生产出的汽车更加符合人体的生理状况。由德国汽车技术研究集团 FAT(Forschungs group Automobil Technik)和多家汽车公司(AUDI、BMW、FORD、MERCEDES-BENZ、OPEL、PORSCHE、VW)以及几个座椅生产厂家(KEIPERRECARO、NAUE/JOHNSONCONTROLS)联合研制的 RAMSIS 软件,除了提供详尽的人体尺寸外,还特别注重应用环境的建立。它可测量、分析人体坐姿和运动情形,并能进行视野模拟、运动模拟等交互操作。目前,超过 50% 的汽车公司都在使用 RAMSIS 进行设计。此外,用于人机功效分析的虚拟软件还有 ANTHROPOS、BodyBuilder、ERGO、SAMMIE 等。

### 5.7.2　汽车设计中的人机工程设计问题

人机工程学在对人的特性进行详细研究的基础上设定了一系列的设计准则,用来指导机器产品的设计,主要是人和机器之间的界面设计。其中与汽车设计相关的主要有以下方面:

(1)**基于人体感官的界面设计**

例如,人的视觉有视角、视野、可见光波长范围、颜色分辨力、视觉灵敏度、定位错觉、运动错觉、视觉疲劳等特性,汽车的挡风玻璃、仪表板和仪表的设计就要充分考虑这些特性,使驾驶者能够得到足够的视区,能够迅速辨认各种信号,减少失误和视觉疲劳。交通标志的设计也应该采用大多数人能明辨的颜色和不易产生错觉的形状。

(2)**基于人体形态的界面设计**

不同地区和人种、不同年龄和性别的人都具有不同的身体尺寸,为不同地区和群体设计的汽车就要参考特定对象的人体参数,在现代社会,以一种产品规格占有不同地区的市场是很难的。人体在不同的姿态下工作,全身的骨骼和关节处于不同的相对位置,全身的肌肉处于不同的紧张状态,心脏负担不同,疲劳程度也不同。设计一台机器首先要考虑采用什么身体形态来操纵,选定姿态后,还要考虑以最舒适的方式对人体进行支撑,并适当地布置被操作对象的位置,从而减少疲劳和误操作。例如,司机在驾驶汽车的时候采用坐姿,座椅的设计要符合人体骨骼的最佳轮廓,仪表的布置应在易于看到的地方,操纵杆/板的位置要在人体四肢灵活运动的范围内。

### (3)基于人体力学特性的界面设计

人体在不同的姿态下,用力的疲劳程度不同,操纵机器所需的力量应该选择在对应姿态下不易引起疲劳的范围内。例如,转向助力器就是为了减轻操纵力而设计的。人体在不同的姿态下最大拉力、最大推力也不相同,如坐姿下人腿的蹬力在过臀部水平线下方20°左右较大,操纵性也较好,因此刹车踏板就安装在这个位置上。人体在不同的姿态使用不同的肌肉群进行工作,动作的灵活性、速度和最高频率都不相同,如腿的反复伸缩具有较低的频率,而手指则可用较高的频率进行敲击。因此,对应不同的操纵应采用不同的动作方式来完成。

### (4)基于人脑特性的界面设计

人脑对事物的认识和反应有自己的特点,体现在其行为和对外界的反应中。人喜欢用直觉处理事情,不喜欢烦琐过程和精确计算。对于协助人脑进行工作的计算机,如何进行人机界面的设计一直是热门的话题。无论是从低级语言到高级语言,到面向对象、面向任务的编程方式的发展,还是图形终端、鼠标定位、窗口系统、多媒体、可视化、虚拟现实等方面的进展,都体现了这个主题。近年来,人工智能已经在汽车上应用,车载电脑可协助驾驶者认路、换挡、避碰等。最近在东京国际车展上展出的丰田 POD 概念车,还能记录车主的生活和驾车习惯,以便向车主提供更加贴心的服务。

### (5)基于维修、保养以及安全设计

为防止和减轻发生意外碰撞事故时的不良后果,应提供碰撞能量吸收装置,以减少传入车内的碰撞能量,保证车内人员的人身安全。

对于需要经常更换或维修的零件,应予以重点考虑维修、保养以及安全设计。对于维修时可能产生的事故,如电击、灼热以及运动中的零件和明火等,应有必要的安全防护措施。

### 5.7.3  人机工程学在车身设计中的应用

随着科学技术的发展,人机工程学在产品设计中越来越受到重视。汽车车身设计主要包括车身造型设计、结构设计、颜色设计等。车辆首先给人的是视觉感官冲击,好的车身设计能在第一时间获得人们的认同,因此,一个成功的车型是从车身设计的成功开始的。根据人体工程学设计的车身能营造舒适、安全的驾乘环境,有效地降低交通事故的发生。

汽车司机驾驶室是人机系统设计的重要内容。驾驶室内的座椅、方向盘、操纵机构、显示器及驾驶空间等各种相关尺寸,都是由人体尺寸及操作姿势或舒适程度来确定的。但是,相关尺寸非常复杂,人与机的相对位置要求十分严格,在设计中,可采用人体模板来校核有关驾驶空间尺寸、方向盘等操纵机构的位置及显示仪表的布置等是否符合人体尺寸和舒适驾驶姿势的要求。

### (1)汽车座椅设计

汽车中的座椅是影响驾驶和乘坐舒适程度的重要设施,而司机的座椅更为重要。舒适而操作方便的驾驶座椅,可减少司机的疲劳程度,降低事故的发生率。

驾驶座椅的靠背与座面的夹角及座面与水平面的夹角是影响司机驾驶作业的关键。驾驶

员在行驶中的视线垂直于视觉目标，观察效果最好，如果靠背倾角太大，就不得不使颈部向前弯曲，这样会造成颈部的疲劳。通常司机在作业中，上身近于直立而稍后倾，保持胸部挺起，两肩微垂，肌肉放松，有利于操纵方向盘。此外，座椅和坐垫的设计和选材还应注意其透气性。

汽车座椅设计中，考虑到不同体形驾驶员的需要，一般设计成可调活动式，座椅可前后左右调节，靠背角度可调节。在小型车辆设计实践中，甚至采用了方向盘全方位可调。

**（2）汽车信号系统的设计**

汽车用于向人们输出工作状态的方式主要有仪表、光信号、声音。

**1）仪表**

在汽车系统中，汽车仪表设计最常用的为模拟显示的指针式仪表，它设计的好坏直接关系到行车安全。由于汽车的使用特征，迅速而又准确地识别信息显得尤为重要。因此，在设计过程中要充分考虑人的视觉特征，要设计和选择好表盘、指针、字符、颜色等视觉内容并使它们之间相互协调，以符合人对信息的接受能力。

视野是指在人的眼球不动的情况下能够看见的范围，其中包括最佳视觉区（1.5°~20°）、有效视觉区（左右为15°~20°；上30°，下40°）以及最大视野区（左右120°；上55°~60°，下70°~75°）。原则上，在驾驶员视野的左右44°，以及向上43°、向下45°范围内，不应有阻碍物或其他容易引起心里不快的物体存在。

汽车行驶中，驾驶员的视野受到前后窗框及门支柱等的遮挡，如图5.63所示。在前方，除了受左右窗框的影响外，前发动机盖还会造成视觉的死角，驾驶员视点中心至车辆最前端可视区域的最大距离以不超过15 m为宜。此外，驾驶员座椅座面的高低与视野有着密切关系，座面高度设计的基本原则是：驾驶员向下能看见引擎盖两侧，能看见车前方，能通视方向盘、仪表板及交通信号指示标志等。

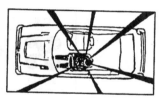

图5.63　驾驶员视野的限制

**2）光信号**

光信号器包括信号盘、仪表盘上的光色显示器、信号灯等。汽车仪表板的灯光要求能使驾驶员快速准确地识读信息且不影响驾驶员的前方视线，因此，必须选择合适的灯光颜色和亮度。汽车灯光设备中除了用于照明的前大灯、雾灯、牌照灯、阅读灯之外，还有信号灯，如转向灯、刹车灯、示宽灯、危险信号灯。信号灯用于提醒道路上其他驾驶员或行人注意，灯光颜色满足习惯上的约定并且达到警示的目的。红色表示危险警报、黄色表示警告有危险的可能性，因此刹车使用高亮度红色灯光、转向使用黄色频闪灯。

各种不同的照明灯和信号灯如图5.64所示。头灯1的远灯应能使车前100 m内的路面清晰，近灯应限制光轴角度，使前方25 m内逆行车驾驶员的眼睛不被照射；雾灯2应使用波长较长而明亮的黄色或橙黄色光；转向信号灯3的闪烁频率以80~120次/min为宜，闪烁频率过高则容易导致疲劳；尾灯4应能在150 m外能够予以辨认；刹车灯5的亮度应与尾灯有显著区别；车尾转向信号灯6不宜与刹车灯并用，以免混淆而发生危险；牌照灯7应采用埋入式，其亮度以能在15 m范围内观察清楚为宜；车顶灯8宜用扩散型暖色灯具，并避免光线直射驾驶员。

**3）声音信号**

车用声音主要用于警报、提醒驾驶员和其他人员注意。车辆故障或运行状况恶化时，常采

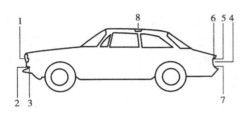

图 5.64　汽车的照明灯和信号灯

用光信号和声信号共同作用。常用的音响显示装置有蜂鸣器、铃、角笛、报警器等。一般音响装置的强度范围和主要频率要满足人的听觉功能要求，避免发生掩蔽效应。

4）图形符号

图形符号是指在信息指示中，采用特定的图形和符号来指示操作内容、位置和方向等。

它们是经过对指示内容的高度概括和抽象而形成的指示标志，有与被标示的客体相似的特征和确切的含义，也就是既能形象地表示事物与形态，又可清晰易懂地传递信息。图形符号指示已在现代信息显示中得到广泛应用，成为一种通用指示语言。如图 5.65 所示为汽车上常用的图形指示符号，以提示驾驶员。

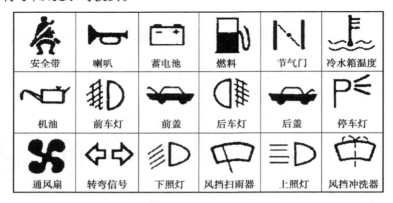

图 5.65　汽车上常用的图形指示符号

**（3）控制系统**

控制装置是人与机交互过程中的重要装置。当操纵者通过显示装置得到机器设备或环境的显示信息后，就要通过控制装置将人的信息传输给机器。汽车控制系统主要包括：手操纵的方向盘、制动器和各种开关；脚操纵的刹车装置、加速装置等；各种显示仪表盘。这些控制装置设计的好坏直接影响汽车的运行安全。

手操纵的方向盘以及行驶中需要经常操作的一些控制装置，要以方便人操纵的位置来进行形式、尺寸设计及合理的布局。在汽车行驶时，方向盘使用率为 100%，它的形式对汽车操纵的方便性和安全性影响极大。各种形式方向盘的比较与分析见表 5.22。

为减少手的运动、节省空间和减少操作的复杂性，可采用复合多功能的控制装置。汽车中刹车装置、加速装置等脚操纵器，在空间的位置直接影响脚的施力和操纵效率。

因此，合理的空间布局会给操作带来极大的方便性。

**（4）汽车室内环境设计**

汽车的室内设计及装饰设计应满足以下要求：

①保证驾驶员工作方便，减少疲劳；给乘客创造舒适、安静的休息环境。

②保证驾驶员和乘员有良好的生理和心理反应，保证行车的安全性。

③保证汽车室内的多功能性，如通信、电视、音响等。

④室内零部件选型的整体协调性。

表 5.22　汽车方向盘形式的比较与分析

| 形　式 | 说　明 | 形　式 | 说　明 |
|---|---|---|---|
| A | 最原始的造型,有利于对仪表的观察。目前国产卡车、货车及一般小客车仍有许多车型使用此形式 | F | 此形式普遍为跑车所使用,造型新颖且实用 |
| B | 造型简洁、大方,最有利于对仪表的观察,是目前欧洲、美国、日本等国家和地区流行的形式 | G | 少数车型使用,造型较C、D、E、F式有变化,但对仪表观察的方便性较差 |
| C | 形态没有特色。对仪表的观察方便性一般 | H | 欧洲车系列多采用此形式厚重笃实,手握操作稳定为其特点,但影响对仪表的观察 |
| D | 日本产汽车多为此种形式,具有可明确地操作方向 | I | 造型新颖大方,有利于对仪表的观察,是未来发展的主流 |
| E | 此形式也多为日本车系列使用,除上述优点外,对仪表观察的方便性较 D 形式更佳 | | |

　　汽车室内装饰的一个最主要问题是装饰材料的选择与处理。装饰材料的选择除考虑其技术性和安全性外,还应考虑装饰材料的色彩和质感,充分发挥它们的装饰性能。

　　色彩是一种无声的语言,不同的色彩对人的生理和心理产生不同的影响,不同色彩的组合还可以调节人的感情,色彩还能引起人们视觉上的远近差异。一般来说,浅色调使物体显得大,向前突出,增加近感;相反,深色调使物体显得小,向后退缩,增加远感。有关研究表明,在雾天、雨天或每天早、晚时分,黄色汽车和浅绿色汽车最容易被人发现,被发现的距离比一般深色汽车要远 3 倍左右。因此,浅淡且鲜艳的颜色不仅使汽车外形轮廓看上去增大了,使汽车有较好的可视性,而且使迎面开来汽车的驾驶员精神兴奋、精力集中,有利于安全行驶。室内设计,要注意其色彩以及与汽车外部色彩的关系,对主色调进行变化,并使整个室内的色彩围绕车身的颜色选择。

# 第 **6** 章
# 工业产品造型的结构、材料及工艺设计

工业产品必须在满足其功能的前提下,根据技术和艺术法则进行设计,达到实用、经济、美观的目的。工业产品的造型美,是在保证实用、经济的基础上提出的。但结构的合理、材料的使用、加工过程等都将直接影响着产品的造型美,以致影响市场的经济价值。因此,结构、材料、工艺在工业产品造型设计中的地位和作用是相当重要的。

## 6.1 结构与造型

### 6.1.1 外观件结构对造型的影响

造型与结构是产品整体设计的两个重要内容,二者是相辅相成的。结构设计也是外观效果获得造型美的重要条件之一,因此在整个产品造型设计中,造型与结构、形式与内容应是统一的。

下面介绍通过改变局部结构来改善外观效果的实例。

如图 6.1 所示为上箱盖与下箱体两个部件接触处的结构图。其中,图 6.1(a)是不宜采用的凸线装饰结构;而采用图 6.1(b)的凸线装饰和图 6.1(c)的凹线装饰结构形式较好,既起到线型装饰,又起到隐蔽缺陷的作用。

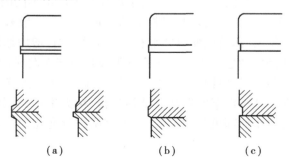

(a)          (b)          (c)

图 6.1 箱盖与箱体接触处的结构

如图 6.2 所示为侧壁箱盖的结构图。图 6.2(a)为一般机床常用的侧壁箱盖结构。由于外观感觉凸凹变化太多,影响外形美观。图 6.2(b)的结构形式经改进后,外观效果略好,但箱体上的接合面加工困难。如果改进为图 6.2(c)的结构形式,不仅整体性强,而且床壁线型统一,可获得好的外观效果。

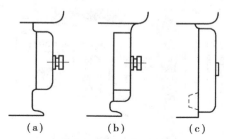

(a)　　　　　(b)　　　　　(c)

图 6.2　侧壁箱盖的结构

### 6.1.2　内部传动结构对造型的影响

工业产品的内部传动结构,虽然在内部,但它对外观造型的影响却是十分突出的。因为它影响着造型的比例尺度与整体的外观形态以及操纵手柄的多少和位置的布局。

如图 6.3 所示为 B665 型牛头刨床,采用的是曲柄连杆机构。这种传动结构使部分机构外露,特别是连杆的平面运动,对机床的操纵和外观造型都影响很大,并且烦琐、零乱。

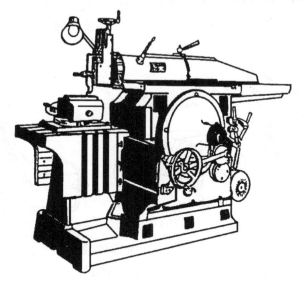

图 6.3　B665 型牛头刨床

改进后为如图 6.4 所示 BD6050A 型牛头刨床。由于传动结构方式改为偏心轮—齿轮—齿条—超越离合器走刀系统的结构方案,克服了走刀机构外露的缺点,使机床外观整体性强并有安全感,外部线型风格协调一致,操作方便,可获得较好的造型效果。

现代机械产品的控制方式更趋先进,随着数控、数显、光控及微电子技术的应用,机控、手控相应减少,这种结构的变化必将深刻地影响着产品的外观造型。

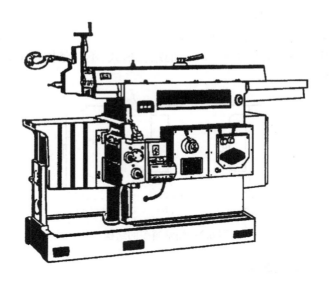

图 6.4    BD6050A 型牛头刨床

### 6.1.3    避免"危险"的造型设计

这里重点讲述设计者往往只注意到性能、结构、造型的统一,而常常不知不觉地对操作者、消费者构成了一些危害,即不能完全符合前面谈到的人机工程学的要求,又可称为"危险设计"。图 6.5(a)、(b)、(c)展示出了设计座椅的 3 个危险设计的例子。

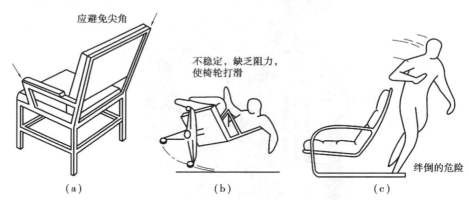

图 6.5    座椅设计中的"危险"例子

如图 6.5(a)所示的座椅结构不应该露出尖角,尖的转角和边缘可能对使用者构成危害。如图 6.5(b)所示的座椅应该考虑使用者能够可靠地靠在椅背上,不应使支承部分的滚轮在光滑的地板上打滑。显然 4 个支腿要比 3 个好一些。如图 6.5(c)所示座椅由于基座超出该椅子的范围,而对人们构成了危险。

# 6.2　材料与造型

材料是产品造型的物质基础。当代工业产品的先进性不仅体现在它的功能与结构方面,同时也体现在新材料的应用和工艺水平之高低上。材料本身不仅制约着产品的结构形式和尺度大小,还体现材质美的装饰效果,因此,合理、科学地选用材料是造型设计极为重要的组成环节。

### 6.2.1　造型材料的特性

从材料的功能来讲,一般机械工程材料要具有足够的机械强度、刚度、冲击韧性等机械性能。而电气工程材料,除了机械性能外,还需具备导电性、传热性、绝缘性、磁性等特性。但从造型角度来讲,对造型材料就要求除了上述材料的物理、机械性能要符合产品功能要求外,还要具备以下特性:

**(1) 感觉物性**

所谓感觉物性,是通过人的器官感觉到材料的性能。如冷暖感、质量感、柔软感、光泽纹理、色彩等。

目前所使用的材料品种繁多,一般分为两大类,即天然材料(木材、竹子、石块等)和人工材料(钢材、塑料等)。它们分别都有自身的质感和外观特征,给人的感受也不同。

木材:雅致、自然、轻松、舒适、温暖。

钢铁:深沉、坚硬、沉重、冰凉。

塑料:细腻、致密、光滑、优雅。

金银:光亮、辉煌、华贵。

呢绒:柔软、温暖、亲近。

铝材:白亮、轻快、明丽。

有机玻璃:明澈透亮、富丽。

以上这些特性,有的是材料本身固有的,有的是人心理上感应的,有的是人们生活习惯、印象所造成的,有的是人触觉到的,等等。造型设计对材质的选用是根据不同的产品特性和功用,相应地选用满意的造型材料,运用美学的法则科学地把它们组织在一起,使其各自的美感得以表现和深化,以求得外观造型的形、色、质的完美统一。

**(2) 化学稳定性(环境耐受性)**

化学稳定性是指现代造型材料不因外界因素的影响而褪色、粉化、腐朽乃至破坏。外界因素多种多样,有室外和室内,水和大气,寒带和热带,高空和地上,白天和黑夜,等等。例如,室外使用的塑料制品,就不能选用易于老化的 ABS 树脂塑料,而应选用耐受性优良的聚碳酸酯塑料材料。

**(3) 加工成型性**

产品的成型是通过多种加工而成的,材料的加工成型性是衡量一种选型材料优劣的重要标志之一。

例如,木材是一种优良的造型材料,主要是其加工成型性好。而钢铁之所以是现代工业生产中最重要的造型材料,同样也是因为其具有加工成型性好的特性。钢铁的加工成型方法较多,如铸造、锻压、焊接及各种切削加工(车、钻、铣、刨、磨等)。

目前,现代化大生产中,成型性能好的造型材料除钢铁外,还有塑料、玻璃、陶瓷等。

**(4)表面工艺性**

工业产品加工成型后,通常对基材进行表面处理。其目的是:改变表面特征,提高装饰效果;保护产品基材,延长其使用寿命,等等。

表面处理的方法很多,常用的有涂料、电镀、化学镀、钢的发蓝氧化、磷化处理、铝及铝合金的化学氧化和阳极氧化、金属着色等。

根据产品的使用功能和使用环境,正确地选用表面处理工艺和面饰材料是提高工业产品外观质量的重要因素。

### 6.2.2 造型材料对外观造型的影响

前面谈到,造型材料对产品外观质量有着极为重要的意义。例如,工程塑料产品与日俱增,很重要的原因之一是塑料的加工成型性能好。它几乎可铸塑成任何形状复杂的形体,为造型者构思产品的艺术形象提供了有利的条件。

目前一般电视机、电脑等的外壳都采用了工程塑料,既可使其外壳线型圆滑流畅,又能使内壁提供支撑点,生产率高,成本也低,外观造型效果也好。

由于塑料有铸塑性能好的特点,可变性大,并可电镀和染色,可获得各种鲜艳的色彩和美观的纹理。因此,照相机、录像机等的外壳,目前大都用塑料制作,其表面一般为黑色或灰色,给人以高贵、含蓄、典雅、亲切的感觉。

在产品的造型设计中,由于采用了新材料,使产品造型新颖、别致,从而提高了产品的外观质量,并占有市场。因此,造型设计者应及时掌握和熟悉各种新材料的特性,并根据具体条件大胆地用于产品,这一点尤为重要。

## 6.3 工艺与造型

工业产品的艺术造型不仅是纸面上新颖而美观的样式设计,更重要的是通过先进而合理的工艺手段,使它成为有实用功能的具体产品。否则,再美观的外形,也不过像一幅美丽的画一样,只能供人们欣赏。加工工艺是实现造型的关键。其中,先进的加工工艺则是工业造型设计时代感的重要标志。表面处理、装饰工艺则是完美造型的条件。它们互相结合、渗透和促进,使之达到工艺美的艺术效果。

### 6.3.1 加工工艺对外观造型的影响

不同的加工工艺可产生不同的工艺美感,不同的工艺美感则影响着产品的性格特征,因此采用不同的工艺方法,所获得的外观造型效果也不相同。

车削件有精细、严密、旋转纹理的特点。

铣、磨加工具有均匀、平顺、光洁致密的特点。

板材成型有棱、有圆,具有曲直匀称、丰厚的特点。

焊接型材组合件则由于棱角分明而给人以秀丽大方之感。

铸塑工艺有圆润的特点。

喷砂处理的铝材具有均匀坑痕,表面呈现亚光细腻的肌理,有含蓄的特点。

经皱纹处理的铝材具有精致、细腻和柔和的特点。

工艺对产品的外观质量影响很大,除了上述的加工方法影响因素之外,还有工艺水平之高低。在对产品的加工生产中,往往由于工艺水平很低,加工表面粗糙而不细腻造成外观质量低劣,应当引起高度注意。

当然,新工艺代替传统的或陈旧的工艺,是提高艺术造型效果的有力措施。因此,造型设计者必须不断地学习和掌握新工艺,利用新工艺和创造新工艺,才能设计出更新颖、更美观的产品。

### 6.3.2　造型中的表面处理工艺

表面处理工艺是造型完成前从质感、光泽、肌理、硬度及色彩等方面对产品外观进行最后的润饰。通常它可分为以下两大类:

①同一材料的最后加工。主要通过机械加工、热处理、研磨、抛光等方法,降低表面粗糙度,改善光泽、亮度、质感、手感和风格等。

②异种材料的组合或附着。这种方法有喷、镀、涂、饰、漆等。工艺手段十分丰富,如静电喷塑等,可给产品增加不少美感。

**(1)机械精加工**

除内部装配结构的需要外,机械精加工主要是对外露的金属表面施以精整加工。其目的是使表面光洁、明亮,达到高的表面质量要求。它包括精车、精刨、精铣、精磨、研磨、铲刮、抛光及各种无屑加工如滚压加工等。

**(2)油漆、涂装工艺**

油漆、涂装工艺是对各种金属和非金属材料表面进行装饰和保护的一种重要方法。油漆是一种流动性的物质,能够在产品表面展成连续的薄膜,经一定时间后,牢固地附着于产品表面上,形成一层坚实的外皮,从而起到保护与装饰产品的作用。下面介绍一些常用的涂料特性及外观效果,便于设计时合理选用。

表 6.1 为机电产品中常用装饰涂料的性能特点及外观效果。

**表 6.1　机电产品中常用装饰涂料的性能特点及外观效果**

| 类别 | 名　称 | 性能特点 | 个性特点 | 用　途 |
|---|---|---|---|---|
| 油脂漆 | 清漆 | 漆膜柔韧,附着力好,有良好的耐大气性,不易粉化和龟裂,价格便宜,施工方便。但油脂漆干燥缓慢,机械性能不高,不能打磨和抛光,硬度和光泽都不够满意 | 透明、干性良好 | 可单独用于室内外各种金属、木材、织物表面,调制原漆和红丹防锈漆 |
| | 厚漆 | | 稠厚的浆状漆,用时加清油调制 | 用于室外建筑、桥梁、船舶的涂刷或打底 |
| | 油性调和漆 | | 干性较慢,漆膜较软,光泽及平滑性比磁性调和漆差,但附着力、耐气候性优于磁性调和漆 | 用于室外一般金属、木材、砖、石的涂装 |

续表

| 类别 | 名称 | 性能特点 | 个性特点 | 用途 |
|---|---|---|---|---|
| 天然树脂漆 | 虫胶清漆 | 施工简便，价格低廉，漆膜性能较油脂漆高，有较好的装饰性和一定的防护作用。但耐久性不好，在大气条件下，短期内即失光、粉化、龟裂 | 光亮透明，可刷涂各种不同的颜色。但不耐酸碱和水，不耐日光曝晒，易吸潮发白 | 用于室内各种木器、家具、乐器及一般电器覆盖及油漆的隔离涂层 |
| | 脂胶漆 | | 脂胶漆干性良好，漆膜坚韧，颜色鲜艳，耐水性强，附着力好，有一定的耐气候性 | 用于室内金属及木材表面 |
| | 钙脂漆 | | 漆膜坚硬、光亮、平滑，价廉物美。但不耐久、不耐水，机械性能差 | 用于室内金属及木材 |
| 酚醛漆 | 100%油溶性纯酚醛树脂漆 | 漆膜坚硬耐久 | 防潮性、耐碱性、抗海水性、耐气候性和绝缘性好，成本高 | 主要作为船用漆、桥梁漆、绝缘漆、耐碱漆、金属底漆 |
| | 松香改性酚醛树脂漆 | | 干性良好，有一定的耐水、耐酸碱和绝缘性，但易变黄 | 用于室内外各种金属和木材的装饰及保护（建筑工程、交通工具、机械设备等） |
| | 酚醛树脂漆 | | 属于热固性，附着力好，耐水、耐热、耐酸碱、耐溶剂且有良好的绝缘性和黏结强度 | 使用不够广泛 |
| 沥青漆 | 沥青漆 | 有极好的耐水性，具有良好的耐化学药品性、绝缘性 | 漆膜坚韧、黑亮，机械强度好，具有耐油性，装饰效果好 | 广泛用于各种耐水、防潮涂层 |
| | 沥青烘漆 | | | 多用于自行车、缝纫机、五金零件表面的涂装 |
| 醇酸漆 | 长油度醇酸漆 | 漆膜坚硬，附着力强，机械性能好，有较好的光泽，有一定的绝缘性，来源充分，价格便宜。但干结快而黏手时间长，易皱，不耐水，不耐碱 | 漆膜柔韧、光鲜耐久，有良好的保光性，但漆膜干燥较慢 | 多用于室外建筑、车辆、农业机械的涂装 |
| | 中油度醇酸漆 | | 具有长油度和短油度醇酸漆的共同特点，性能全面优良 | 用于室内外各种金属的涂装 |
| | 短油度醇酸漆 | | 漆膜坚硬耐磨，干燥迅速，但脆性大，流平性差，不耐久，不耐日光、风雨 | 用于室内各种机器、家具的涂装 |
| 氨基漆 | 脲醛树脂漆 | 漆膜坚韧，光亮平滑，色彩鲜艳，附着力强，保色性好，耐气候性好，不粉化龟裂。施工方便，流平性好。具有一定的耐水、耐油、耐溶剂、耐化学品性能和绝缘性 | — | 广泛用于各种金属制品、交通工具、仪器仪表、自行车、缝纫机、热水瓶、医疗器械、电器设备等的装饰和保护 |
| | 三聚氰胺树脂漆 | | | |

续表

| 类别 | 名　称 | | 性能特点 | 个性特点 | 用　途 |
|------|--------|---|----------|----------|--------|
| 硝基漆 | 外用硝基漆 | | 干燥迅速,漆面光泽,质量好,机械强度好,漆膜坚硬耐磨,可打蜡抛光。有耐久、耐水、耐油、不变色、耐化学品等性能。但漆膜易发白,结膜单薄,流平性差 | 光亮平整,不易分解,不泛黄,硬度高 | 用于室外各种车辆、机械设备、仪器仪表及其他金属木材制品 |
| | 内用硝基漆 | | | 附着力强,但耐水性、耐气候性、耐磨性差。用于室外,易粉化、龟裂,价格便宜 | 用于室内各种机器设备、仪器仪表、日用家具 |
| 过氯乙烯漆 | 过氯乙烯防腐漆 | | 干燥迅速,施工周期短,漆膜柔韧。有较好的大气稳定性和卓越的化学稳定性及抗腐蚀能力。有耐水、耐油、耐酒精、防霉、防火、防盐雾等特点。但附着力差,漆膜软,耐热性差,温度高时色变暗、易脆、易裂 | 具有优良的防腐蚀性,耐酸、耐碱性和良好的机械性能 | 用于化工机械设备 |
| | 过氯乙烯航空用漆 | | | 有极好的大气稳定性,有一定的硬度、弹性及对燃油的稳定性、防燃烧性 | 用于飞机的涂装,也可用于处理后的轻金属、布质和木质表面 |
| | 一般过氯乙烯漆 | | | 漆膜光亮,色彩鲜明、艳丽,具有良好的装饰性和室外耐久性 | 用于车辆、机器设备、农业机械的涂装,特别适合亚热带和潮湿地区使用。目前机床产品广泛采用 |
| 丙烯酸漆 | 热塑性丙烯酸漆 | | 漆膜干燥迅速,附着力强,机械性能好,不易泛黄,不变色,耐气候好,能耐一定酸碱 | 坚韧耐磨,漆膜丰满,有极好的光泽 | 广泛用于飞机表面及铝镁合金的涂装 |
| | 热固性丙烯酸漆 | | | 需经高温固化,漆膜脆性大,原料少,价格高,目前应用丙烯酸改性过氯乙烯双组分漆较多 | 用于小轿车、自行车、仪器、仪表等要求较高的涂装 |
| 环氧漆 | 冷固型环氧漆 | | 硬度高,韧性好,具有良好的附着力,弹性好,耐久性好,耐屈挠,耐冲击,抗化学性,抗碱性,抗腐蚀性,耐热性和绝缘性好。但表面粉化快,对人有刺激性。涂膜坚硬,耐磨性好,附着力强,防潮、防霉性较好 | — | 广泛用于受潮湿、水浸和化学腐蚀的金属、木材表面涂装 |
| | 醋化型环氧漆 | | | | 用于受海水及海洋雾气侵蚀的钢铁、铝镜金属表面的底漆及面漆涂装 |
| | 热固型环氧漆 | ①环氧酚醛漆 | | 漆膜既坚固又柔韧,抗化学腐蚀性和耐水性好 | 用于食品桶罐内壁的涂装 |
| | | ②环氧氨基漆 | | 耐高温不变色,具有高度光泽 | 用于烘烤的金属装饰层 |
| | | ③环氧氨基醇酸漆 | | 漆膜具有高度弹性,附着力好,耐冲击,漆膜饱满光泽,耐磨性、耐湿热性好 | 用于车辆、金属柜、五金制品、仪器仪表、玩具等的装饰保护涂层 |

145

续表

| 类别 | 名称 | 性能特点 | 个性特点 | 用途 |
|---|---|---|---|---|
| 美术漆 | 皱纹漆 | 能给涂面以丰富多样的色彩,并能形成美丽的花纹,使物面多彩、动人,是极优美的装饰涂料 | 色彩鲜艳、美观,形成美丽均匀的皱纹,可掩饰物体表面不平整的缺陷。但易结垢,不耐久,不耐晒 | 用于仪器打表、打字机、放映机、照相机及小五金的表面装饰 |
| | 锤纹漆 | | 漆膜具有美丽的类似敲打的锤痕花纹,色彩调和,光亮坚韧,易擦洗,不积垢,但浅色用于室外易变色 | 用于各种精密仪器、仪表、小型机床的涂装保护 |
| | 珠光漆 | | 色彩艳丽,闪烁发光,晶莹透明,附着牢固,坚硬,保色性好,耐晒 | 用于轿车、客车、家用电器、仪器仪表、小型机械、玩具等 |
| | 晶纹漆 裂纹漆 结晶漆 枯纹漆 | | — | — |
| 水性涂料 | 电泳漆(电沉积涂料) | 污染小,涂装可自动化,适合成批生产,漆膜无厚边、无流挂、均匀,与面漆结合力好 | 作为黑色金属表面防护涂层具有透明及金属本色感觉 | 作为机电产品黑色及有色金属表面漆 |
| | 自泳漆(自动沉积涂料) | 污染小,防腐性良好,涂装工序简便,节约能源,可自动化涂装,适合大量生产,价格便宜,泳透为强,涂层均匀,具有"高耐用、低污染、节能源、不用油"4大优点 | — | 作为黑色金属表面底漆,作面漆应用也具有特别的外观效果 |

表 6.2　主要类别涂料的物理性能

| | 醇酸漆 | 氨基漆 | 硝基漆 | 酚醛漆 | 环氧漆 | 氯化橡胶漆 | 丙烯酸漆 | 过氯乙烯漆 | 沥青漆 | 聚酯漆 | 有机硅漆 | 乙烯漆 | 聚氨酯漆 |
|---|---|---|---|---|---|---|---|---|---|---|---|---|---|
| 干燥方式 | 烘干 自干 | 烘干 | 自干 | 烘干 | 自干 | 自干 | 烘干 自干 | 自干 | 烘干 自干 | 烘干 自干 | 烘干 | 自干 | 湿固化自干 |
| 干燥温度 | 120~170 | 120~170 | — | 150~200 | — | — | 150~200 | — | 150~200 | 150~200 | 150~200 200~300~400 | — | — |

续表

| | 醇酸漆 | 氨基漆 | 硝基漆 | 酚醛漆 | 环氧漆 | 氯化橡胶漆 | 丙烯酸漆 | 过氯乙烯漆 | 沥青漆 | 聚酯漆 | 有机硅漆 | 乙烯漆 | 聚氨酯漆 |
|---|---|---|---|---|---|---|---|---|---|---|---|---|---|
| 烘干时间/min | 15~30 | 15~30 | — | 20~40 | — | — | 20~40 | — | 30~60 | — | 20~40 | — | — |
| 硬度 | C | A | C | A | B | E | B | C | C | B | C | B | A |
| 对金属的附着力 | B | B | C | C | A | C | C | D | B | C | D | B | C |
| 保色性 | B | B | B | E | D | C | A | C | — | C | A | D | D |
| 耐水性 | D | B | D | C | C | C | C | B | A | C | C | B | C |
| 耐大气性 | C | B | C | — | E | C | A | A | D | C | A | C | C |
| 耐磨性 | D | B | D | B | A | E | C | C | C | C | — | A | A |
| 防锈性 | C | C | D | C | A | A | C | D | C | C | C | A | A |
| 柔韧性 | C | C | D | E | E | C | E | B | D | E | C | B | C |
| 光泽 | B | A | C | D | E | E | A | C | A | C | D | C | C |
| 耐热性 | D | C | E | — | D | E | D | E | B | C | A | C | D |
| 耐冲击性 | A | A | A | C | A | A | C | A | B | C | A | A | A |
| 毒性 | 无 | — | — | 无 | 无 | 无 | 无 | 无 | 无 | 无 | 无 | 无 | — |
| 最高使用温度/℃ | 100 | 120 | 80 | 170 | 170 | 100 | 140 | 70 | 100 | 100 | 500 | 100 | 150 |
| 成本 | 中 | 低~中 | 低 | 高 | 高 | 中 | 中~高 | 中 | 低 | 高 | 很高 | 中 | 高 |

注：A—最好；B—好；C—次；D—差；E—最差。

表6.3为一般涂料与被涂装材料的适应性关系。

**表6.3　一般涂料与被涂装材料的适应性关系**

| | 油性漆 | 醇酸漆 | 氨基漆 | 硝基漆 | 酚醛漆 | 环氧漆 | 氯化橡胶漆 | 丙烯酸漆 | 氯醋共聚漆 | 偏氯乙烯漆 | 有机硅漆 | 聚氨酯漆 | 呋喃漆 | 聚酯酸乙烯漆 | 醋丁纤维漆 | 乙基纤维漆 |
|---|---|---|---|---|---|---|---|---|---|---|---|---|---|---|---|---|
| 钢铁金属 | A | A | A | A | A | A | | B | A | B | A | A | A | B | B | B |
| 轻金属 | B | B | B | B | A | A | C | A | B | B | A | A | C | C | B | B |
| 金属丝 | B | B | A | | A | A | B | D | A | B | A | A | D | | B | A |
| 纸张 | C | B | A | B | B | B | | B | B | A | A | A | A | B | A | B |
| 织物 | C | A | B | A | | | B | B | A | A | A | A | C | A | C | A |
| 塑料 | C | B | B | B | B | B | C | B | B | B | A | A | B | B | B | A |
| 木材 | B | A | B | B | B | A | B | B | A | A | A | A | B | B | A | A |
| 皮革 | C | A | D | A | C | C | B | B | A | A | A | A | C | B | E | A |
| 砖面 | D | B | A | | A | A | B | B | A | A | | A | B | E | C |
| 混凝土 | C | D | | E | A | A | A | B | A | A | | A | A | A | D | D |
| 玻璃 | D | B | B | B | A | A | E | E | B | | A | A | C | B | D | C |

注：A—最好；B—好；C—次；D—差；E—最差。

表 6.4 为不同性质的塑料表面涂装所需的涂料性质和涂装前的处理工艺。

表 6.4 不同性质的塑料表面涂装所需的涂料性质和涂装前的处理工艺

| 塑料种类 | 涂装前处理 | 涂料选择 |
|---|---|---|
| 聚乙烯 | 铅酸处理、火焰处理等 | 以胶固化环氧树脂作底漆可得到最佳的附着力,涂环氧底漆后再用低温快干的三聚氰胺醇酸作面漆 |
| 聚丙烯 | 铭酸处理、火焰处理等,另将涂料放在 87 ℃全氯乙烯、三氯乙烯、五氯乙烷、苯或荼炕等溶剂中处理 15 min | 选用以氯化橡胶、氯化聚丙烯、丙烯酸树脂或硝基纤维素为基料的涂料 |
| 聚丙烯 | 不经表面处理 | 常用石油树脂和环化橡胶的混合物、石油树脂和氧化聚丙乙烯的混合物或乙烯醋酸乙烯共聚物和氯化聚丙烯的混合物等为涂料 |
| 聚丙烯 | 用甲苯进行处理 | 采用丙烯酸-三聚氰胺或醇酸-三聚氰胺涂料系统,加入酸作催化剂,90 ℃烘烤 20 min |
| 复合聚烯烃 | 在商烯及含有氯化聚丙烯树脂的溶剂中处理 | 涂装聚氨酯涂料 |
| 聚苯乙烯丙烯酸树脂聚碳酸酯 | — | 先涂掺有少量醇类溶剂的丙烯酸涂料,再涂聚氨酯涂料 |
| ABS 树脂 | — | 采用改性硝基涂料和丙烯酸涂料或用丙烯酸改性醇酸树脂,用三聚氰胺树脂作交联剂,加酸作催化剂,80 ℃烘烤 20 min |
| 聚甲醛 | 触媒底漆法铅酸处理 | 涂三聚氰胺醇酸或三聚氰胺丙烯酸涂料并烘烤 |
| 改性聚苯醚树脂 | | 涂丙烯酸涂料 |
| 聚酰胺(尼龙) | 磷酸处理 | 涂磷酸底漆后再涂面漆 |
| 不饱和聚酯树脂 | — | 可采用一般硝基涂料、丙烯酸树脂涂料、聚氨酯树脂涂料和不饱和聚酯涂料 |
| 酚醛树脂和氨基树脂 | — | 采用环氧或聚氨酯涂料 |

**（3）电化学处理工艺**

对产品外观局部表面进行电化学工艺处理,以提高表面光洁度,可增加表面镀层、保护膜及表面染色等,从而提高金属表面的外观质量。因此,这种工艺方法在工业造型设计中被广泛应用。

1）电抛光

电抛光是用电化学作用使金属零件表面平整光洁的一种表面处理工艺。它可得到镜面光亮表面,提高装饰性。

2）电镀

电镀是利用电化学作用把某种金属（如铬、锌等）覆盖在基础零件上，形成一层或多层薄膜，达到防锈、防蚀、装饰等作用，从而提高造型物的外观质量。

3）氧化处理

氧化处理是利用电化学作用在零件表面上形成一层薄而多孔并有良好吸附性能的膜，以提高外涂层的防护、装饰性。它主要用于铝及铝合金的表面处理，应用于飞机及电子仪器上。对钢铁零件经过发蓝氧化处理后，使零件表面生成一层很薄的黑色氧化膜，故常称为发黑。

金属着色是近年来发展很快的一种氧化处理工艺。由于经氧化后的零件可染成各种颜色，故可作为表面装饰和不同用途的标记使用。它的应用范围越来越广，主要用于轻工业及日用工业产品等的装饰。

4）磷化处理

磷化处理是指钢铁零件经过化学处理使零件表面生成一层不溶于水的磷酸盐薄膜。磷化膜的颜色为灰色或暗灰色的结晶状态，其外观效果虽没有发黑那样光亮，但它的膜层比发黑厚，其抗蚀能力为发黑膜的210倍。另外，磷化膜与油漆有较高的结合力，可增强油漆外观的保持性。因此，在机电产品造型中为涂装前很重要的处理方法。

# 第 **7** 章
# 工业产品造型设计表现技法

## 7.1 概 述

### 7.1.1 设计与设计表现

人类的设计活动是随着人类自身的发展而发展的,它体现了人们对改善和提高自身生活品质与生存条件的一贯追求。工业设计是 20 世纪现代文明与科技发展的结晶,是现代制造条件下的人类创造性的造物活动,它的产生不仅是来自于消费者对产品的物质消费与文化消费的需求增加,也反映出在市场经济的竞争下日益剧烈的需求变化。

工业设计活动具有多学科性、多层面性、多阶段性、多方位性及多交互性等特点,它贯穿于一个产品的始终,即企业策划—市场开发—生产—销售—服务的各阶段。因此,设计师的工作是复杂而又多层面的,同时作为一项富于心智的设计活动,设计师的工作又是赋有激情和创造性的。设计的过程是思维的过程,也是形态创造的过程。当设计师针对人的需要解决某项具体问题时,必须把所能涉及的功能、材料、工艺、审美等因素以恰当的形态组织起来,这是一个抽象思维活动和形象思维活动交替展开的过程,也是设计思想物质化、形态化的过程。在这个过程中,掌握流畅的视觉语言对设计师来说是非常重要的。工业设计的前提是批量化的大生产方式,它不同于手工业时代设计者同时又是生产者、推销者和使用者的情况,在现代企业活动中工业产品设计师必须与各方面的人员,如企业决策人员、工程技术人员、营销人员甚至使用者或消费者等,就产品设计的有关情况进行交流与沟通,如产品的形象、色彩、材质、特性、用途及用法等。这一系列对设计的说明和陈述工作构成了设计表现的基本内容和任务。可以说设计表现是设计师的一种工作语言。

因此,所谓设计表现,就是设计师在设计活动中,为了表达自己的设计意图和设计思想,通过各种表现手段,以二维的平面形式或者三维的立体形式形象、逼真地予以展现。设计表现是工业设计所特有的设计手段。

### 7.1.2　设计师的基本技能

在新产品的开发过程中提出设计的起因可能是多方面的,可以是"需求(当前的和预见的)驱动""竞争驱动"或是"技术驱动",不同类型的产品开发都有着各自的规律和设计工作的次序。技术驱动型产品往往从系统设计阶段入手,较少涉及概念设计。而顾客驱动型产品则需要从概念开发开始(见图 7.1)。作为设计的分工,工业设计师介入一个设计项目的时机可能不同。但在新产品开发中,良好的设计表现是设计师所必须具备的能力。设计表现是设计师将设计概念中的思维具象化、视觉化乃至最后实现制品化的信息传递手段。作为设计师的专业语言,设计表现的作用不仅仅是"描述"或渲染某个已完成的设计构想,而且更重要的是进行造型思考的语言方式。设计表现通过这一造型设计独特的专业语言,形成了造型设计的基本思维方式和思维特点,即所谓形象思维。这种造型思维借助于表达语言而得以实现具体化和视觉化,并受其激励而发展深入。对于工业设计师来说,掌握设计表现的技法是非常必要的。首先,它可以做到快速、准确、经济、有效地表达设计构思。其次,通过设计表达可以对方案进行推敲,及时发现设计中的不足,提出更好的解决办法。最后,它可以较真实地表达设计意图,虚拟设计构思的真实状态,以利于全面评价和检验设计方案。

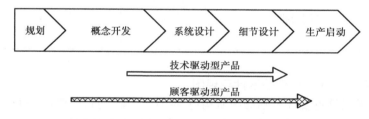

图 7.1　新产品设计过程中工业设计的不同介入期

设计表现能力是建立在广泛的设计修养和扎实的造型基础上的综合能力。通过循序渐进的学习方法,培养严谨的造型观念和技巧,掌握必备的结构素描、透视图法知识,才能掌握正确的表现方法,创造出高品质的作品。

设计表现能力是设计师的基本技能之一。设计师对这一技能掌握的熟练程度将直接影响其工作效率及创造力的发挥。

### 7.1.3　设计表现的阶段与形式

一般来说,可将设计过程归纳为 4 个发展阶段,即准备阶段、展开阶段、定案阶段及完成阶段。在这 4 个阶段中,设计师通常要采用多种媒介来对其创造意图和构想进行说明、陈述和演绎。这就要求设计师必须掌握从简要明了的设计报告书的写作到草图、效果图、工程图的绘制,以及模型的制作等一系列的表现手法和技巧,来应对在不同设计阶段,设计表现的不同传达功能和目的。

从设计表现的视觉形式或空间模式上看,设计表现可归纳为两大类,即设计的平面表现与设计的立体表现。在设计实践中,这两大类之间又都是相互辅助、密不可分的。在绘制预想效果图的同时,设计的全过程还需配合各种模型制作和工程制图来完成。单独通过描绘无法了解或表现产品的准确尺寸和空间的感受,只有绘制工程图或做出立体模型才能确定其准确尺寸、比例、体量、空间状态(见表 7.1)。模型更接近于真实产品,通过触觉可实际体验和判断,最后的方案实施则以准确的工程制图为依据来完成。

表 7.1　各设计阶段的表现形式

| 设计阶段 | 设计程序 | 表现形式 | 方案可塑性 | 方案成熟性 |
|---|---|---|---|---|
| 准备阶段 | 对设计课题的认识<br>调研与问题分析<br>设计目标的确立 | 文字与图表 | 高 | 低 |
| 展开阶段 | 构思初步展开<br>方案初步评价与选择<br>构思再展<br>方案评估、选择、综合 | 草图<br>草模<br>效果图 | — | — |
| 定案阶段 | 方案审定 | 精确草图<br>精确模型<br>工程图<br>设计报告书 | — | — |
| 完成阶段 | 试制及投产 | 零部件工程图<br>样品<br>产品 | 低 | 高 |

**(1)设计的平面表现——产品设计表现图**

产品设计表现图是将设计者脑海中所构思的空间形象,通过二维的平面表现出来,以得到产品的具体形象和印象,如产品的形态、尺度、材质、色彩等造型特征。

其表现形式特点如下:

①灵活运用多种设计表现媒介,快捷、便利。

②以透视学原理作为画面表现的基础。

③强调对设计物的结构、材质、构型关系的真实表现。根据设计表现图的不同类型,可分为构思草图、效果图、工程图等。

**(2)设计的立体表现——产品设计表现模型**

产品设计所涉及的问题主要包括以下 3 个方面:

①形态(研究造型与内部机构;造型与人的关系)。

②技术(研究结构与实际加工的关系)。

③材料(选择与生产技术相适应的材料)。

如果仅以二维的画面来表现这些内容,往往有许多难以表达之处。模型制作的目的就是用立体的形式把这些在图面上无法充分表示的内容表现出来。产品制作的模型大致可分为工作模型、展示模型和实物模型(见图 7.2)。

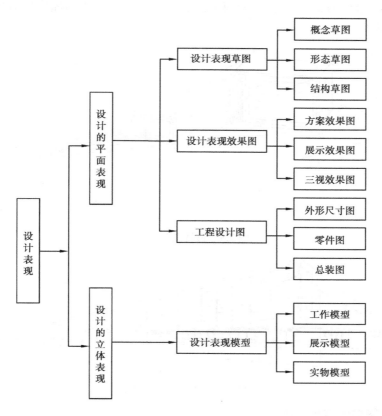

图 7.2　设计的表现形式

# 7.2　透　视

### 7.2.1　透视图的基本知识

在日常生活中人们观察外界景物时,如马路旁的树、行人、汽车等,会发现一种明显的现象:相同大小的物体处于近处者大、远处者小,间距相等的也是近者宽、远者窄,这种现象就是"透视现象"。

**(1)透视图的形成**

透视图和轴测图一样,都属于单面投影。不同之处在于轴测图是用平行投影法画出的,而透视图是用中心投影法画出的。如图 7.3 所示,假设在人和微波炉之间设置一透明的画面 $P$,投射中心是人的眼睛 $S$,称为视点,将 $S$ 与电视机上的 $A,B,C,\cdots$ 各点相连,这些连线称为视线,它们与画面 $P$ 相交于 $a,b,c,\cdots$ 各点,把这些点相连,则在画面 $P$ 上就可以得到微波炉的透视图。

如图 7.4 所示为一组长度和间距相等、排成一直线的电线杆。在透视中,近的高(或长),越远则显得低(或短)些。此外,平行于房屋长度方向的一组水平线,在透视中它们不再平行,而是越远越靠拢,最后相交于 $F_1$ 点,该点称为灭点。同样,平行于房屋宽度方向的水平线,也相交于另一灭点 $F_2$。

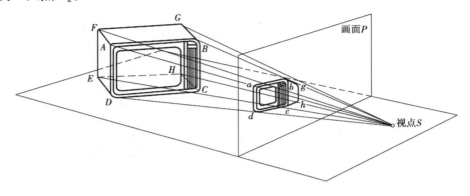

图 7.3　透视图的形成

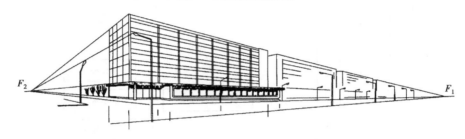

图 7.4　两点透视的灭点

### (2)透视作图中的常用术语

在绘制透视图时,常用到一些专门的术语,了解它们的确切含义,有助于掌握透视的形成规律和透视画法。现结合图 7.5 介绍透视图中的常用术语。

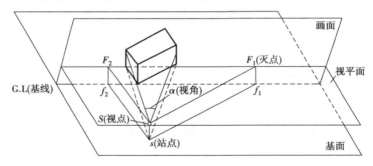

图 7.5　透视图中的常用术语

①画面。透视图所在的假想透明平面。

②基面。物体所在的水平面。

③视点($S$)。人眼所在的点(又称观察点)。

④站点($s$)。视点在基面上的投影。

⑤基线(G.L.)。基面与画面的交线。

⑥视平面。通过视点所作的水平面。

⑦视平线（H.L.）。视平面与画面的交线。

⑧视距。视点到画面的垂直距离。

⑨视高（$H$）。视点到基面的垂直距离。

⑩心点（$O$）。过视点向画面作垂线，该垂线与画面的交点。

⑪视线。过视点与物体各点的连线。

⑫视角（$\alpha$）。从视点 $S$ 作两条水平视线，分别与物体的最左和最右两侧棱边相交，这两条视线之间的夹角，即为视角。

⑬距点（$M$）。视点到画面的距离在视平线上的反映，距点到心点的长度等于视点到画面的长度。

**（3）透视投影的规律**

由上述透视现象可得以下透视规律：

①等高直线。距视点近则高，反之则低，即近高远低。

②等距直线。距视点近的间距宽，反之则窄，即近宽远窄。

③等体量的几何体。距视点近的体量大，反之则小，即近大远小。

④不平行于画面的平行线组的透视必交于一点（即灭点）。

**（4）透视种类**

由于物体与画面的相对位置不同，物体的长、宽、高 3 组相互垂直方向的轮廓线，有的与画面平行，有的与画面不平行。与画面不平行的轮廓线，其透视必交于灭点（又称主向灭点），而与画面平行的轮廓线，其透视无灭点。因此，随着物体相对于画面的不同位置，透视图可分成以下 3 种：

1）一点透视（又称平行透视）

当物体的主要面或主要轮廓线平行于画面时，只有与画面垂直的那一组平行线的透视有灭点（其灭点就是心点），灭点的位置必落在视平线上，可在物体正中或某一侧，这种透视图称为一点透视，如图 7.6 所示。由于一点透视可同时观察到物体前面和左右两侧的情况，因此，一般用于画室内布置、庭园、街景或主要表达物体正面形象的透视图，如图 7.7 所示。

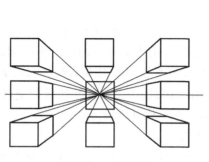

图 7.6　一点透视

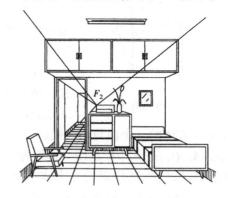

图 7.7　一点透视的应用

2）两点透视（又称成角透视）

当物体有一组棱线与画面平行，而另外两组棱线与画面斜交时，除与画面平行的一组棱线外，其他两组棱线的透视分别交于视平线上左右两侧的灭点 $F_1$ 和 $F_2$ 上，这种透视称为两点透视,如图 7.8 所示。

3)三点透视(又称斜透视)

当物体的 3 组棱线均与画面斜交时,3 组棱线的透视形成 3 个灭点,这种透视称为三点透视,如图 7.9 所示。

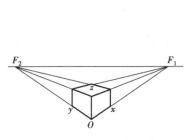

图 7.8 两点透视

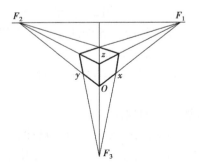

图 7.9 三点透视

### 7.2.2 透视图的画法

立方体或长方体是造型设计的基本形体,在造型设计中,可在此基本形体上进行叠加或切割,形成不同的形体。这里以立方体和长方体为例,叙述常用透视图的画法。

#### (1)一点透视法绘制立方体

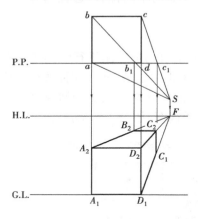

图 7.10 一点透视的画法

一点透视法绘制立方体的具体作图步骤如图 7.10 所示。

①确定立方体与画面的位置。为了画图方便,假设立方体的一个面与画面接触,且与画面平行。

②在适当位置画出立方体的水平投影 $abcd$ 和基线在地面的投影,即画面线 P.P.。

③确定视点 $S$ 的位置。一点透视的视角可稍大些,一般取 $40° \sim 45°$,视点位置不一定在中央,可偏于一侧,使图形不致太呆板。

④根据作图需要画出视平线 H.L.和基线 G.L.,然后求立方体宽度方向灭点 $F$,由于宽度方向垂直于画面,因此,只要过视点 $S$ 作垂线与视平线 H.L.相交,该交点即为灭点 $F$。

⑤由于立方体的一个面与画面接触,且平行于画面,因此,可从 $ab$ 及 $cd$ 线向下作垂线,与基线相交得 $A_1$、$D_1$,过 $A_1$、$D_1$ 点作一边长为 $A_1D_1$ 的正方形,即 $A_1A_2D_2D_1$。

⑥连接 $A_2F$、$D_2F$、$D_1F$,即得立方体宽度方向的透视。

⑦连接 $Sb$、$Sc$,与 P.P.线相交于 $b_1$ 和 $c_1$,自 $b_1$ 和 $c_1$ 点向下作垂线,与 $A_2F$、$D_2F$、$D_1F$ 分别相交得 $B_2$、$C_2$、$C_1$ 点。

⑧连接 $B_2C_2$、$C_2C_1$,并加深各棱边,即得立方体的透视图。

#### (2)两点透视法绘制长方体

两点透视法绘制长方体的具体作图步骤如图 7.11 所示。

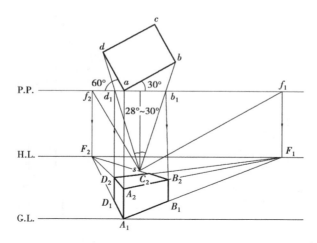

图 7.11　两点透视的画法

①画基线 G.L. 和视平线 H.L.（两者的距离按需要而定）。

②在视平线上方适当位置画出长方体的水平投影 *abcd* 和画面线 P.P.，为了画图方便，使长方体的水平投影 *abcd* 的一条棱与画面接触，并使主面与画面成 30°或 60°左右的夹角。

③确定视点 *S* 的位置，使其视角为 28°~ 30°为宜。

④过站点 *s* 作线平行 *ab* 和 *ad* 与画面线相交于 $f_1$ 和 $f_2$，即灭点的水平投影。过 $f_1$ 和 $f_2$ 作铅垂线交视平线于 $F_1$ 和 $F_2$，此即为两灭点。

⑤过 *a* 点作铅垂线交基线于 $A_1$ 点，此点即 *a* 点的透视点，连接 $A_1F_1$ 和 $A_1F_2$。

⑥在 $aA_1$ 上量取长方体的棱边实长得 $A_2$ 点，连接 $A_2F_1$ 和 $A_2F_2$。

⑦连接 *sb*、*sd* 与画面线相交得 $b_1$ 和 $d_1$ 两点，自 $b_1$ 和 $d_1$ 点向下作垂线，与 $A_2F_1$ 和 $A_2F_2$ 分别相交于 $B_2$ 和 $D_2$ 两点，与 $A_1F_2$ 和 $A_1F_1$ 分别相交于 $D_1$ 和 $B_1$ 两点。

⑧连接 $B_2F_2$ 和 $D_2F_1$ 相交得 $C_2$ 点，加深各棱边，即得所求长方体的透视图。

### 7.2.3　视点、画面和物体间相对位置

在绘制透视图之前，必须根据物体的形状特点和透视图的表现要求，首先选择透视图的类型，是画一点透视、两点透视还是三点透视，然后再确定好视点、画面与物体间的相对位置，因为这三者相对位置的变化，将直接影响所绘透视图的形象，如处理不当，透视图将变得畸形失真。欲获得良好的透视效果，必须处理好以下两个问题：

**（1）视点的确定要满足的要求**

1）保证视角大小适宜

根据实验可知，人眼的视域接近于椭圆形，称为视锥，如图 7.12 所示。其水平视角 $\alpha$ 可达 120°~ 148°，而垂直视角 *S* 可达 110°，但清晰可见的，只是其中很小的一部分。在实用上为了简便，一般把视锥看成是正圆锥，因此，在绘制透视图时，视角通常被控制在 60°以内，而以 30°~ 40°为佳。否则所画透视图会产生畸形失真倾向。如图 7.13 所示，站点 $s_1$ 与物体距离较近，两条边缘视线间的视角 $\alpha_1$ 稍大，则两灭点相距较近，画出的图形侧面收敛得过于急剧，侧面显得过于狭窄，有失真的感觉。如将站点移至 $s_2$ 处，则视角的 $\alpha_2 < \alpha_1$，两灭点相距比前者远，则画出的图形侧面就比较平缓，图形看起来比较开阔舒展。可见，视角大小对透视的形象影响很大。

157

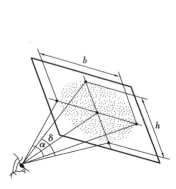

图 7.12　视锥

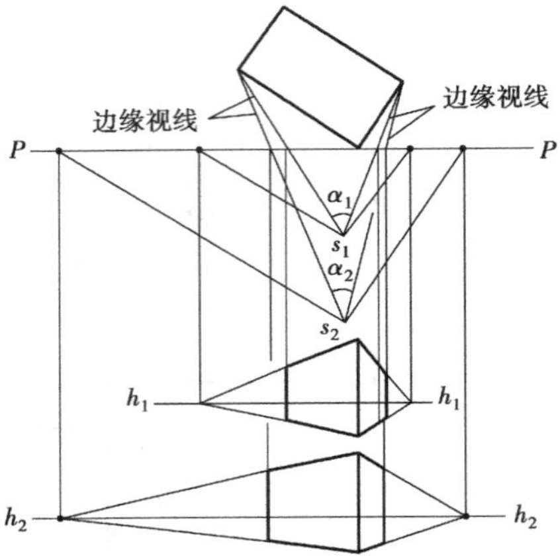

图 7.13　视角大小对透视图的影响

2）使绘成的透视图能充分体现物体的形状特点

如图 7.14 所示，当站点位于 $s_1$ 时，透视不能表达出物体的全貌，而位于 $s_2$ 时，则透视效果较好。

3）视高的确定

当物体、画面、视距不变时，视高 $H$ 的变化对透视效果也会产生很大的影响。如图 7.15 所示，当视平线在基线以下时，透视图产生仰视效果；当视平线在基线以上又小于物体高度时，透视产生平视效果；当视平线在物体高度之上时，透视图产生俯视（鸟瞰）效果。

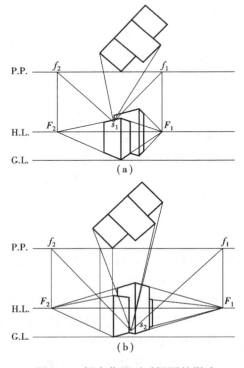

图 7.14　视点位置对透视图的影响

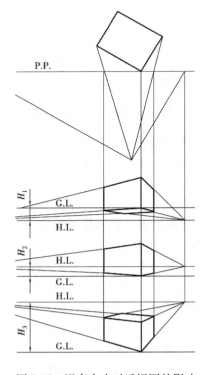

图 7.15　视高大小对透视图的影响

　　总之,画透视图时,一般应遵循习惯上的视觉经验来作图。表现小的物体,如茶具、照相机、座钟、文具盒、电话等,由于平日都属于俯视观看,因此,视平线应位于物体上部,两灭点间的距离应较大;对于中型的物体,如卡车、机床、家具等,视平线应位于物体高度内的偏上位置,两灭点间的距离也稍大;对大型物体,如建筑物、纪念碑、塔等,则视平线应位于物体下部位置,两灭点向内靠拢,使透视收敛性较大为宜。

**（2）画面与物体的相对位置**

　　画面与物体正立面的偏角发生改变时,其透视形象也随之改变。如图 7.16 所示,物体的某一立面与画面的偏角越小,则该立面上水平线的灭点越远,透视收敛则越平缓,该立面的透视就越宽阔;如偏角适当,则立面的透视非常接近立面高、宽的实际比例;相反,偏角越大,则该立面上水平线的灭点越近,透视收敛则越急剧,于是该立面的透视越狭窄。

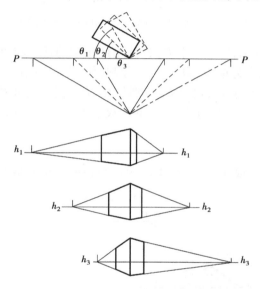

图 7.16　画面与物体的相对位置

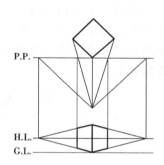

图 7.17　当物体正、侧两面尺寸相差不大,
偏角为 45°时,图形呆板

　　当物体的正侧两面的尺寸相差较大,物体的正、侧两面都需要表达时,画面与物体的偏角应选接近 45°;如正、侧两面的尺寸相差不大时,则应使物体与画面的偏角为 30°~60°,否则会显得呆板,主次不分,如图 7.17 所示。

### 7.2.4　在透视图上作叠加和分割

　　在造型设计中,对一些物体的构形,不外乎是采用把若干个立方体（或长方体）叠加或分割的方法进行设计。因此,在画物体的透视图时,有时需要把立方体（或长方体）进行分割,有时进行叠加。在立方体（或长方体）上进行叠加和分割的方法很多,现介绍几种常用的方法。

**（1）直线的分割**

　　把一条透视直线分割成等长或不等长的线段,但各线段成一定比例,可利用平面几何的理论,即一组平行线可将任两直线分成比例相等的线段,如图 7.18 所示,$ab : bc : cd = a_1b_1 : b_1c_1 : c_1d_1$。在透视图中,如果画面的平行线被其上的点分割成比例线段,那么其透视仍能保持原来的比例。但是,与画面相交的线则不遵循这条原则,其透视将产生变形,直线上各线段长度之比不等于实际分段之比,但可利用前者的透视特性来解决后者的作图问题。

1)在基面平行线上分割成一定比例的线段

如图 7.19 所示为基面平行线 $AB$ 的透视 $A'B'$,要求将 $A'B'$ 分成 3 段,3 段实长之比为 $3:1:2$。

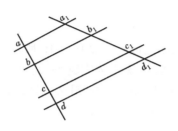

图 7.18    直线的分割

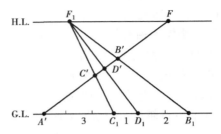

图 7.19    在基面平行线上分割成一定比例的线段

因为 $A'B'$ 有透视变形,不能直接进行分割,应按以下方法:首先自 $A'B'$ 的任一端点如 $A'$ 作一水平线(基线 G.L.),在该线上以适当长度为单位,自 $A'$ 向右分割,使 $A'C_1:C_1D_1:D_1B_1=3:1:2$,连接 $B_1B'$ 并延长与视平线 H.L.相交于 $F_1$,再自 $F_1$ 分别与 $C_1$、$D_1$ 连接,与 $A'B'$ 分别相交于 $C'$、$D'$ 点,由于 $F_1C_1$、$F_1D_1$ 和 $F_1B_1$ 属于一组平行线,有一共同灭点 $F_1$,从而将 $A'B'$ 按要求分成了 3 段比例线段,确定了 $C'$ 和 $D'$。

2)在基面平行线上连续截取等长线段

如图 7.20 所示为在基面平行线 $AF$ 的透视 $A'F$ 上,按 $A'B'$ 的透视长度连续截取若干等长线段的透视分割。

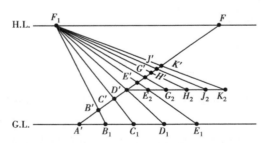

图 7.20    在基面平行线上连续截取等长线段

首先在视平线上任选一点 $F_1$ 为灭点,连接 $F_1B'$ 并延长,与过 $A'$ 的水平线相交于 $B_1$ 点,然后以 $A'B_1$ 的长度在水平线上连续截取若干段,得点 $C_1$,$D_1$,…。这些点分别与 $F_1$ 连接,并与 $A'F$ 相交,即得透视点 $C'$,$D'$,…。如还需要连续截取若干段,则自 $D'$ 点作水平线,与 $F_1E_1$ 相交于 $E_2$ 点,以 $D'E_2$ 的长度在水平线上连续截取若干段,得 $G_2$,$H_2$,…点,这些点各自与 $F1$ 相连接,即可在 $A'F$ 上得 $G'$,$H'$,…透视分点,此即线段 $AF$ 的透视 $A'F$ 的透视线段等分,它们透视长度的特点,仍具有近长远短的透视属性。

**(2)矩形的分割**

1)利用两条对角线,把矩形分成两个全等的矩形

如图 7.21(a)、(b)所示为矩形的透视图,要求将它们分割成两个全等的矩形。

首先作矩形的两条对角线 $A'C'$ 和 $B'D'$,通过对角线的交点 $E'$,作边线的平行线,就将矩形等分为两个全等的矩形。重复使用此方法,可连续分割成更小的矩形。

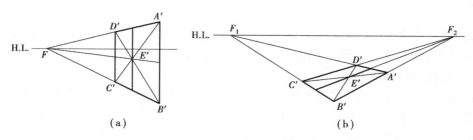

图 7.21　矩形的分割

2）利用一条对角线和一组平行线，将矩形分割成若干全等的矩形，或按比例分割成几个小的矩形

如图 7.22 所示为一矩形铅垂面，要求将它竖向分割成 3 个全等的矩形。首先以适当长度为单位，在铅垂边 $A'B'$ 上，自 $A'$ 点截取 3 个等分点 1、2、3。连接 1$F$、2$F$ 和 3$F$，与矩形 $A'36D'$ 的对角线 $3D'$ 相交于点 4 和 5，过 5 和 4 点各作垂线，即将矩形分割成全等的 3 个矩形。

如图 7.23 所示，$A'B'C'D'$ 是透视矩形，要求将该矩形分割成 3 个矩形，其宽度之比为 3：1：2 。作图方法与图 7.22 基本相同，只是在铅垂线 $A'B'$ 上截取 3 段的长度之比为 3：1：2。

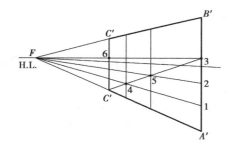

图 7.22　竖向分割矩形成 3 个全等的矩形　　图 7.23　将矩形分割成一定比例的几个矩形

（3）**矩形的叠加**

在透视图上作矩形的叠加，是利用这些矩形的对角线互相平行的特性来进行作图。

1）在矩形一个方向上叠加出若干全等矩形

如图 7.24 所示，$A'B'C'D'$ 是一个铅垂的矩形透视图，要求叠加作出几个全等矩形。

作矩形 $A'B'C'D'$ 的中线 $E'G'$，连接 $A'G'$ 并延长，交 $FB'$ 于 $J'$ 点，过 $J'$ 点作铅垂线 $J'K'$，即得第二个相等的矩形。同法，可作出若干相等的矩形。

2）在纵横两个方向上叠加出几个全等矩形

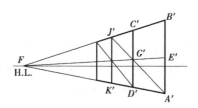　　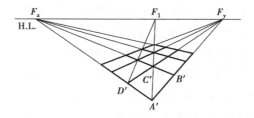

图 7.24　在矩形一个方向上叠加　　　　图 7.25　在纵横两个方向上叠加

如图 7.25 所示，已知两点透视的矩形 $A'B'C'D'$，要求在纵横两个方向上叠加出若干全等

矩形。

首先,延长对角线 $A'C'$ 至 $F_1$ 点(即 $A'C'$ 的灭点),其他矩形的对角线均平行于 $A'C'$,消失于同一灭点 $F_1$,根据此原理即可画出若干全等的矩形,如图 7.25 所示。

（4）**透视图的相似放大法**

当物体较大、画透视图受图幅所限时,可按比例缩小,用灭点法作出透视图,然后再根据需要进行放大,这样可节省时间,虽然作图的精确度会受到影响,但能满足透视效果。

相似放大是利用图形相似原理,即图形各对应边平行。其作图步骤如图 7.26 所示。

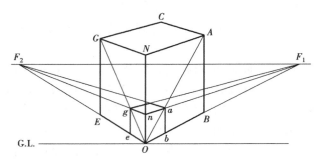

图 7.26　透视图的相似放大法

①首先确定放大倍数 $n$（图 7.26 中倍数 $n = 3$）。

②在以灭点画出的立方体透视图上,以 $Ob$、$On$、$Oe$ 为透视坐标,在其上按要求的倍数 $n$,量取各原棱边的 $n$ 倍长,得 $B$、$N$、$E$ 点。

③过 $N$、$E$、$B$ 点分别作对应原透视图棱边的平行线,相交得 $A$、$G$ 点,过 $A$、$G$ 点作原透视图对应边的平行线,相交得 $C$ 点(或延长原透视立方体上的对角线,与所作平行线相交得 $A$、$G$、$C$ 点)。

④加深即得所求放大 $n$ 倍的立方体透视图。

### 7.2.5　圆的透视画法

圆在透视图上,相对于画面的位置不同,其形状大小也随之改变。当圆平行于画面时,圆的透视仍是圆,但大小变了;当圆不平行于画面时,则圆的透视一般是椭圆。透视椭圆的作图,通常先作圆的外切正方形的透视,然后用八点法求出圆上 8 个点的透视,再用曲线板光滑连接,即得所求椭圆。

（1）**水平圆的透视**

水平圆的透视具体作图步骤如图 7.27 所示。

①在平面图上作圆的外切正方形。

②作外切正方形的透视,画对角线和中线,得圆上 4 个切点的透视 $A'$、$B'$、$C'$、$D'$。

③求圆和对角线相交的另 4 个点的透视,当两点透视时,延长 $F_2D'$ 到基线相交于点 3,然后以 13 为斜边,作 45° 直角三角形,以直角边 35 为半径,点 3 为圆心,作圆弧交基线于 2 和 4 两点,连接 $F_2$2 和 $F_2$4,与对角线交于 $J'$、$I'$、$G'$ 和 $E'$,如图 7.27（a）所示。当一点透视时,由于正方形的一边与基线重合,则可直接在基线上作图,如图 7.27（b）所示。

④用曲线板连接所得 8 个点,即得所求椭圆。

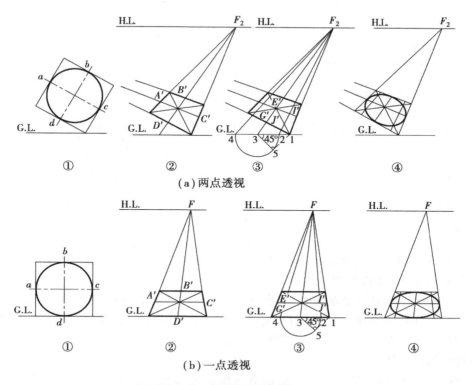

（a）两点透视

（b）一点透视

图 7.27　水平圆的透视画法

**（2）铅垂圆的透视**

1）圆所在平面垂直于基面，但不与画面平行

当圆所在平面垂直于基面，但不与画面平行时，其透视画法与上述相同，如图 7.28 所示。

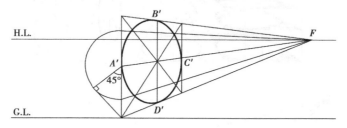

图 7.28　铅垂圆的透视

2）圆所在平面与画面平行

当圆所在平面与画面平行时，其透视仍是圆，但半径变小了，如图 7.29 所示。应用一点透视法求出圆心的位置和半径的透视长度，再用圆规画圆，如图 7.30 所示。

具体作图步骤如下：

①在适当位置画出画面线 P.P.、视平线 H.L. 和基线 G.L.。

②假设圆所在平面与画面平行，但不在画面上，则在 P.P. 线上方适当位置画出圆的直径 *ab* 线。

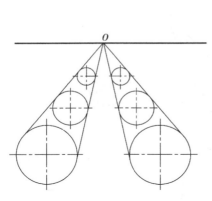

图 7.29 与画面平行圆的透视

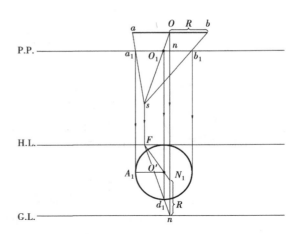

图 7.30 一点透视法求圆心

③确定站点 $s$ 的位置,连接 $sa$、$sb$、$sO$ 得交点 $a_1$、$b_1$、$O_1$,则 $a_1b_1$ 为透视圆直径。

④自 $s$ 点向下作垂线与视平线相交得灭点 $F$。

⑤自 $O$ 点向下作垂线至基线 G.L.,在该垂线上量取圆的半径 $R$,并与灭点相连接。

⑥自 $O_1$ 点向下作垂线,与 $FN_1$、$Fn$ 交于 $O'$ 和 $d_1$,点 $O'$ 即为透视圆的圆心,$O'd_1$ 为透视圆半径,以 $O'$ 为圆心,$O'd_1$ 为半径画圆,即得所求透视圆。

3)圆的透视规律

由于视平线和视点的位置不同,圆的透视椭圆的形状也随之变化。由如图 7.31 所示可知,圆的透视规律如下:

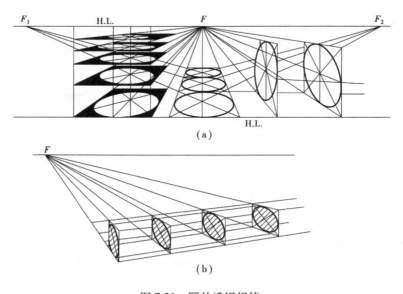

图 7.31 圆的透视规律

①距离灭点较远的,透视椭圆较宽,反之则透视椭圆较窄,如图 7.31(a)所示。

②对于平行于基面和垂直于基面的同直径圆的透视,越接近灭点,则短轴越短,而长轴不变,如图 7.31(a)所示。

164

③两点透视时,当各圆的圆心在一直线上时,由于位置不同,椭圆的长短轴都有很大变化,使圆的透视从正椭圆变成斜椭圆,即椭圆的长轴发生倾斜,如图 7.31(b)所示。

# 7.3　效 果 图

## 7.3.1　效果图

### (1)效果图的基本概念

产品造型效果图是设计表现技法的重要形式之一。效果图以透视图法为基础,同时通过对产品的综合表现,着重强调产品的形态、结构、材质、色彩、使用环境气氛等预想效果,故也有人将它称为产品设计预想图。

产品造型效果图是设计师最常采用的专业语言之一。熟练的效果图绘制技能是优秀设计师的专业素质的一个重要方面。

效果图作为设计表现的重要手段之一,具有以下特点:

1)说明性

效果图对产品造型的形态、结构、材质、色彩、使用环境气氛等作全面而深入的表现,能真切、具体、完整地说明设计创意。在视觉感受上建立起设计者与他人进行沟通和交流的渠道。

2)启发性

效果图不但可以表现产品的形态、结构、材质、色彩、使用环境气氛等可视的外部特征,而且对产品造型的个性、韵味和气氛可作相应的表现,使人们联想到未来产品的使用状况。

3)广泛性

效果图是根据人的视觉规律在平面上再现立体物象的图形,因而比工程图更直观和具体。观者不受职业等的限制,皆可一目了然地了解设计物的状况和特点。因而设计师可获得更加广泛的传达范围。

4)简捷性

在设计过程中,设计师往往要在短时间内提出多种设计方案以供选择和发展。准确、迅速而美观的效果图比费时费工的模型制作要经济、简捷得多,具有更高的效率。

5)局限性

效果图的局限性在于它终究是在平面上来描绘立体物象,故只能表现产品某一个或几个特定的角度和方向,而且常因视点、角度选择不当而使物象变形失真或错误地传达信息。因此,在设计最终的定案阶段,效果图不及模型那样能具体、全面而精确地反映设计意图。

在产品的开发设计中,往往不可能对实物写生,只能借助于绘画的表现规律来描绘设想中的产品。掌握和熟悉这些基本规律和要素对专业设计师是十分重要的。即使对于没有受过专门绘画训练的工程技术人员,只要学习和掌握了这些规律,通过实践和练习,也可作出满足要求的产品效果图。

**（2）效果图的作用**

效果图的作用是以最简便、迅速的方法和平面表现形式，表达出设计师对产品造型的设想，这项工作需要工业设计师具有训练有素的敏捷思维能力，丰富的实践经验与准确的效果图表现力。效果图的主要功能如下：

①在设计过程中，采用二维的方法绘制效果图的表现技法，比语言和文字说明更明了、直接，比制作成模型迅速、方便，是一种有效的表现方法。

②将头脑中暧昧不清的图像固定，借此进一步研究、推敲、修改完善。这一过程是一种以视觉为媒介的信息交流与反馈，是构成完善构思的重要手段。

③现代设计是一种群体活动，其构思的新设计方案需通过具体表现在特定的媒体上以供合作者讨论交流，供领导、业主评价、审定。在这里设计表现效果图不仅仅是形态的确定，更重要的是对设计的重点加以说明。

### 7.3.2　效果图的画前准备

效果图表现是设计工作程序中一个很重要的阶段，是设计师的创意和灵感的视觉展现的过程。为了使效果图作画过程能顺利进行，画前的准备工作是非常重要的。

首先，效果图表现是对所设计的未来产品的构想，在现实生活中没有原形可循。因此，收集和准备与设计有关的文献图片和数据等参考资料是必不可少的。

其次，就是工具的准备，这项工作不容忽视，若所用工具不全或放置位置不当，都可能会影响描绘速度和效率。按照一般人右手操笔习惯，着色前后需经过：洗笔—擦笔—蘸颜色—调色—着色。因此，工具最好依次序放置桌面右端，具体摆放则根据个人的使用习惯为宜。

再次，进行被裱纸。步骤如下（见图7.32）：

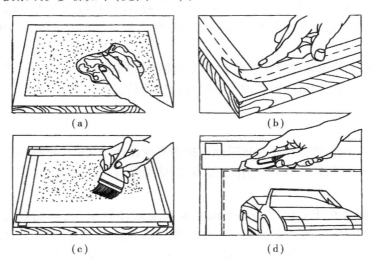

（a）　　　　　　　　　　（b）

（c）　　　　　　　　　　（d）

图7.32　图纸的装裱

①先在纸背面用水均匀地抹湿。

②待半干时，在纸背面的四周边缘10~15 mm涂上乳胶。

③将纸翻过正面，平铺在画板上，用手由一边向另一边压实至四周，尽量避免板与纸之间有气泡存在（也可用宽15~20 mm的纸条涂上胶水，沿纸的正面边缘贴于画板）。

④再将纸正面的中部用湿毛巾打湿,以防纸张在干燥过程中的收缩不均匀。

⑤最后将纸平放阴干即可使用。

⑥作画完成后,用美工刀裁划下板。

最后,转印底稿。转印的目的是为了保持画面的整洁,防止纸面被橡皮过多擦伤而影响着色效果。它是利用描图纸打好铅笔轮廓,后再转印到正式的图面上。具体方法如下:

①在描图纸上画出产品的铅笔轮廓。

②将描图纸的反面用稍软的铅笔在可见的轮廓线上涂上铅粉。

③将描图纸翻过正面,放在正面纸上固定,用硬性铅笔将轮廓线重复勾画一遍。

④拿掉描图纸后,铅笔轮廓图便清晰可见。

### 7.3.3　产品效果图技法的主要种类

#### (1)钢笔淡彩效果图

钢笔淡彩的表现方法是先用钢笔勾勒出设计产品的结构、造型的轮廓线,然后,再施以淡彩,表现出物体的光与彩的关系,从而使画面获得生动活泼的效果,如图 7.33 所示。

图 7.33　轿车的钢笔淡彩效果图

钢笔淡彩的表现方法适用于广泛的设计题材,如从生活日用品、家用电器、家具、室内设计、服装设计、器皿设计到交通工具、机床等的造型设计。钢笔淡彩的表现方法在设计表达中具有较强的伸缩性,从最初的设计雏形、单线草图,设计的展开、单线施以淡彩,直至严谨透视预想图的深入刻画都能运用此法。

钢笔淡彩的表现方法因其使用能快速挥发的透明颜料,具有快捷方便的特性,因此这种方法具有非常广阔的前景。

钢笔淡彩画的主要工具和材料是钢笔和水彩色,以及碳素墨水、水粉笔、毛笔、底纹笔等。再准备一支白水粉色,用来画高光用。纸张以白卡纸为最佳,也可用绘图纸代替。

钢笔淡彩画的作画步骤如下:

①首先用钢笔在备好的纸上将产品的透视及结构轮廓画好,并略分一下明暗关系。然后用钢笔详细勾勒造型及结构透视轮廓线。

②在完成的钢笔线条图上,用适当大小的底纹笔,先铺大关系。第一遍色不宜过重,由浅入深地将环境与主体一起画两遍。

③待第一遍水色完成后,可用电吹风将整个画面均匀地吹几遍,当八成干时即可着第二遍

水色。第二遍色比第一遍色在明度上应深一度,但仍从整体出发,注意留白的地方。

④待干后即可再深两度。调色时纯度减弱。物体受光与背光的明度对比逐渐加强。再将画面的细部用不同色相画出。

⑤在作画的各个步骤中始终应注意物体的大关系,不拘小节,由浅入深描绘出物体的立体感,即受光面与背光面阴影的关系,从而达到正确的材料质感、色彩的表现。

⑥画出装饰色彩部分。

⑦用薄白水粉提出反光与最亮处,然后用厚白水粉点出高光点。

⑧写出产品的装饰文字和标志。

⑨最后再调整一次画面的大效果。如质量不够的地方应加深,画面不透气的地方用薄白水粉压一下,即可透气(如阴影部分)。

在作画的步骤中可先用钢笔勾线,也可在最后提高光前的一个步骤中勾画笔线,都能达到目的。

**(2)投影图法效果图**

投影图法效果图就是借助于三视图的形式进行设计的表现。三视图是工程技术中的表达语言,以这种产品生产加工过程中所专用的技术语言为基础,所表现的产品内容如尺寸、比例、材质、结构关系都是真实的,可被验证、复制,它具有更强烈的真实感,并可直接与生产加工联系起来(见图7.34)。

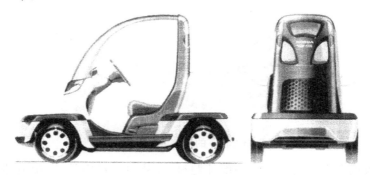

图 7.34　投影图法绘制的电动车效果图

投影图法效果图对于表现产品的特殊形态有很明显的优势。有些产品的形态用透视画法是难以表达准确的。例如,几个直径大小不等的圆叠在一起,在成透视角度的情况下,会变成空间上推移变化的椭圆形,从而极难画准,照相机上的镜头就是典型的例证。而使用投影图画法则可以既将产品的形态特征淋漓尽致地表现出来,又避开了许多难点。

使用投影图方法绘制效果图,表现的重点可放在产品的形状、尺寸及产品的色彩分区、材料应用以及结构关系上。

投影图方法绘制效果图作画方法如下:

1)钢笔透明水色法

先将投影图画在稿子上,然后用钢笔依靠绘图工具勾勒出产品造型的轮廓线(也可使用绘图笔和签字笔)。轮廓线可脱离制图线的束缚,能显得轻松活泼。待干后即可按照透明水色画法步骤由浅入深地进行着色。颜色不宜画得过厚,要保持钢笔线和色彩通透的感觉(见图7.35、图7.36)。

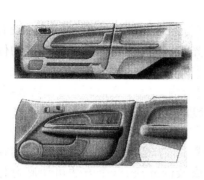

图 7.35　汽车车门内饰的投影法效果图
（钢笔透明水色法）

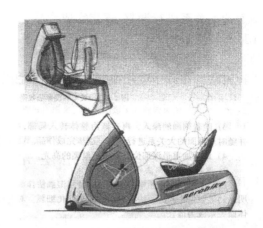

图 7.36　健身器材的投影法效果图
（钢笔透明水色法）

2）水粉画法

水粉画法的作画方法同一般的水粉画法相同，对于重点要表现的部分，如主视图或侧视图，要进行深入刻画，次要的部分可省略、淡化。

利用投影图绘制的效果图，其效果比焦点透视法的效果图要严谨和精细，图面上的大部分内容都可依靠专用的工具来完成，这是一般的产品表现图所无法比拟的（见图 7.37）。

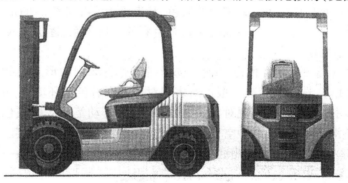

图 7.37　叉车的投影法效果图（水粉画法）

（3）水粉画法效果图

水粉颜色色泽鲜艳、浑厚、不透明，且具有很好的覆盖力，较易于掌握。它使用水调和作画，便于大面积涂覆，是在设计表现中采用较多的画种。水粉画法表现力很强，能将被表现物体的造型特征精致而准确地表现出来。

1）作画的一般步骤

①起稿。使用铅笔起稿，如觉得在正稿上直接画没有把握，可先在草稿纸上起草图，推敲修改完毕后，再转印到正稿上。要保证所表现的内容形态准确、构图舒适、透视准确、结构清晰。

②着色。由于水粉色具有较好的覆盖力，着色的步骤比较灵活、自由，既可先从暗部入手，逐渐向中间色和亮部推移，也可从大块的中间色画起，然后加重暗部、提出亮部。

③随着刻画的深入，再逐渐由整体转入局部，细心地刻画每个应予表现的设计细节，并随

169

时对画面的大关系进行调整,逐步完成作品。

④最后加重最深部位,并点上最亮的高光。

2)湿画法与干画法

①湿画法。在画中运用很多。使用湿画法作画,笔与笔之间的衔接柔和、自然,没有明显的笔触,不同的色块融合成一片,变化细腻。对于表现光滑、细致的物体和变化微妙的体面关系极为适宜。

②干画法。干画法是在底色干了以后,根据物体的结构一笔一笔地画上去,笔触明显,画面效果强烈。对表现转折变化明显的部分,用干画法处理,会使重点极为突出。

3)借用底色的画法

图7.38　水粉画法效果图

为了快捷地完成一幅产品效果图,巧妙地借用在纸基上刷的底色,是卓有成效的办法,这个方法可使底色作为表现图上的一个组成部分保留下来,可省去大量的敷色时间。先行刷上具有一定明度和色彩倾向的基色,可很容易地控制住画面的整体色调。水粉是有很好覆盖力的颜料。在底色上再行着色,其颜色的饱和度要高些,而且稳定性好,特别适合于对精细部分进行深入刻画(见图7.38)。

通常底色的选择是以被表现产品上的某明暗面或产品上某种材料的质感为准。在作画的第一步,将整个画面刷上统一的底色,待其干后,再将产品的形态表现出来,调整画面的明暗和色彩的对比关系,逐层深入。

(4)彩色底浅层画法

根据所表现的对象的形态、色彩、质感,选择浅层底色涂刷的形式及颜色。例如,用笔的疏、密、干、湿、深、浅等,选择的标准应根据所表现对象的固有色及环境色,并在动手之前,反复考虑,表现时能利用哪块底色来表现对象,考虑成熟后方可动笔。涂刷底色时最好一气呵成,如有改动也最好趁湿下笔,这样有种空气感,表现出来的画面更生动真实。在施加明暗时,最好用透明色或水粉、淡彩,这样能透出底色,表现出来的画面色彩会更统一。经过反复几轮的着色调整,加重最深的部位,最后点高光。高光要点得饱满(圆形或椭圆形高光点),如此会显得更生动。

(5)剪贴画法

预想图是表现工业设计意图的基本方法。它能把所设计的产品形象、直观地表现出来,并使人一目了然。它是思维形象化的结果,因此也是设计师必须掌握的造型手段,它在整个设计程序中占有重要位置。

目前,由于表现材料的改革,使表现方法增多,大大缩短了表现效果图的时间。当今国际上对工业设计预想图的要求是"迅速、准确"地表现产品,而不是在效果图上花费更多的时间。这样探讨简便的效果图表现方法就显得尤为重要。

剪贴画法是多种描绘方法中的一种,也是比较简单、容易掌握的方法。这种方法适合于表现各种工业产品。使用对象不仅适用于有描绘能力的专业设计者,也适用于不具备描绘能力的工程技术人员。这种方法的特点是描绘处少,手法简便,节省时间,效果显著,质感、尺度表现真实,是理想的工业设计效果图的表现方法(见图7.39)。

1）绘制阶段

①在所选择的色纸中,选出一张色度为中间调子的纸作为起稿纸。起稿所用工具一般有 HB 铅笔、三角尺、丁字尺等,按照你所设计产品的外形实际尺度或成比例缩小的尺度起稿,既可画正投影图,也可画透视图。这一稿不用画得很细,只需画出各部分(即各部件)之间关系的大致位置,但位置尺寸要准确,为下一步打下基础。至于细部可在每个部位上完成。

图 7.39 拖拉机效果图(剪贴画法)

②完成第一稿后,便开始在另一纸上画各部位的零部件图。根据各部分的质感、色彩,分别在不同质感的纸上画出各部分的尺寸(仍用 HB 铅笔,把各部分的位置画出),有些局部可用有色铅笔画出效果图,但一般要求尽量利用纸的特性表现质感,少量描绘,这样既能节省时间,又适应于没有很多描绘能力的设计者(见图 7.40)。

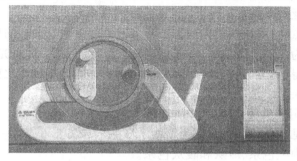

图 7.40 剪贴画法绘制的效果图

2）制作阶段

①各部分都分别在不同的纸上完成后,将进入制作阶段。这个阶段主要是用裁纸刀、圆刀、剪刀、直尺等工具将各部分裁下。

②将所有部分都裁下后,在没贴到第一稿上之前,要把所有部分都放到第一稿上,这时要观察一下总体效果,如果这时发现有不协调,或不适当之处,可进行调整、修改。因这时各部分都没贴上,每个部分都可分别修改。如果整体效果基本良好,便可按第一稿的尺度将各部分贴在第一稿上。此时大体效果已经出现,大部分工作也已经完成,剩下的只是局部深入刻画和小部分的调整,有些地方的效果应加强,有些地方应减弱。文字部分可用转印字根据需要印上,也可写上,局部刻画可用有色铅笔和水粉来完成。

③经剪贴、刻画、修饰完成效果图后,如果将整个产品设计图部分裁下,放到重颜色背景或浅颜色背景上,效果则会更好。

**（6）麦克笔画法**

麦克笔分为水性、油性两种。其中,水性麦克笔易和其他水性颜料混合使用,而油性麦克笔则不会溶于水,且油色会渗透纸张。麦克笔是目前使用较普遍的一种工具,它具有作画迅速、适应性强、色彩明快、携带方便等优点。目前,市场销售的麦克笔多为进口产品,色彩种类较多,可套装或以单支形式来选择购买。因可供选择的色彩较多,故在着色时不必进行调色,有利于提高作图速度。麦克笔颜色质地较好,容易平涂均匀,附着力强,干得快。但其覆盖力差,不易修改,对刻画细部有一定的限制。应用麦克笔着色的基本方法如下:

1) 直接平涂法

直接平涂物体本体,在产品表现技法上最为困难。但此法更能精确忠实地表现产品的外观、材质。平涂时,利用渐层的变化即可表现明暗。最后也可用不同的背景处理来衬托产品。

2) 利用背景渐层画法

利用背景渐层画法最能迅速多样化地表现设计师的设计构想。图中渐层较深的部分画在立方体的假设阴暗面,在画产品时,则可选在最重要的部分,能更清楚地表现设计特点。

3) 利用背景平涂法

利用背景平涂法与平涂法的最大差异在于仅能快速地表现产品的外观,无法明显地表达产品的色彩与质感,但可省略背景处理,同时大面积的平涂容易掌握笔触的问题。在利用背景平涂时,仍要注意明暗变化。

**(7) 色粉画法**

用色粉来进行效果图的绘制,这种方法已被国内外很多设计师所接受,特别是在国外的汽车设计行业早已被广泛地采用。

色粉画的主要特点是:可绘制出大面积十分平滑的过渡面及柔和的反光,特别适合绘制各种双曲面以及以曲面为主的复杂形体;在质感刻画方面对于玻璃、高反光金属等的质感有着很强的表现力。特别值得一提的是,这种表现技法与喷绘等其他技法相比更具有优势,即能在短时间内达到很好的效果。

1) 色粉表现图所用的工具

①色粉颜色。常见的色粉颜色是以色粉粉末压制的长方形小棒,一般从几十色到几百色不等。颜色上一般分为纯色系、冷灰和暖灰色系。

②色粉画专用纸。这种纸的特性同一般的纸不同,它的表面有很多细小的微坑,以便于色粉的粉末能十分容易地附着在纸的表面,而且这种纸是呈半透明状,以便于进行正反双面的绘制。

③色粉辅助粉。通常用婴儿的爽身粉。

④色粉定画喷剂。这是一种特殊的定画喷剂,它最大的特点是使浮在纸表面的色粉能进入纸面细小的微坑,使得色粉能很好地附着在纸的表面。

⑤低黏度薄膜。用于在绘图时进行遮挡。

⑥麦克笔添加剂。同色粉粉末混合后进行背景的绘制。

2) 色粉表现图的基本技法和步骤

①起稿阶段。首先在色粉专用纸上用铅笔或细的签字笔起稿,然后用麦克笔在纸的背面将重的阴影和边缘线绘出。

②贴低黏度薄膜。在色粉纸上贴好低黏度薄膜,并根据绘制的要求用专用刻刀将要着色的部分刻出并取下。

③着色阶段。用刀把粉棒刮成很细的粉末状,然后加入 20%左右的辅助滑石粉,并混合均匀。用色粉专用棉条或棉花团将纯的辅助色粉轻轻涂在纸的表面,这一步是为上色作准备,以便能在着色时比较光滑、顺畅。

用色粉专用棉条将已调好的色粉颜色用力擦到纸面上,颜色要由浅入深逐步着色。上色时,首先将被表现物最大的过渡面画出,然后再进入细节刻画。

对已上好色的部分满意之后,用色粉定画剂喷饰图面。这一步十分关键,一是可起到固定画面的作用,二是以便于在画过的部分上进行再上色。

大的颜色和明暗关系表现完了之后,就进入细节刻画。

对已完成的图面的轮廓进行再次修正。

④背景的上色阶段。首先用低黏度薄膜将画面的主体遮盖住,再用麦克笔添加剂同色粉粉末相混合,然后快速地涂于画面,笔触要轻松奔放,起到烘托气氛的作用。

⑤装裱阶段。因为色粉专用纸为半透明状,故要用白色的卡纸来作为衬纸。用色粉定画喷剂将画面定画后,用低黏度喷胶将已绘制完成的画稿贴于衬纸之上,这样一张色粉表现图就完成了。

以上介绍的是色粉表现图的基本技法,因这是一种较易掌握的绘画方法,故只要掌握要领就可得到满意的效果。

（8）**喷绘法**

喷绘法是以喷笔着色为主,以毛笔修饰为辅而进行描绘的一种表现技法,它与上述绘画方法有许多不同之处。首先是使用的着色工具与画笔截然不同,因此使绘图的方法也别具一格。喷绘时,必须制作遮屏来掩盖不需着色的部分,喷笔不直接接触纸面,而是像喷漆一样将颜料喷涂到纸面上,因此,可获得极细腻均匀的色彩效果,甚至能达到乱真的程度,这一点是其他技法难以比拟的。

但喷绘法须做大量的遮屏计划,花费的时间和精力较多,因此,一般只在设计方案最后确定时才采用这种方法绘制效果图。另外,喷绘法需要专门的喷绘工具和空气压缩设备,这给绘画带来诸多不便。

（9）**计算机辅助绘制效果图**

目前,设计界已广泛采用计算机辅助绘制产品效果图。使用的软件已有多种版本,各种软件都有自身的特长,绘制一个产品的效果图,往往需要几种软件相互支持方能圆满完成。关于具体的运用方法,可阅读专门的参考资料。

## 7.4 模型制作

### 7.4.1 模型制作的概念

模型从字面上解释应是指对某一特定物体的同质或异质的三维复制品。在这里所讲的模型,是指产品设计过程中以立体形态进行设计表达的一种形式。模型的表达首先是以设计方案为原始依据,按照一定的尺寸比例,选择合适的模型材料,最终制作完成接近真实的产品立体模型。

从本质上讲工业产品都是以三维的物质形式呈现的,在产品设计过程所涉及的问题,如形态(包括研究造型与内部机构、造型与人的关系)、技术(包括研究结构与实际加工的关系)、材料(包括选择与生产技术相适应的材料)等,如果仅以二维的画面来表现,往往有许多困难之处。因此,模型制作的目的就是用立体的形式把这些在二维画面上无法充分表示的内容表现出来。

### 7.4.2　模型制作的特性

**（1）直观性**

与图样上的平面形象不同,产品模型是具有三维空间的实体,可通过视觉、触觉等感官真实地去感受,这种亲临其境的效果是模型制作所独有的。因而模型是一种被普遍运用的最直观的、有真实感的设计表现形式。

**（2）完整性**

产品模型的制作体现了一定的精确度和完整性。设计是一个逐步改进、逐步完善的过程,作为设计的一个重要环节,可通过模型制作的过程对设计方案进行改进或调整,使其更加精确合理。把模型制作简单地理解为由平面设计图过渡到立体形态的一般表现是不合适的。同时,平面方案图的表示与三维实体存在着视觉上的差异,这种差异性也需要通过模型制作加以纠正。因此,产品模型无论在整体外观上还是在细节处理上,都具有完整性和统一协调性。

**（3）真实性**

产品模型所表达的是未来产品的真实效果,通过三维的形态不仅真实地展现了产品的机能、构造、制造、材料、色彩、肌理、人机交互的设计特点,而且还表达了产品设计的形态语义和美学信息。因此,可以说产品模型的制作是理性与感性结合的真实性传递过程。

### 7.4.3　模型制作的表现形式

模型的种类有很多,表现形式也很丰富。依据产品设计过程可将产品的模型制作大致分为工作模型、展示模型和实物模型3大类。

**（1）工作模型**

工作模型又称概念模型、草模型,是指设计师在设计构思阶段的模型制作。设计师为了发现、确认构思,为了掌握与发展自己的构形仅供自身研究用而不向他人展示的模型,一般都用容易得到、易于加工的材料,如黏土、卡纸、发泡塑料、木材与金属等制作。它的功能是为了解产品形态的构造、工艺和使用特性,进而验证人、物、环境的合理关系和产品功能的可行性。它属于设计研究型的模型。

**（2）展示模型**

展示模型又称外观模型、仿真模型,这是在设计方案基本确定后,为了提供给有关各方对设计进行研讨评价、向委托方提示、向生产部门传达目的制作的模型。一般展示模型不包含内部机构,但与最终产品的外形是非常一致的模型。它可供进行美学评价和商业宣传展示。

**（3）实物模型**

实物模型又称制造原型、功能模型,这是为了批量生产之前,研究生产工艺,生产出外形、材料以及内部机构等均与投产后生产的产品相同的试制品。这种制造原型还可在最后投产之前作产品功能与性能的测试之用。

### 7.4.4　模型按制作材料分类

模型受材料特性影响而产生各自的形式,它们也是设计师经常实践的内容,现根据常用材料作以下分类:

（1）吸塑模型

利用薄型聚氯乙烯板(0.5 mm)在简易复合密封铝制模腔内加热,并抽真空整体成型,然后进行二次加工及装饰的模型。它具有一致性、完整性、边缘转折及厚薄均匀等优点,但是由于它需要生产模具,费时费工和花费资金较多,且模型体质较软和无法细微刻画的不足,故通常不大采用。

（2）石膏模型

利用雕塑石膏粉与水调和浇注成基本形后,手工进行旋削(车制)或刻制成型的模型。它虽然具有无法对产品内部功能和结构进行考证以及其细部难以刻画的局限性,但是,由于它制作简便、成本低、耗时短等因素,能赋予模型美观的形态,成为设计师经常采用的材料模型。

（3）油泥模型

用油泥(可用彩色油泥)以手工技艺成雏形后,对表面进行二次装饰技术加工,它具有制作快、可变性和及时表达设计思想的优点。利用优质油泥棒做汽车模型,能接受手加工或机加工,成型后能承受一定的功能检验。但是选用一般的油泥,将会有坚硬度不高、难保留、不能测定内部功能和细部难以深入的缺点。

（4）黏土模型

利用可塑性黏土(雕塑土最好),以雕塑手工技艺成型,待干后进行表面二次装饰技术加工的模型。它具有石膏模型和油泥模型的优点,而且材料来源丰富,成本很低,能自由修改和有一定的坚硬度等特点。但是,黏土选择和调和不好,模型易开裂,也存在内部功能和细部刻画不足等缺点。

（5）木质模型

利用各种不同质地的木板、木料、夹板、复合板等木质材料,以木工技艺成型后,再进行表面二次加工和装饰的模型。虽然对小模型加工困难,并受木工工具、技艺能力限制,而且不能对方案进行深刻论证,以及功能直接发挥的实用性不足等缺点,但是,由于材料特性和成型工艺多样及可有专业人员配合,已成为设计师最常用的模型形式。

（6）纸质模型

利用模型纸板进行手工裁剪粘贴成型,然后再进行表面二次装饰技术的模型,具有制作时间快、简便、经济、轻巧等优点,但也存在体态软弱、难以携带,实用性和真实性不足的缺点。

（7）金属模型

利用铁、铝、铜等金属板材、棒材、型材,以金工或机加工工艺成型后,进行二次加工和装饰的模型。它是实用价值最高,真实感最强的模型。但是,由于制作工序多,劳动强度大,需要机械设备、场地、手工技术,是设计者个人制作难度较大的模型。

（8）金属装饰模型

利用专用金属材料以金工或理化处理的功能、操作件以及有文字或无文字的装饰件等,依附在不同类型的模型上,起到实用、美化的效应。但由于要求严格的配合尺寸、可靠的机械加工和照相、理化处理,以及高级工艺和准确的文字内容,故一般以协作方式来解决。

（9）塑料模型

这里主要突出的是利用塑料大家族中的有机玻璃或 ABS 塑料,以手工工艺成型后,再给予二次装饰技术的模型。它虽然要求较高的设计制作技术、加工工具和专用工具(工装夹具等二类工具),以及费时和安全性规定等不利因素,但是,由于塑料规格齐全,可加工性极强,制作成的模型有很高的真实性和实用性，以及便于设计方案论证和长期保留等优点，它已成为当今设计师最常用的材料模型。

（10）**综合材料模型**

通常情况下，一件标准的现代模型设计制作，是利用不同材料在不同加工技艺下有机组合而成，这种模型就称为综合材料模型。它给设计师的意图和设计效果造成极佳效应，自然地成为常见模型。

### 7.4.5　常用材料的模型制作工艺与技术

（1）**纸质模型的设计制作**

纸质模型制作方便，来源丰富，工艺性较好，适宜制作展示模型、建筑模型和产品设计模型。

1）纸质模型制作的工具

①画线工具。直尺、圆规、笔、三角尺、直尺、量角器等。

②黏结剂。乳胶、胶水、双面胶、胶带等。

③裁切工具。美工刀、界刀、圆切割器、45°切割用刀、钻孔器、剪刀、手术刀等。

2）纸质模型制作的主要材料与辅助材料

纸质模型的主要材料是易于黏结、切割加工的纸张，有薄纸、卡纸、瓦楞纸、吹塑纸，带有色彩和底纹的其他纸张，以及建筑模型专用纸等。辅助材料有软木、发泡材料、木板等。

3）纸质模型设计制作的流程

纸质模型设计制作的流程为

描绘模型图样→切割折线→切割制作每一部件→黏结拼装→表面装饰

4）纸质模型制作工艺与技术

①切割。垂直切割用美工刀或其他切割工具切剖，使断面与纸平面垂直；45°切割使黏口断面与纸平面成45°角，可用45°切刀完成。

②打孔、切圆。大的孔和圆形，用圆规画出尺寸，用手术刀沿圆周小心切割，或用圆切割器切下；小的孔用打孔器打出；方孔用刀加工。

③曲面弯曲。当需要制作圆柱面、圆锥面时，可将其展开图画在板材上并加以切割，然后用三角板或直尺的一边压住纸张的一头，用手将纸张向上倾斜拉出，反复几次，纸张自行卷曲，曲面的弯曲程度不同，则向上拉出的倾角不同。这样制出的曲面，不易反弹，不易折皱，易于黏结。

④折棱的处理。折棱是模型制作中经常遇到的，如果不作特殊的处理，棱线易于毛糙，不挺拔。为了使棱线挺拔、光洁，可采用以下的处理方法：

a.用刀刃沿棱线轻轻刻画，不要切开纸张，然后沿刻线折叠，切割线向外。

b.用无油墨圆珠笔或刀背压划出痕迹，沿痕迹线折叠，迹线向内。

c.在折叠厚纸板时，为了使折叠后的轮廓挺括，也可事先在纸的折叠位置切割两道切迹，以达到更好的折叠效果（见图7.41）。

5）纸质产品模型制作的方法与程序

①绘制模型三视图，按照所需的比例，画出模型三视图，以此为模型制作的尺寸依据。

②分析模型设计制作的粘贴顺序与成型方法，确定制作工艺与技术，在模型卡纸上画出所

需要拼装零部件的外形尺寸图。画图时要确保外形与尺寸准确。

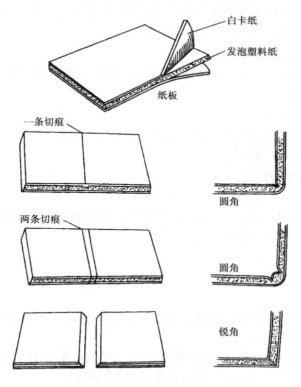

图 7.41　纸板折棱工艺

③粘贴拼装零部件。画出贴制的基准线，在纸板上涂抹乳胶，乳胶不宜过多，以防溢出和变形，按基准线准确拼贴，加压去除溢出的乳胶，使之干燥后，用细砂纸修磨拼接缝。

④加工制作后部托架方框。先绘制出两方柱的展开图，并留有黏结口，以直角下料法切割下料。将所下的两块料合并一起修整，保证其尺寸形状一致，沿虚线用刀背用力刻画，作出压痕，将压痕向内折叠成型，修整、清理乳胶。

⑤托架与基体拼装。将已制作好的托架进行修整，在托架的方框斜口上及两平板上涂抹乳胶，粘贴到基本相应的位置上，并及时清除多余的乳胶，使其干燥固化。

⑥表面整体修整打磨。对制作发泡塑料纸质的模型，使其完全干燥固化后，用细砂纸包住小木块精心打磨修整各个棱角和粘贴缝，以保证小圆角和拼缝的平整。

⑦表面二次加工。将打磨修整好的模型进行表面灰尘清理，用自喷漆喷涂模型表面，用转印字模转印所需的字体，再用透明的光油漆喷一层，以保护字体不掉。至此，该产品模型设计制作全部完成（见图 7.42）。

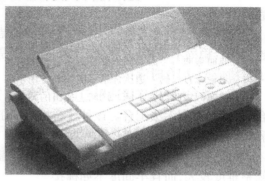

图 7.42　纸质模型

（2）**木质模型设计制作**

木质模型的特点是材料来源方便，成型工艺简单，并能保证尺寸准确度。但木质模型的后期修整工作量大，且需要有一定的木工技艺能力。

1）木质模型加工常用的工具

木质模型加工的常用工具包括手工锯、手工刨、电刨、打磨机、抛光机、木刻刀、砂纸、线锯机、锯床、角尺、画线墨斗等。

2）主要的材料及辅助材料

①主材。松木、柳木、泡桐木等，以松木为主的木板、人造板等。

②辅材。黏结剂、铁钉、螺钉等。

3）木质模型设计制作的工艺流程

木质模型设计制作的工艺流程为：

备料→画出零部件三视图→下料修整→零部件加工→组装成型

4）木质模型制作的工艺与技术

①绘图

按比例绘制模型三视图。

②下料

在已修刨成型满足厚度要求的木料上画出零部件尺寸图，并放出加工余量，以便修整。

③正立方体的配制成型法

对角成型法。先画出正方形，锯截下料并放出一定的余量，用刨子修刨出45°斜角，然后拼装成型，在内侧加粘直角三角支撑，以保证垂直和粘贴牢固。

搭接成型法。搭接成型是一种常用的方法。由于木板有一定的厚度，为了确保形态尺寸，下料时必须考虑好搭接的形式和顺序，不同的搭接形式，下料的形状和尺寸也不同。

④制作工艺与技术

A.连接工艺与技术

榫接是木材加工工艺中最古老而有效的连接方式，榫接在我国有着悠久的历史，且技术精湛，常见的榫接有明榫和暗榫。榫跟连接常用于两木块，对头垂直连接这种榫接加工制作的方法是在一个木头上用锯子锯截出榫头，另一木头在画好榫眼线后用木工凿子打凿成型。现在也有打凿榫眼的机器可用于开榫眼，明榫连接是榫眼打通，暗榫榫眼不完全打通，配合时涂抹乳胶。

交错榫，这种榫连接适用于两木块交叉错合连接，也是木工工艺技术中常用的技术。这种连接吻合稳固不易转动，其加工制作的方法是先画出交错榫开口线，用锯子锯出，然后用木凿子打凿成型，配合时涂抹乳胶。

咬合榫，这种榫连接适用于板材的连接，其加工制作要求较高，必须先画出两板正确的咬合尺寸图，否则无法配合。该种咬合榫的加工，通常用钢丝锯或线锯机加工完成，配合时涂抹乳胶。

钉连接是木工加工工艺与技术最基本、最简单易行的连接方法，操作简便快速，但表面的修整难度较大，而且牢固度不如榫接。

B.打孔工艺

打孔是在木质模型制作中常见的，如何进行打孔，掌握打孔的方法也是非常必要的。

木材加工常见的孔有方孔、圆孔,方孔和圆孔又可分为通孔和不通孔。

板材孔的加工。在加工大型的圆孔和方孔时,要先在板材上画出其轮廓线,用钻床打一小孔,然后用线锯机沿其轮廓线切割出所需的孔。切割时,要沿线的内侧切割,以便于修整。

小圆孔的加工。小圆孔加工时,要在需要打孔的位置画出定位点,选择合适的木工钻头,用手摇钻或手电钻、钻床加工成型,加工好后,用圆锉或单圆锉打磨光整。

方孔的通孔与不通孔的加工。前面已讲了方孔加工的一种方法。但用线锯机加工出的孔一定是通孔,不通孔的加工是难以实现的。手工加工时,可用木工凿子打凿成型,具体加工制作的方法是先画出打孔的位置及尺寸大小,用木工凿子打凿,通孔可直接打凿成型,不通孔可打凿后用木工铲铲削修整。

C.曲面加工

曲面加工是模型设计制作中的重要工艺技术之一,是模型制作过程中经常遇到的问题。薄板曲面加工时,先在薄板上画出曲线,用手工锯或线锯机加工,沿曲线切割下料,再用木工锉或用砂纸包着木块打磨,修整曲面。块材曲面加工时,先加工制作出块材基准面,制作出基本长方体,在断面画出需要刨削曲面的形状,在侧面画出曲面与平面的分界线,用木工平刨刨削成型。画线时要注意,两断面都要画出曲面的曲线,两侧面也都要画出分界线,以便在刨削时找寻基准线,使形状保持准确。对内凹曲面的成型加工,其难度较大,通常采用成型工具加工制作,如使用内凹曲面加工铲。加工时,在断面画出曲面的曲线,用铲刀逐次铲削,然后用半圆锉、砂纸打磨修光。如图 7.43 所示为木材的连接结构。

图 7.43　木材的连接结构

### (3)石膏模型设计制作

1)石膏的成分与特性

石膏是模型制作的常用材料,石膏和水混合,在短时间内可凝固成结实的固体,凝固后,可随意地进行拉刮、切割、旋切等造型。定形后,稳定性好,干湿引起的变化不大,价格便宜,制作简单,适于做外观形态模型。

石膏中加入一些添加剂可调节石膏硬化的速度,在石膏中加入占石膏质量 0.1% ~ 1% 的食盐、硫酸钾、氯化钾水溶液可加速硬化,加入碳酸氢钠等水溶液会延迟硬化。石膏模型设计制作中水与石膏的比为 1∶1.2,温度 30 ℃为理想状态。

2)石膏模型设计制作的工具

①雕刻工具。美工刀、界刀、铲刀、雕塑用刀、调刀、刮子等(见图 7.44)。

②旋切工具。手动转盘、电动转盘、手摇旋切、旋转刮板等。

③调浆工具。盘子、碗、勺子、搅棒、筛网等。

④翻模工具。麻丝、脱模剂、刷子、木掷头等。

⑤测量与其他工具。工作平台、玻璃板、直尺、三角尺、角尺、线尺、画线针台、游标卡尺、内外卡规等。

3）石膏模型设计制作的辅助材料

①麻丝。麻丝是天然植物,用麻皮加工而成,用于石膏模型翻模时起加强作用。

②水。水是石膏模型设计制作必不可少的,水与石膏的配比影响石膏的凝固时间。

4）石膏模型制作的方法

石膏模型的成型方法一般有以下3种形式:

①浇注一块稍大于所作产品尺寸的石膏块,然后进行切削、雕刻、表面处理,最后成型。

②表面先用黏土或油泥塑造形态,经过翻制模型后,再用石膏浇注而成。

③经过浇注成粗模型后以机械的方式旋切而成,这种方式比较适合于柱状的造型。

如图 7.45 所示为浇注石膏模型的挡板。

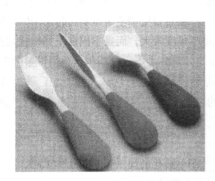

图 7.44　石膏模型制作工具

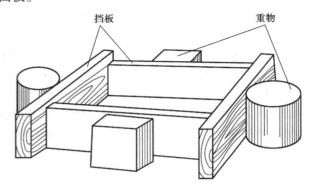

图 7.45　浇注石膏模型的挡板

**(4)工程塑料模型设计制作**

工业塑料是一个大家族,随着化工事业的发展,成员将会更多。在这个大家族中,经实践和筛选,普遍认为热塑性塑料中的有机玻璃、ABS 和 PVC 塑料是现代模型设计制作的最佳材质,被普遍采用。

此外,需要木质三合板、五合板、木板等供工业塑料热成型时做套模用。

1）工程塑料的加工特性

①工程塑料具备尺寸稳定、形态稳固、表面光泽平整、质轻耐腐、良好的机械强度等属性。

②工程塑料可手工或机械钻孔、抛光、刨平、锉齐整、锯截、划断以及车、铣、刨等加工成型。

③工程塑料有韧性,有弹性,易于刻画与截取,还可受热任意成型。

④工程塑料来源丰富、规格齐全、色彩多样。

⑤有机玻璃工程塑料表面易喷涂、丝印、烫印等二次加工,且能进行手工或机械加工,使表面有强烈的折射光效应和热预制肌理、纹理成型的特性。

⑥工程塑料在四氯甲烷(也称氯仿)黏合下可快速成型,壁厚均匀,能体现内部功能,并可长期保存。因此,工程塑料是当前现代模型设计制作最理想的材料。

2）工程塑料模型制作的步骤

工程塑料模型制作的步骤为:

设计→制图→下料→零件加工→部件加工→黏合→整形→二次加工→装饰→组装成型

3）工程塑料模型制作的成型工艺与技术

①工程塑料的开料。在开料前必须按照所设计的产品造型形态，绘制出每个立体部分的展开平面图形，并标好详细的尺寸。然后根据展开图进行材料的切割，实际操作时应比实际尺寸适当放宽一些，为以后的精细处理留有加工余地。工程塑料板的厚度应根据模型所需要的厚度、强度以及加工时的易难程度进行选择。

不同形状的塑料块，切割应选择不同的工具。如切割直线形的料块用钩刀就能完成；而带曲线形的板材则需要用线锯或电动切割机；切割较厚的板材需用手锯。

②工程塑料的修正与打磨。塑料板经切割后，形状和尺寸尚未达到一定的精确度，因此需要进行轮廓修正。在修正时，必须将部件夹在台虎钳上，用锉刀细心修正（为了提高锉刀的工作效率，必须经常用刷子将附黏在锉刀上的塑料粉末清除掉）。修正后的部件轮廓再用砂纸轻轻打磨，在达到图样上所规定的尺寸后就可进行黏结。

③工程塑料的黏结。在塑料模型的制作过程中，大部分的部件是靠塑料板之间的黏结而成。黏结有机玻璃和 ABS 塑料板都采用三氯甲烷或四氯甲烷作为黏结剂。

④曲面成型。塑料曲面成型一般需要一定的工具和设备。单曲面成型比较容易，只要把塑料放在电烤箱内加热到一定温度后取出进行弯曲即可。双曲面成型较复杂，一般需借助真空吸塑机来完成。其步骤是按形体特征做成木质模型，然后将木模放入真空吸塑机内，并在木质模型上覆盖一张厚 1~2 mm 的 ABS 塑料板，通电后塑料板即软化，然后利用机内抽成真空后的压力使塑料板均匀地附吸在木质模型表面，数分钟后取出模型，将木质模型剥离，就可获得一个具有中空的塑料模型部件。利用真空吸塑机加工像汽车、船艇、吸尘器、灯罩等带有曲面的壳体模型十分方便，并能较好地达到设计的要求。例如，在加工这类壳体部件时没有真空吸塑机，则需用手工来完成。在具体操作前，应先用石膏或发泡塑料做好相应的模子，将塑料板在电烤箱内加热后再用模子压成。

⑤表面处理。塑料模型表面处理前应先将形体打磨光滑，然后再用泥子填补接缝线。待形体全部打磨光滑后就可上色。色彩宜选用喷漆或自喷漆。为使喷涂表面上的色彩细腻均匀，每上一次漆，必须等前一遍漆干透后再进行。例如，在喷漆过程中，模型表面粘有颗粒或起毛，可用水砂纸蘸肥皂水轻轻打磨光滑后再上最后一道漆。表面处理过的产品塑料模型可达到非常真实的视觉效果。

**（5）油泥模型设计制作**

油泥模型是在产品设计中进行模型制作时常用的一种形式。由于油泥加工方便、容易修改，特别适用于概念模型的制作，在一些家用电器、汽车等交通工具的模型制作中应用十分广泛（见图 7.46）。

油泥是由石蜡、凡士林、硫黄、灰分及少量树脂、颜料按一定的比例配制而成。目前，设计用油泥大部分从日本进口，故价格较贵。油泥的特性是可塑性强，在达到一定的温度后油泥会开始软化。油泥的软化温度因其配方比例的差异也有所不同，通常为 45~60 ℃。当温度在 24 ℃以下时，油泥达到最高硬度，因此环境温度为 20~24 ℃是最好的工作温度。

1）油泥模型制作工具

油泥模型制作时，需要专门的制作工具。根据需要也可自制一些工具。油泥在软化后才能进行塑造。用恒温烤箱软化油泥最为理想，如没有条件，用其他一些加温手段也可以。例如，放在电炉上方烘烤，但烘烤时油泥必须离电炉有一定的距离，并要不停地转动，使其均匀受热。油泥放在开水中浸泡也能达到软化的效果。但在浸泡时,油泥必须用塑料袋密封好,防止水的进入,另外泥的体量不宜过大。

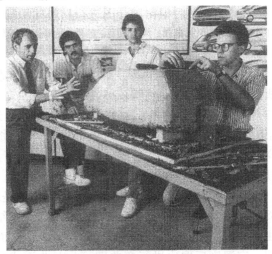

图 7.46  用油泥制作的 1∶10 汽车模型

除了软化油泥的工具设备外,常用的油泥模型制作工具如下:

①三角形刮刀。具有各种不同大小的尺寸,可用于制作一些靠近边角或较为细小的面。

②平口刮刀。平口刮刀有各种不同的尺寸,主要用来刮去形体表面多余的部分。

③椭圆形刮刀。具有各种大小不同的尺寸,用于加工形体的凹面处。

④锯齿形刮刀。主要用于使表面获得平整的工具。

⑤线形刮刀。线形刮刀一端为平头,另一端呈线形,且具有各种尺寸。它主要用于制作形体的细节,如线角和凹槽处等部位的细微制作。

除了上述工具外,制作模型时还需要绘图工具、测量工具、模板等辅助工具(见图 7.47)。

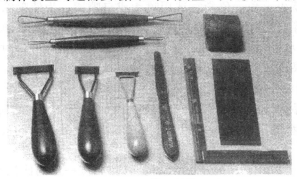

图 7.47  油泥模型制作工具

2)油泥模型制作的程序

①根据设计方案,画出较为精确的模型图样。

②根据模型图样的基本尺寸制作模芯。模芯可用泡沫塑料制作。

③用测量仪器测量模芯的基本尺寸,确保模芯的形态和所设计的形态基本相似(但必须小于其实际的尺寸),要保留一定的尺寸余地,使覆盖后的油泥层有足够的厚度。

④将软化的油泥用手覆盖在模芯表面。第一层覆盖在泡沫塑料表面的油泥层十分关键,

油泥必须紧贴模芯表面,用手压实,不能留有丝毫间隙和裂缝,否则,油泥层容易脱落。

⑤塑造大体形态。用油泥塑造形体基本上和泥塑的方法相似,用手将油泥堆积至满足基本尺寸即可。

⑥光顺和整平油泥模型的表面,并不断检查形体是否与设计的要求相一致。

⑦细部刻画。

⑧表面处理。表面处理的一种方法是可用油泥专用彩膜进行粘贴;另一种方法是可用喷漆进行着色。在使用喷漆着色时,可先将油泥模型进行硬化处理,用原子灰作为泥子涂刷在模型表面,待补泥固化后打磨光滑,再进行喷涂。

# 第 **8** 章
# 工业产品造型设计程序

## 8.1 工业产品造型设计的一般程序

### 8.1.1 设计程序

在日常生活中,我们要将一件事做好,往往就要事前制订和安排一定的计划,从而使所要做的工作能够有条理地展开,最后达到预期的效果和目标。工业产品的设计也是这样,要设计好一个产品,除了要用正确的设计理念和思想来指导设计行动外,还需要有一个与之相适应的、科学的、合理的设计程序。有了这一设计程序,人们就可以通过设计来实现自己的想法和追求,从而改善生活环境与生产工具,实现更新的生活方式,直至达到人类自身的改善以及与自然关系协调的目的。

所谓设计程序,既是指工作的步骤,也是指有目的地实施设计计划和科学的设计方法。设计程序包含从开始到结束的全部过程中的各个阶段。由于工业产品设计所涉及的内容与范围很广,设计的复杂程度相差很大,因而设计程序也有所不同,但无论何种产品,其设计的目标最终是服务于人,在产品的整个发展过程中都要受人们的生活观念、社会文化、科学技术、市场经济等一些共同因素的影响,因而表现在设计过程中必然包含着同一性的因素。

设计程序的实施是在严密的次序下渐进的。这个渐进的过程有时相互交错,出现回溯现象,称为设计循环的系统。循环是为了不断检验每一步工作是否符合设计要求与目的,因此,设计程序的建立并不会束缚设计者的创造力。相反,在解决实际设计问题的过程中,可以主动地从战略上作出合乎需求的安排,协调各方面的关系,更好地与设计目标相适应。

随着工业设计实践和理论研究的不断深入与发展,根据专家对过去设计实践经验的总结,逐步归纳出了3种比较典型的产品设计程序模式,即线型发展的模式、循环发展的模式和螺旋形发展的模式。以下逐一介绍。

（1）**线型发展的模式**

在线型发展的模式中包括以下阶段:

①准备阶段。首先是对资金、能源、技术、材料、设备等企业资源的筹集。此外,计划产品开发的时间,选择合适的设计人才也是准备阶段的重要内容。

②开发阶段。包括最初设计概念的产生,如设计定位、分析、设计构思。在设计构思中对相关因素的考虑,如人机工程学、技术条件、经济价值、美学因素等。

③评价与实施阶段。包括两方面的内容,首先对最初的设计概念以模型测试等手段进行检验和评估,其次对评估后的设计概念作生产的准备和生产的实施。

④市场反馈阶段。当产品进入市场后,通过对企业所做的一系列售后服务工作及用户的反馈意见进行收集整理工作,如图 8.1 所示。

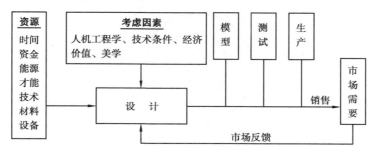

图 8.1　线型发展的模式

**(2)循环发展的模式**

循环发展的模式中各阶段内容如下:

①从问题的发现到熟悉、分析阶段。包括问题调查、问题分析、设计定位。

②从问题的熟悉到问题的分析、综合阶段。包括设计分析、设计概念产生、设计概念深化。

③从问题的综合阶段到问题的评价、选择阶段。包括模型发展、设计评估。

④从问题的评价、选择阶段到最后的解决、完成阶段。包括测试、试制、修改、生产,如图8.2 所示。

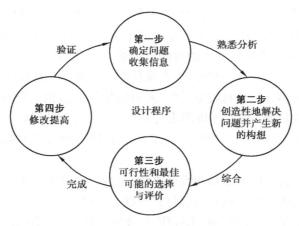

图 8.2　循环发展的模式

**(3)螺旋形发展的模式**

螺旋形发展的模式中各阶段内容如下:

①设计的形成阶段。包括调查问题、分析问题、设计目标制订、设计计划制订。

②设计的发展阶段。包括产生新的设计概念、概念的评估与设计的深化、设计模型、完善设计(设计概念评估、修改,设计概念展示)。

③设计实施阶段。包括绘制生产图样、信息汇总、生产系统修改、试制、批量生产、投放市场。

④设计的反馈阶段。包括顾客反映、售后服务、问题的追踪,如图8.3所示。

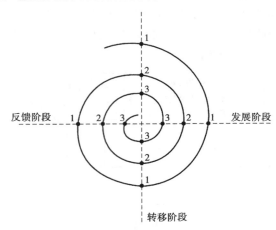

图8.3 螺旋形发展的模式

### 8.1.2 设计程序的基本内容

通过上述3种不同的设计程序模式可知,线型发展模式、循环发展模式、螺旋形发展模式这3种不同设计程序尽管在内容上有所差异,但就设计基本完成过程及每个阶段包含的内容来看,有着很多相似之处,归纳起来大致可分成以下4个基本阶段:

**(1)设计准备阶段**

对于一个设计项目来说,可以是对现有产品的改良性设计,也可以是全新产品的创新性设计;可以是受技术驱动的设计动机,也可以是受需求驱动的设计动机。不同的设计类型对工业设计的要求是不一样的,工业设计介入的时间段也是不一样的。但无论是哪一种形式的设计工作,设计前期的准备工作是不可缺少的。在设计准备阶段,要通过设计规划和进行大量的社会、市场、技术等方面的调查与资料收集工作,并对收集到的情报与资料进行研究和分析。例如,社会需求分析、社会因素分析、环境因素分析、市场分析,以及从人体工学角度、材料学角度、生产程序、有关标准、法规、生产管理等诸方面进行系统分析,作为策划和决定设计的依据。

1)设计规划的制订

在进行设计之前制订相应的原则和设计方针,并对设计程序进度实施规划,这对设计工作的顺利完成是至关重要的。设计规划的制订包括以下3项内容:

①成立设计规划小组。由设计师、工程师、企业家与销售专家组成。

②设计策划。设计策划以下列情况为依据而确立,如:预测市场的新需求,研制新产品;利用现有技术,研制新种类的产品;研制与现有设计相关的产品,扩大新需求;制订合理化的生产计划;改进外观设计,等等。并以此对设计策划书进行论证与审定。

③制订具体设计计划。制订设计工作进程表和具体实施设计的方法步骤。表8.1为某产

品设计方案的时间表。

**表 8.1　设计方案时间表**

| | 时间 内容 | ××××产品方案设计时间计划表 | | ××××年 5 月 |
|---|---|---|---|---|
| | 内容 \ 时间 | 1 2 3 4 5 6 7 8 9 10 | 11 12 13 14 15 16 17 18 19 20 | 21 22 23 24 25 26 27 28 29 30 31 |
| 市场调研 | | ●——（至6） | | |
| 调研报告 | | ——●（5至6） | | |
| 设计研讨会 | | ——●（6至8） | | |
| 设计构思 | | ——●（8至9） | | |
| 设计分析会 | | | ●（11） | |
| 设计展开 | | | ——●（11至14） | |
| 方案效果绘制 | | | ——●（12至16） | |
| 方案研讨会 | | | ——●（15至18） | |
| 设计深入 | | | ——●（15至19） | |
| 设计模型图样 | | | ——●（17至20） | |
| 设计模型制作 | | | | ——●（21至24） |
| 设计方案预审 | | | | ——●（21至25） |
| 设计制图 | | | | ——●（21至27） |
| 设计综合报告 | | | | ——●（21至29） |
| 设计方案送审 | | | | ——●（21至31） |

**2）设计调查**

调查是最基本、最直接的信息来源，只有以市场信息为依据加上准确的判断力，才能使新设计居于领先地位。通常设计调查的主要内容如下：

①消费者的调查研究。主要包括对消费市场、消费者购买动机与行为、消费者购买方式与习惯等方面进行调查研究。尤其应重视对消费者的性别、年龄、民族、风俗、时尚、教育程度、兴趣、嗜好、经济状况、需求层次，消费者对产品的造型、色彩、装饰、包装的意见，以及在使用、保存、维修、折旧等方面的问题。

②对市场方面的调查研究。市场就是指产品销售的区域。市场调查的目的是分析产品销售的潜力，分析消费者对产品设计的态度与意见。

③对社会影响方面的调研。主要是对产品的安全性和公害等情况的调查。

④对生产方面的调研。主要是对产量、成本、生产技术等方面的调查。

⑤对法规方面的调研。对商标、专利权及有关法则、政策的调查。

产品开发设计调查范围，如图 8.4 所示。

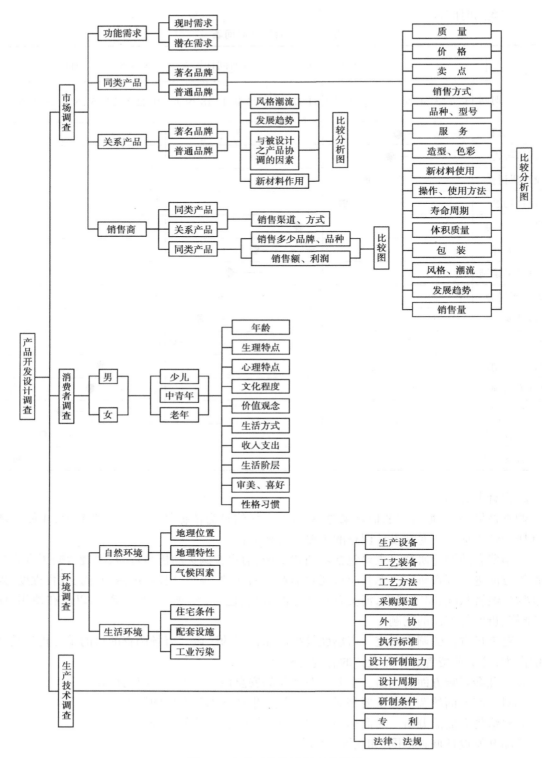

图 8.4  产品开发设计调查范围图

3）资料整理

在调查阶段应尽力收集有关资料,对资料可暂不作整理与评价,但应对资料和调查所得的情报进行归纳分类(可列表待查用),然后整理出系统的设计资料。

4）资料分析

资料分析是拟订设计策划、生产计划和销售计划的依据之一。分析是在调查基础上的分析,只要调查方法得当,对调查对象不发生偏差,一般均能得到正确的预测。

5）设计预测

设计预测是设计分析后的综合判断。在预测需求动向时,设计师还必须有敏锐的洞察力和判断能力,同时考虑一般消费者的潜在需求情况,如市场潜力、销售潜力及市场占有率等。

**（2）设计发展阶段**

设计的发展阶段也是设计概念的产生阶段,在这个阶段所产生的设计概念将影响到设计结果的好坏,因而这个阶段的工作在整个设计过程中起着非常重要的作用。在设计准备阶段,通过对社会、市场的调查,设计师掌握了大量的信息资料,在综合、分析这些信息的基础上,必定会产生一个比较明确的设计方向。在设计发展阶段,设计师要在既定的设计方向上提出各种设计的设想或方案。通常这些设计方案要通过构思草图、效果图和模型等过程来逐步完善。

1）分析问题把握问题

设计的目的就是要解决问题,而解决问题的第一步就是要认识构成问题的主要因素,了解问题的原因所在。一般情况下,只因一个因素而产生问题的机会很少,问题往往被纠缠在许多因素之中,使人一时难以分清主次。因此,首先要发现问题,找到问题的存在之处;其次要分析问题,找到问题的成因。对于设计师来说把握问题的构成结构是非常重要的,一般可采用的方法如下:

①实地的调研。

②设计对象的系统分析。

③用户的调研与咨询。

④文献资料的搜索查寻。

⑤设计师的主观创造性。

当然,问题把握的结果如何,还要取决于设计师个人的设计思想、设计经验和设计修养。

如图 8.5 所示为问题的发现模式,可以看出问题的发现是一项归纳与分类的过程,而问题的分析则是梳理及细化的过程。

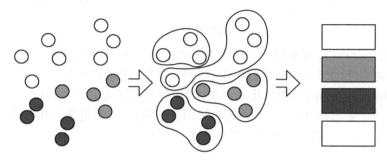

图 8.5　问题的发现模式

如图 8.6 所示为问题的分析模式。当一个设计问题提出后,首先将其划分成若干部分,然后根据相互关系,将它们分解开来,逐一详细分析。

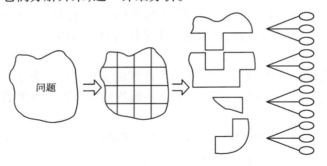

图 8.6　问题的分析模式

2)确定目标展开设计

通过对构成问题的各种因素的分析整理、归类,设计的目标点就逐步明朗化了,这就为下一步设计的推进打好了基础。设计目标的确定一般是从"人与产品、人与环境、产品与环境"3个方面的关系来考虑的,如果将这三者之间的相互联系、相互作用、相互影响的关系绘制成表格,就可很明确地找到各要素之间的问题点。这些问题点可以帮助在设计的分析阶段和设计的目标阶段准确地把握解决问题的关键(见图8.7)。

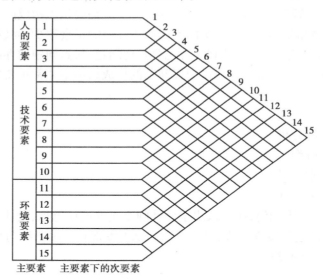

图 8.7　目标展开设计三要素

在产品的展开设计中,面对构成产品的方方面面多层次、多方位、错综复杂的因素,必须通过科学的方法,将众多的相关因素进行组织、协调,寻找一个最佳的解决问题的切入点。根据L.B.阿切尔的观点,对产品的使用性作如下描述"设计起源于需要,并以满足这种需要为目的,创造出产品;产品产生出某种效果,这种效果作用于环境,环境反过来作用于人"。

如图8.8、图8.9所示的循环表体现了以下关系因素:

①环境作用于人。

②人做工作。

③工作反应给人。

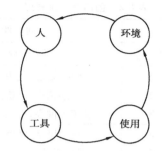

图 8.8　人—工具—使用—环境循环关系

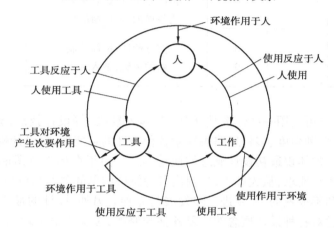

图 8.9　人—工具—工作循环关系

④人使用工具。

⑤工具反应给人。

⑥工具进行工作。

⑦工作作用于工具。

⑧工作作用于环境。

⑨环境作用于工具。

⑩工具对环境的次要作用。

⑪环境作用于人。

从图 8.8、图 8.9 中可知,人们使用的产品与诸多因素有关:

①从人与物的对应关系提出有关人的各种问题。

②从人和工作的对应关系提出技术上的问题。

③从人和工具的对应关系提出人机工程学的各种问题。

设计既不能仅考虑技术上的问题,也不能单单考虑个别局部的问题。设计应该是将综合因素加以通盘考虑,然后找出最适宜的、最协调的完整解决方案。当掌握了设计的一般程序之后,设计师的思考方法和思维习惯就成了决定设计优劣的关键。要寻求一个最佳、最合理地解决问题的方法,设计师就必须要充分发挥自身的想象能力,广开设计思路,尽可能更多、更好地提出不同的富有创新的设计方案。表 8.2 为创造性思维程序。

表8.2　创造性思维程序

| 系　统 | | | 创造性思维程序 | |
|---|---|---|---|---|
| 措　施 | 步　骤 | 序　号 | 创造过程 | 思维方式 |
| 反　馈 | 输　入 | 1<br>2<br>3 | 细微质疑，发现问题<br>详细调查，分析问题<br>求知于世界，更上一层楼 | 有意识 |
| | 处　理 | 4<br>5<br>6<br>7 | 集中思维，掌握规律<br>强化想象，望尽天涯路<br>扩散思维，捕捉思想火花<br>逐步逼近，形成新的概念 | 潜意识 |
| | 输　出 | 8<br>9 | 充分验证，反馈控制<br>新的突破，纳入常规 | 有意识 |

在设计构思中，也可运用一些创造技法如"头脑风暴法"等设计技法，充分利用一切可以利用的内外因素，从多种角度、多种思路去探索各种设计的可能性，将设计构思不断引向深入。

设计草图是设计师体现最初设计概念的视觉形式。由于在构思草图期间，设计师的重点在于根据设计的目的与要求，从大处着眼，提出各种解决问题的思路与设想，因此，这种草图形式有许多是不完善和不成熟的，需要进一步发展与完善。另外，设计的最终方案只能是一个，这就需要设计师通过对各种设计概念的反复评估与修改，去探求最为理想的设计结果。在这一阶段，设计师一般要通过效果图、模型等形式将设计概念进一步具体化。可以说，效果图、模型等形式既是设计师设计概念具体体现的必经途径，也是对设计概念进行评估和修改时的重要依据。

**（3）评估与实施阶段**

这一阶段的内容大致包括设计概念的评估、验证和修改，生产前的准备及批量生产。设计概念产生以后，就有了比较明确的设计方案，但这个设计方案是否可行，还必须进行各种形式的评估与验证。例如，对某些产品要制作一些工作模型，通过工作模型来研究及检验设计是否达到了设计目标中所规定的各项设计指标与要求。又如，产品的内部机构与外在形式是否构成一个有机的整体；在材料的选用、各部比例配合、结构、形式等设计方面是否能最大限度地发挥产品的各种机能；产品的技术指标、安全性能是否达到了设计的要求等。除了利用模型来进行评估和验证以外，还可利用计算机进行模拟试验、成本计算等。在对设计的评估与验证过程中，设计师必须不断与生产厂家、消费者及有关专家进行交流，征求他们对设计的意见，以求得设计得更加完善。

当设计通过评估和验证后，对存在的一些问题可作进一步地修改。当这些活动基本结束，设计概念达到较为完善的程度以后，就可以作生产的准备工作了。这一阶段的工作主要围绕从设计转移到生产方面进行，如运用工程图告诉生产部门产品具体的尺寸和装配要求，对所使用的材料进行说明，对生产新产品所需要的生产系统作调整与修改，当这些工作结束后，就可进行小批量的试制，产品试制成功以后，就可转入批量生产，投放市场。

### （4）验证与反馈阶段

产品进入市场以后，设计并没有因此而结束。因为设计一件产品必定会受当时的科学技术、社会文化、市场信息以及设计师、企业决策领导人的个人知识、能力等诸方面因素的影响。当产品进入市场以后，产品还可能在某些方面存在着与社会发展及消费者需求方面不相适应的地方。因此，要使产品在市场上真正具有较强的竞争能力及较长的生命周期，新产品进入市场后还要有一个进一步完善和提高的过程。市场是验证产品的一面镜子，设计师要通过产品在市场上的销售情况以及各种渠道，了解消费者对该产品的反馈意见，为下一轮的设计开始作准备。

## 8.2　造型设计中的创造性思维

### 8.2.1　创造性思维的含义

创造性思维是一种能激发创造力的思维方式。

"思维"的产生是人脑对客观事物间接的和概括反映的结果，"思维"既能动地反映客观世界，又能动地反作用于客观世界。"思维"是人类智力活动的主要表现方式，是精神、化学、物理、生物现象的混合物。"思维"通常指两个方面：一是指理性认识，即"思想"；二是指理性认识的过程，即"思考"。思维有再现性、逻辑性和创造性，它主要包括抽象思维与形象思维两大类。

创造性思维是指人们在思维活动中有创见的思维过程，它是反映事物本质和内在、外在的有机联系，具有新颖的广义模式的一种可以物化的思维活动。创造性思维不是单一的思维形式，从创造活动的实质和核心来看，创造活动就是通过以各种智力与非智力因素为基础，进行独具创新的高级而复杂的思维活动。

衡量思维是否有创造性，可以有以下两个判定的标准：

①思维的对象或结论是否是新颖的。

②思维过程中采用的方式和方法是否是新颖的。只要符合这两个标准中的一项，就可认为思维具有创造性。

创造性思维的产生可以有两种情况：一种是在偶然性情况下，当并非在刻意追求时，却伴随着突发的领悟而产生的；另一种则是在人们刻意追求的情况下，利用系统创造性思维的技巧，通过刺激、指示、强化、引导等手段，配合人的需要，在恰当的时候，产生出新的洞察力与新的创意。前一种情况是自发的，不受人的控制的；而后一种情况是有目的的，可以被掌握的，因此，它是创造性思维活动的主要方面。

### 8.2.2　设计创造性思维的实质

设计是人的一种本能，设计过程即是创造过程。创造过程是设计者通过创造性思维和应用创造技法的过程，而创造力即为人类改造自身与客体的能力，是人的智慧、能力、心理的最集中反映。创造力人皆有之，人的创造力的强弱往往是以吸收能力、记忆能力和理解能力为基础，通过联想和对平时经验的积累与剖析、判断与综合所决定的。

一个具有创造力的现代设计师应具备如下智能结构:能掌握现代设计学科的基本理论和现代设计方法论;具有创造性思维的能力;同时具有自然科学、社会科学的基本知识。

"选择""突破""重新建构"这3个方面关系的统一,体现了创造性思维的实质。所谓选择,就是对信息资料的把握与思考,通过思考发现问题,进而有目的、有意识地进行取舍,去粗取精、去伪存真。法国科学家 H.彭加勒认为,所谓发明,实际上就是鉴别,简单来说,也就是选择。因此,选择是创造性思维得以展开的第一个要素,也是创造性思维各个环节上的制约因素。选题、选材、选方案等,均属于此。在设计工作中,为了取得最符合设计目的与设计要求并最有价值的设想,面对大量的设计选题与设计方案,设计师必须进行认真的鉴别与选择工作。同时为下一步的创造性思维打好基础。

选择的目的是为了突破,这是创造性思维的关键。被选择的设计方案,应该是突破性的方案,目标在于突破,作用在于创新。这种问题的突破往往表现为从"逻辑的中断"到"思想上的飞跃"。孕育出新观点、新理论、新方案,使问题豁然开朗。

选择、突破是重新建构的基础。因为创造性的新成果、新理论、新思想并不包括在现有的知识体系之中。因此,创造性思维最重要之点是善于进行"重新建构",有效而及时地抓住新的本质,筑起新的思维支架。

归纳起来,创造性思维具有以下5种不同于其他思维的品质:

①独立性。即敢于对旧的传统与习惯提出挑战;敢于对被视为"完美"的事物提出质疑;敢于自我否定,突破自我的框框。

②联想性。它具有探究事物因果关系的纵向联想能力;具有对事物正反两面的逆向联想能力;具有对相似相关事物的相关联想能力。

③跳跃性。它不同于逻辑思维的方式,可能在思维过程中跳跃性地发展。

④多维性。表现在对一个问题能在多维方向提出多种设想、多种方案以供选择;能从事物的质或量的改变中形成新思路;当思维在一方受挫时能灵活转向;能优化方案。

⑤综合性。能巧妙结合、推陈出新;能利用辩证思维能力;具有概括、归纳与系统化的能力。

### 8.2.3 设计创造性思维的形式

创造性思维有以下形式上的特点:

①创造性思维是开放型思维。它不受分析的、演绎的逻辑思维的束缚,重视横向比较、进行归纳,使思维具有跳跃性与可塑性,能大量汲取信息,激发创造性。

②创造性思维是求异思维。它不受既成理论、既成观点与方法的束缚,要求从狭隘的封闭的思想体系中解放出来,寻求对比、参考系统的改变使思维具有可塑性与弹性。追求冲破传统的思维模式,使思维具有新颖性,故常能产生超乎寻常的构想,形成不同凡响的新观念。

③灵感是创造性思维的突发表现。它具有突发性、敏感性与不可抑制性。灵感来自强烈的创造欲望,是人脑反复进行分析与综合活动的产物,是创造性思维的凝聚,是潜意识的浮现。

设计创造性思维是在抽象思维和形象思维的基础上,在相互作用的过程中发展起来的,故创造性思维离不开抽象思维和形象思维。设计创造性思维的形式主要有以下5种:

①发散思维。又称辐射思维、求异思维、横向思维,是由已知探索未知的思维形式。它具有开阔性、可塑性,向软性发展,易取得宏观性创造的特点。它着眼于事物的横向联系,从不同

的侧面认识、分析事物,尽量广开思路,从多角度、多方位考虑同一问题,而选择最佳方案。例如,要求列出竹竿的用途,就可举出作拐杖、伞把、竹筒、竹篱笆、棍棒、盖房、雕刻成工艺品等;又如,将竹竿加工成细条,可作编织材料,编成各种竹篮、竹篓、竹床、竹椅及工艺品等。

②收敛思维。又称集中思维、求同思维、纵向思维,是与发散思维相对应的思维形式。人们以凝视的目光观察事物时,思维始终集于一点,思路尽量向纵深展开;或以某一个思考对象为中心,从不同角度将思路引向中心,而寻求唯一解决的最佳答案。故收敛思维具有继承性、推理性、专一性,向硬性发展,易取得微观性发现。例如,家具设计,用木材是什么质地的好呢?用其他材料,如塑料、金属板材,或用多种材料相组合,将会出现什么形态呢?从众多设计构想中,求得最优化的方案。

③分合思维。是将思考对象在思考中加以分解或合并,从而获得新构想的思维形式。在构想中,分解与合并的思路虽然是相对的,但又是相辅相成的。如铅笔与橡皮合并则是运用分合思维的典型例子。约在1860年,美国画家海曼在作画时,小小的橡皮很容易滚落,又易夹在纸片间,他常为寻找橡皮而烦恼。海曼设法用线把橡皮固定在铅笔尾部,后又改用小的软铁片固定橡皮。后来海曼申请了专利,以55万美元卖给了铅笔公司,获得成功。例如,将上衣分解成衣袖、衣领、背心、口袋等,也是采用分合思维的形式。

④逆向思维。又称"逆向思考法",是一种逆转思维方向,以两条看来对立的思路,通过改变对事物的看法,而获得意想不到的思维结果。前面所述的一些突破常规的设计,则是运用逆向思维而获得成效的例子。电风扇是利用电流作用让叶轮转动,使空气获得流动。反过来,风力发电机则是让流动的空气风力来吹动叶轮转动,使发电机产生电流。酸性或碱性的液体与金属表面接触,会使金属腐蚀,人们想了很多方法来防止金属腐蚀,由此引发出新的加工工艺,利用金属的腐蚀性能来加工印制电路板,或在金属表面刻字。

⑤联想思维。是由一个概念引起其他相关概念,从其相关性中发现启发点,而获得创造性设想的思维形式。古希腊心理学鼻祖亚里士多德对联想与创造建立了3条原则,在今天来应用也是不无裨益的。这3条原则如下:

a.相似联想。人脑中会自然地产生一种倾向,去想起同这一刺激或环境相似的经验。

b.对比联想。想起与这一刺激完全相反的经验。

c.接近联想。想起在时间上或空间上与这一刺激有关联的经验。

除亚里士多德的3条原则外,联想思维的形式还有要求联想、因果联想、推理联想、否定联想等。在设计构想中,越具有丰富联想的设计师就越能获得突破性的设计方案。爱因斯坦从小就富有想象力,16岁时他想:假如我骑在一条光线上,追上另一条光线,那将会看到什么现象?这似乎是荒诞不经的幻想,但经过10年的苦心研究,由他创立了举世瞩目的"狭义相对论"。想象力是智力的重要成分。想象具有超前的特点,它不受时间、空间的限制。主观想象与长期积累分不开,但主观想象却是经过综合判断后的理念。如自动售货机的投币口设计,假若没有想象力和判断力,设计者只能根据硬币是圆形的设计成圆形投币口,而实际上还是长方形投币口最为合理。

# 8.3 工业产品造型质量评价

## 8.3.1 造型质量评价的概念

工业设计是一个系统同时又是一项复杂的工程。在设计活动中,为了达到预想的目标和设定的发展方向,就必须在设计的各个阶段和进展环节对设计的质量展开评价。对于新产品开发来说,正确的评价可提高效率、降低设计成本、减少设计风险。

造型质量的评价也就是对产品价值的判断。在这些评价项目中,按其评比过程可分为理性的评价及直觉的评价两类。例如,在价格上,产品 1 比产品 2 较为便宜,这显然属于理性的评价。又如,比较同类产品的色彩后,对某种颜色产生偏爱,显然就属于直觉的评价。

直觉与理性的两种判定方法在任何评价工作中都是有所兼顾的,而且往往还同时并用。在大多数设计的评估过程中,一般都是以个人的专业经验作为判断的主要依据,因为在许多审美性、舒适性以及有不少项目的评比上,计量性的数据是难以获得的,而靠经验的取舍,虽缺乏一定的确切性,但对设计初期的抉择有明显的帮助。然而个人的主观见解总是有一定的片面性,因此采用理性判断给以验证和补充,也是必不可少的。这种方法须按一定的标准对评估项目进行逐个衡量,而后以有关的规则对其进行综合的评价。如此反复评比、筛淘、优选,最后才能确定出造型设计的最优方案。

## 8.3.2 产品造型质量评价的项目

产品造型设计是适应人们的需要,调和环境,满足需求、机能及价值的创造性行为。尽管要评价一个产品造型设计的质量是一件主观性很强的工作,但是,可通过考察工业设计工作所影响到的各个方面,定性分析产品造型设计是否实现了预期的目标,并从以下 5 个方面作出评价。

**(1)产品的用户界面质量**

产品的用户界面质量主要目标是评价产品使用的便利程度。用户界面的质量与产品外观、感觉以及人机交互模式有关。

与产品的用户界面质量相关的要点如下:

①产品的特征是否向顾客有效地揭示了相应的操作?

②产品使用方便吗?

③所有的性能都安全吗?

④所有潜在的顾客以及产品的用途都明确了吗?

对于特定的产品,还可将问题具体如下:

①握持件舒适吗?

②转动枢纽活动自如吗?

③电源开关操作方便吗?

④显示屏的内容便于阅读和理解吗?

（2）**产品的感染力**

产品的感染力主要目标是评价产品对顾客的感染力。感染力是部分通过产品的外观、感觉、声音和气味来实现的。

与产品的感染力有关的评价要点如下：

①产品吸引人吗？令人兴奋吗？

②产品能显示它自身的质量吗？

③看上去给人一种什么印象？

④拥有产品能够给顾客带来自豪感吗？

对于特定的产品，具体问题如下：

①车门关闭时的声响怎么样？

②手工工具感觉坚固可靠吗？

③咖啡机放在厨房的柜台上好看吗？

（3）**产品的维护和修理性能**

产品的维护和修理性能主要目标是评价产品维护和修理的方便程度。维护和修理应该与其他人机交互性一起考虑。

与产品的维护和修理性能相关的评价要点如下：

①产品的维护方法明显吗？方便吗？

②产品的特征是否能反映出拆卸和装配的程序？

对于特定的产品，具体问题如下：

①清除复印机卡纸的方法明显吗？方便吗？

②拆卸和清洗食品加工机的难度有多大？

③更换随身听、遥控器或电子表的电池困难吗？

（4）**产品资源的合理利用**

产品资源的合理利用主要目标是评价在满足顾客需要时所使用资源的合理性。资源一般是指用在工业设计和其他功能上的支出。这些因素很可能会决定制造成本。

一个设计不好的产品，或一个具有不必要的特征的产品，或一个由特种材料制成的产品都将会影响到加工工具、制造过程、装配过程等。这里要问的问题是这类支出是否合理。与产品资源的合理利用相关的评价要点如下：

①为满足顾客的需要，所耗费的资源合理吗？

②材料的选择恰当吗（根据成本和质量）？

③产品的工业设计是过分还是不足（产品的特征是冗余的，还是有疏漏之处）？其是否考虑了环境的、生态的因素？

（5）**产品的差别性**

产品的差别性主要目标是评价产品的独特性及其与企业形象的一致性。产品的差别性主要来自产品的外观。

与产品的差别性相关的评价要点如下：

①顾客能够根据产品的外观把它与别的产品区分开来吗？

②看到产品广告后，顾客能记住该产品吗？

③在街头看到该产品时，顾客能认出这个产品吗？

④产品是否符合或强化了企业的设计形象？

表 8.3 为 Star TAC 型移动电话的产品造型质量评价实例。

表 8.3　Star TAC 型移动电话的产品造型质量评价

| 评价角度 | 重要程度 | 解　释 |
|---|---|---|
| 用户界面质量 | 低　中　高 | 总的来说,Star TAC 型移动电话使用方便、舒适。例如,回话时只要简单地掀开话筒筒翻盖,拨号很容易,可视的信息显示便于阅读。Star TAC 型移动电话主要缺陷包括电池较笨重,并且没有电量显示。另外,许多软件功能过于复杂 |
| 感染力 | 低　中　高 | Star TAC 具有较强的感染力,主要是因为它精巧的外表、坚固的感觉 |
| 维护和修理性能 | 低　中　高 | 虽然 Star TAC 的维护和修理对顾客并不重要,但该产品在维修上还是很方便的,电池组件可以方便地拆除和更换,顾客可根据对尺寸、质量及通话时间长短的偏好,来配置不同的电池 |
| 资源的合理利用 | 低　中　高 | 最终的设计只包含了一些能满足顾客需要的特征。材料的选择符合制造方面的制约,可适应极端的环境,并且可达到外形设计标准 |
| 产品的差别性 | 低　中　高 | Star TAC 的外形独特,在众多的竞争产品中很引人注目 |

表 8.4 为以四川省机械工业厅指导性技术文件(川 Q/J Z2—87)机械产品艺术造型评定方法为例所作的评价目标表。

表 8.4　评价目标表实例

| 序号 | 评价目标 | 细化的评价目标(实际评价目标) | 加权系数 | 备注 |
|---|---|---|---|---|
| 1 | $Z_1$<br>整体效果<br>(0.2) | $Z_{11}$—形式与功能统一,适应机械设计要求 | 0.08 | |
| | | $Z_{12}$—主辅机配合默契严谨,具有整体感,空间利用和布局合理 | 0.04 | |
| | | $Z_{13}$—局部与整体风格一致 | 0.04 | |
| | | $Z_{14}$—空间体量均衡、协调、形状过渡合理、有稳定感 | 0.02 | |
| | | $Z_{15}$—质感与功能和环境相宜 | 0.02 | |
| 2 | $Z_2$<br>宜人性<br>(0.2) | $Z_{21}$—重要的操作控制装置造型合理,并处于最佳工作区域 | 0.05 | |
| | | $Z_{22}$—重要的显示装置造型合理,并处于最佳视觉区域 | 0.04 | |
| | | $Z_{23}$—装置相互匹配合理 | 0.05 | |
| | | $Z_{24}$—方便,符合正确施力范围的要求 | 0.04 | |
| | | $Z_{25}$—照明光线柔和,亮度适宜 | 0.02 | |
| 3 | $Z_3$<br>形态<br>(0.15) | $Z_{31}$—具有独特的风格 | 0.08 | |
| | | $Z_{32}$—比例协调、线型风格统一 | 0.04 | |
| | | $Z_{33}$—外观规整、面棱清晰 | 0.03 | |
| 4 | $Z_4$<br>色泽<br>(0.15) | $Z_{41}$—色调与功能和使用条件相吻合 | 0.06 | |
| | | $Z_{42}$—对比适度协调 | 0.03 | |
| | | $Z_{43}$—质地均匀优良 | 0.03 | |
| | | $Z_{44}$—色感视觉稳定,色的分区与形态的划分一致 | 0.03 | |

续表

| 序号 | 评价目标 | 细化的评价目标(实际评价目标) | 加权系数 | 备注 |
|---|---|---|---|---|
| 5 | $Z_5$<br>外观件<br>(0.1) | $Z_{51}$—外露配套件与主机风格统一,配置合理<br>$Z_{52}$—款式新颖<br>$Z_{53}$—选材合理 | 0.05<br>0.03<br>0.02 | |
| 6 | $Z_6$<br>涂饰<br>(0.1) | $Z_{61}$—涂装精致<br>$Z_{62}$—装饰细部与总体协调<br>$Z_{63}$—标志款式新颖、雅致<br>$Z_{64}$—标志布置适宜 | 0.03<br>0.03<br>0.02<br>0.02 | |
| 7 | $Z_7$<br>其他<br>(0.1) | $Z_{71}$—经济效益高<br>$Z_{72}$—其他因素 | 0.08<br>0.02 | |

# 第9章
# 计算机辅助造型设计

## 9.1 概 述

以计算机技术为核心的信息技术的广泛应用,标志着人类进入了一个崭新的时代——信息时代。目前,信息技术的应用已深入各行各业,对人们的工作和生活方式产生了长远而深刻的影响,许多新领域和新概念应运而生。如今信息技术在制造加工业中的应用已经开始全方位的推广,而造型设计作为产品开发的一个重要组成部分,在很大程度上受到技术发展水平的影响,因此,信息技术在设计领域中的应用,势必引发设计思想、设计观念、设计手段的一场变革。

产品造型设计是产品创新的重要环节,企业迫切需要提高产品的设计水平和开发能力,如何在最短时间、以最低成本获得最佳效果,是提高企业竞争力的关键。因此,对现代产品设计方法和原理的研究受到极大的关注。由于数字化制造技术在制造业中所占的比重逐年上升,并逐渐成为制造业改变自身技术条件、快速响应市场、提高竞争能力的有力支持,与制造业息息相关的产品造型设计在设计方法和手段上也需要与制造业同步,加入信息化的集成环境中。产品造型设计在设计手段、方法上也面临信息化的改造,如何发挥计算机的优势,将造型设计导入一体化的集成制造系统中,是当今设计界重要的研究课题之一。计算机辅助造型设计是产品设计与先进制造技术并轨的重要手段。

计算机辅助设计是计算机技术在设计领域的应用,它在设计的各个阶段为设计人员提供快速、有效的工具和手段,加快和优化设计过程,它可使设计人员摆脱繁杂的、重复性的手工计算和绘图工作,降低设计成本,缩短设计周期。

计算机强大的信息处理能力为产品设计提供了良好的工具,可辅助设计师进行方案的创意和表达,给设计工作带来极大的便利。这主要得益于计算机图形学、多媒体、虚拟现实等 CAD 技术的逐步深入和完善。以计算机技术为代表的信息技术在产品设计领域的应用已经普及,目前主要集中在方案生成和表达阶段,在设计前期的概念形成阶段,计算机的辅助作用还有很大的局限性,不过相信这种状况将很快得到改善,很多相关研究已经取得了一些阶段性成果,并对产品设计的方法和过程产生了深远的影响。与传统的产品设计方法相比,计算机辅助设计在设计方法、设计过程、设计质量和效率等方面都发生了质的变化。传统的设计是"画"的概念,创意的形式完全体现在纸面上,表现形式是草图、效果图和工程制图;计算机辅助设计是"建模和渲染"的过程,是"数字模型"的概念,表现形式是 2D 草图、3D 实体模型、材质、贴图、灯光、环境、动画等,不但两者传达的信息含量大不相同,而且设计过程也有很大差异。传统效果图只能表现产品某一透视视角呈现的形象,不能全面反映产品的真实外貌,影响了对产品的正确评价。传统的设计方式具有设计、制图、制作严重脱节等缺陷,使得设计方案不能被准确表达,并且制图繁杂,这些都在客观上对设计形成了一定的束缚,影响设计师创造力的发挥。而计算机辅助设计则可以有效避免上述问题。数字模型不仅能准确表达各种形体,而且能与制造准确而紧密地衔接。从这个角度上看,计算机辅助设计改变了传统设计作业的方式和流程,打破了过去企业内部各部门之间相对封闭、独立的状态,使一体化的先进制造理念得以实现。

计算机辅助设计相对于传统的设计方法具有无可比拟的优越性,它能提高产品的整体设计质量、缩短产品的开发周期、增强产品的市场竞争力,设计师在 CAD 软件系统的帮助下,可把精力更多地放在创造性设计中,而不用去做机械性的重复性劳动,从而实现设计的高质量、高效率。

①高质量。利用计算机系统,直接进行创造性设计,如形态构成、色彩设计、材料编辑、质感描绘、实时变换、快速真实图像生成输出、多种造型方案的评判与决策等,可简便地进行修改,直至满意。三维空间软件系统集三维实体造型、静态着色、复杂光照模型、多媒体动画创作为一体,产生的图像生动、逼真。方案确定后,各种设计数据可分类输出、准确无误、供后续结构设计应用。设计手段先进,保证设计的高质量。

②高效率。CAD 把人的逻辑推理、联想、富于创造性的优点与计算机高速、精确、存储量大等特性结合起来,使两者的优势得到充分的发挥。计算机能迅速将设计构思和设计创意形象化,不但可用数字化仪等实现图形信息的快速输入,而且可利用绘图机、打印机等输出设备,自动绘制输出设计图像图形,可部分或全部地取代预想效果图的绘制、模型制作和产品摄影等过程,还可对设计方案随时调整、修改、比较及评价,提高设计速度,缩短设计周期,降低设计成本,使新产品迅速投放市场。

③直观易懂。通过 CAD,设计人员在计算机上直接进行三维设计,通过计算机屏幕,能观察到产品的实感三维模型,直观易懂。

计算机辅助设计在设计领域的应用与推广不是可有可无的,而是产品设计步入信息社会所采取的必要手段,也是充分发挥产品设计在现代制造业中特殊作用的必要条件,它使产品设计在以下 8 个方面发生了重大变化:

①数字化的产品设计信息为不同领域专家之间实现信息共享和交换创造了条件,有利于实现产品数据描述的完整性、统一性和一致性,从根本上保证了工程数据库的一体化。

②计算机辅助设计手段能够使产品设计、生产、制造及销售等环节实现有效交互,能够真正实现设计在研发前期的先行导入,左右产品最终效果的核心作用。

③计算计辅助设计是制造业信息化的必要组成部分。基于网络技术,实现标准的信息交换接口,使计算机辅助设计系统与计算机辅助制造系统有机整合。

④与产品开发过程中的其他环节有效配合,实现并行设计、协同设计、全生命周期设计等技术方式,大大降低开发成本,缩短产品开发时间,有助于提高设计品质。

⑤通过国际互联网可实现异地协同工作,有助于提高企业参与国际化竞争的优势。

⑥产品模型信息通过计算机快速成型技术进行输出,可在短时间内直接加工成产品原型,或借助计算机辅助制造技术将 3D 模型数据转化为数控资料,制作出精确的产品模型。

⑦通过计算机辅助工艺设计系统,将数字模型资料进行表面热流分析或结构分析等,进行工艺方面的评价。

⑧经过评价合格的 3D 数字模型,可直接转换为数控数据,制作成模具,进行批量生产。

从 1960 年麻省理工学院第一次提出计算机辅助设计的概念,至今 50 余年间,CAD 技术得到了迅速的发展,已发展到特征造型和参数化、变量化设计阶段,为实体模型向产品模型的转化铺平了道路。同时,CIMS、并行工程、虚拟制造等设计制造模式的发展,使得产品模型必须实现全生命周期中的信息共享,各种模型数据的转换和网络传输等问题,这些都对计算机辅助造型设计提出了更高的要求。计算机辅助下的产品造型设计趋势必然将朝着多元化、优化、一体化的方向发展,使人机交互更加自然、创新设计的手段更为先进有效。

目前,在造型设计上常用的 CAD 软件主要有 Pro/Engineer、3ds Max、Rhino、Photshop、Coreldraw 等。

## 9.2  Pro/Engineer 设计软件及应用

### 9.2.1  Pro/Engineer 软件简介

Pro/Engineer 是美国参数技术公司(Parametric Technology Corporation,PTC)的产品,于 1988 年问世。它具有先进的参数化设计、基于特征设计的实体造型和便于移植设计思想的特点,该软件用户界面友好,符合工程技术人员的机械设计思想。Pro/E 整个系统建立在统一完备的数据库以及完整而多样的模型上,由于它有 20 多个模块供用户选择,故能将整个设计和生产过程集成在一起。在最近几年 Pro/E 已成为三维机械设计领域里最富有魅力的软件,在中国模具工厂得到了非常广泛的应用。

(1)Pro/Engineer 的特征

Pro/E 采用了模块方式,可分别进行草图绘制、零件制作、装配设计、钣金设计、加工处理等,保证用户可按照自己的需要进行选择使用。它的主要特征如下:

1)参数化设计

相对于产品而言,可以把它看成几何模型,而无论多么复杂的几何模型,都可以分解成有限数量的构成特征,而每一种构成特征,都可用有限的参数完全约束,这就是参数化的基本概念。

2)基于特征建模

Pro/E 是基于特征的实体模型化系统,工程设计人员采用具有智能特性的基于特征的功能去生成模型,如腔、壳、倒角及圆角,可以随意勾画草图,轻易改变模型。这一功能特性给工程设计者提供了在设计上从未有过的简易和灵活。

3)单一数据库

Pro/Engineer 是建立在统一基层上的数据库,不像一些传统的 CAD/CAM 系统建立在多个数据库上。所谓单一数据库,就是工程中的资料全部来自一个库,使得每一个独立用户在为一件产品造型而工作,不管他是哪一个部门的。换言之,在整个设计过程的任何一处发生改动,也可以前后反映在整个设计过程的相关环节上。例如,一旦工程详图有改变,NC(数控)工具路径也会自动更新;组装工程图如有任何变动,也完全同样反映在整个三维模型上。这种独特的数据结构与工程设计的完整结合,使得一件产品的设计结合起来。这一优点,使得设计更优化,成品质量更高,产品能更好地推向市场,价格也更便宜。

（2）Pro/Engineer **的功能**

Pro/Engineer 的主要功能如下：

①特征驱动（如凸台、槽、倒角、腔、壳等）。

②参数化（参数＝尺寸、图样中的特征、载荷、边界条件等）。

③通过零件的特征值之间、载荷/边界条件与特征参数之间（如表面积等）的关系来进行设计。

④支持大型、复杂组合件的设计（规则排列的系列组件，交替排列，Pro/PROGRAM 的各种能用零件设计的程序化方法等）。

⑤贯穿所有应用的完全相关性（任何一个地方的变动都将引起与之有关的每个地方的变动）。

Pro/Engineer 是一个功能定义系统，造型是通过各种不同的设计专用功能来实现，其中包括筋（Ribs）、槽（Slots）、倒角（Chamfers）及抽空（Shells）等，采用这种手段来建立形体，对于工程师来说更自然、更直观，无须采用复杂的几何设计方式。造型不单可在屏幕上显示，还可传送到绘图机上或一些支持 Postscript 格式的彩色打印机。Pro/Engineer 还可输出三维和二维图形给予其他应用软件，如有限元分析及后置处理等，这都是通过标准数据交换格式来实现，用户更可配上 Pro/Engineer 软件的其他模块或自行利用 C 语言编程，以增强软件的功能。它在单用户环境下（没有任何附加模块）具有大部分的设计能力、组装能力（人工）和工程制图能力（不包括 ANSI、ISO、DIN 或 JIS 标准），并且支持符合工业标准的绘图仪（HP、HPGL）和黑白及彩色打印机的二维和三维图形输出。

### 9.2.2　Pro/Engineer **应用举例**

【**例** 9.1】　涡轮模型。

步骤 1：首先在 FRONT 平面上绘制草图，约束好尺寸，如图 9.1 所示，单击"旋转"按钮，通过旋转生成零件主体，如图 9.2 所示。

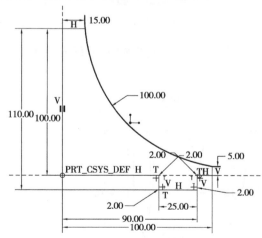

图 9.1　选择 FRONT 平面绘制草图

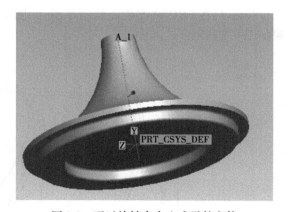

图 9.2　通过旋转命令生成零件主体

步骤 2：在 RIGHT 视图中绘制草图，如图 9.3 所示，然后单击"拉伸"按钮，使用拉伸薄壁功能拉伸出叶片，拉伸长度为"100"，叶片厚度为"3"，如图 9.4 所示。

步骤 3：阵列复制叶片，叶片个数为"16"，如图 9.5 所示。

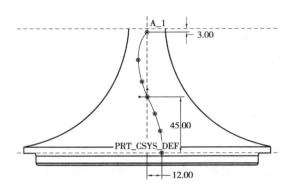

图 9.3　选择 RIGHT 视图绘制叶片草图

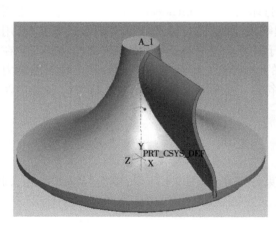

图 9.4　通过拉伸命令生成叶片

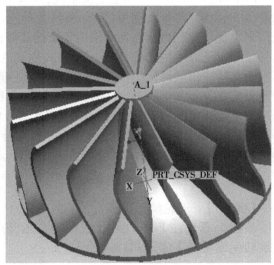

图 9.5　阵列复制叶片

步骤 4：在 FRONT 平面上绘制草图，如图 9.6 所示。单击"旋转"按钮，旋转裁剪叶片，效果如图 9.7 所示。

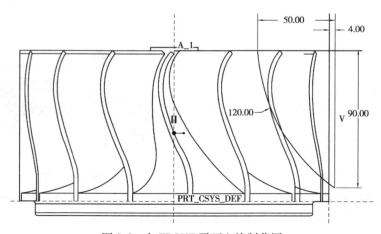

图 9.6　在 FRONT 平面上绘制草图

步骤 5：单击"孔"按钮，添加一个直径为 20 mm 的通孔，如图 9.8 所示。

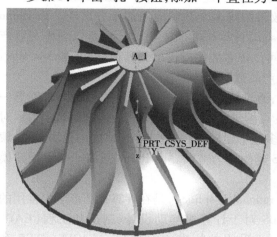

图 9.7　旋转裁剪叶片

图 9.8　添加通孔

## 9.3　3ds Max 和 Rhino 设计软件及其应用

### 9.3.1　3ds Max 与 Rhinoceros 软件简介

3ds Max(原名:3D Studio Max)是 Autodesk 传媒娱乐部开发的全功能的三维计算机图形软件。它运行在 Win32 和 Win64 平台上。现在的最新版本是 3ds Max 2013。它是集造型、渲染和制作动画于一身的三维制作软件。从它出现的那一天起，即受到了全世界无数三维动画制作爱好者的热情赞誉，Max 也不负众望，屡屡在国际上获得大奖。当前，它已逐步成为在个人 PC 机上最优秀的三维动画制作软件。

在 Windows NT 出现以前，工业级的计算机图形学制作被 SGI 图形工作站所垄断。3D Studio Max+Windows NT 组合的出现一下子降低了 CG 制作的门槛，首选开始运用在电脑游戏中的动画制作，后更进一步开始参与影视片的特效制作。

3ds Max 对 CG 制作产生了历史性的影响，它使 CG 软件制作平台纷纷由 Unix 工作站向基于网络的 PC 平台转移，使 CG 制作成本大大降低，并由电影的高端应用进入电视游戏等低端应用。

Rhinoceros 是一套专业的 3D 立体模型制作软件，简称 Rhino，由位于美国西雅图的 Robert McNeel & Associates(McNeel)公司于 1992 年开始开发，1998 年发售 1.0 版，目前最新版为 Rhino 4.0。Rhino3D 所提供的曲面工具可精确地制作所有用来作为彩现、动画、工程图、分析评估以及生产用的模型。Rhino3D 软件已广泛用于工业设计、游艇设计、珠宝设计、交通工具、玩具与建筑相关等产业。

Rhino3D 也是一个开放式的 3D 平台，除了官方自己开发的 Flamingo、Bongo、Penguin、Grasshopper 插件之外，McNeel 公司也免费开放 SDK 开发工具给第三厂商以撰写用于 Rhino3D 软件的专属插件，目前推出的相关商用插件已超过 100 套。目前仍在开发中的 Rhino 5.0 提供有 64 位的版本，以及在 Apple 电脑上执行的 Mac 版本。

3ds Max 和 Rhino 都是非常出色的三维模型制作软件，上手都比较容易，都具有良好的扩展性。

从应用领域来看,3ds Max 的渲染、动画编辑、角色创建等功能都十分强大,因此在电影、游戏、动画、特效、广告等 CG 领域以及室内外效果图等多个领域应用都十分广泛。而 Rhino 主要定位于 CAID(Computer Aided Industrial Design,计算机辅助工业设计),是以制作工业产品为主的建模软件,本身的渲染功能较弱,但是可以依靠插件或输出到其他软件(如 3ds Max、Keyshot)中进行渲染,主要应用的领域也是工业产品造型。

从建模方式来看,3ds Max 有多种建模方式:通过简单几何体的布尔运算、放样、车削等一系列操作来制作模型的常规建模;将对象转化为可编辑的多边形对象,然后通过对该多边形对象的各种子对象进行编辑和修改来制作模型的多边形建模;以三边或四边成面的模块,通过蒙皮法制作模型的面片建模,3ds Max 中的 NURBS 建模较为薄弱。而 Rhino 只有一个主要建模模块,即 NURBS 建模。

NURBS 即非均匀有理 B 样条(Non uniform rational B-spline),是在计算机图形学中常用的数学模型,用于产生和表示曲线及曲面。NURBS 对于计算机辅助设计、制造和工程(CAD、CAM、CAE)是几乎无法回避的,并且是业界广泛采用的标准的一部分,如 IGES、STEP 和 PHIGS。NURBS 的数学矢量基础决定了这种建模方式具有非常高的精确性,可以精确地控制曲线、曲面的连续性,可轻易达到位置连续(G0)、切线连续(G1)、曲率连续(G2)甚至更高阶的连续。现在采用 NURBS 建模的软件有 Alias、Rhino、Maya 等。

因此,虽然 3ds Max 建模方式较多且建模速度较快,但建模精度比采用 NURBS 建模的 Rhino 低得多。这也受二者的应用领域影响:3ds Max 主要应用在 CG 制作等视觉艺术方面,并不需要很高的精度,但对建模速度的要求较高;而 Rhino 主要应用在工业产品领域,与 Pro/E、Solidworks、Alias 等 CAD、CAE、CAM、CAID 软件有一定的互通性,对精度要求较高。

### 9.3.2 应用举例

【例 9.2】 电风扇模型。

步骤 1:在 Rhino 中,用圆柱管命令做一细圆,作为风扇罩前后两部分结合处的部件,如图 9.9、图 9.10 所示。

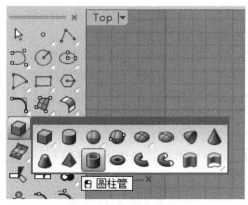

图 9.9 圆柱管命令按钮

步骤 2:创建风扇罩前端盖。使用控制点曲线(见图 9.11)绘制风扇罩前端盖的截面形状,如图 9.13 所示,再使用旋转成型命令,利用刚才绘制的截面形状线生成前盖曲面,如图9.12所示。

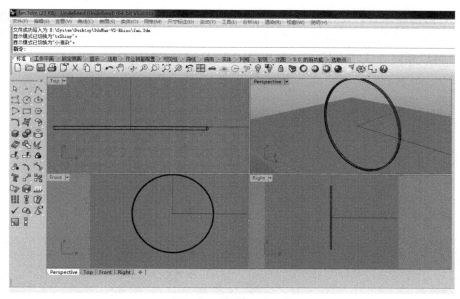

图 9.10　创建环形圆管

图 9.11　控制点曲线按钮

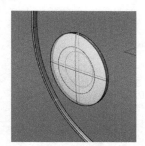

图 9.12　风扇罩前端盖

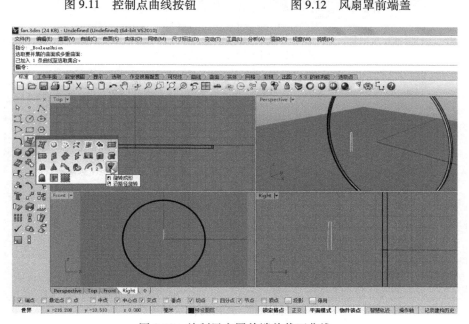

图 9.13　绘制风扇罩前端盖截面曲线

步骤3：创建风扇罩。使用曲线绘制一根风扇罩的形状，如图9.14所示。使用圆管命令（见图9.15），生成管状曲面，如图9.16所示。再使用环形阵列工具，阵列出多条圆管，如图9.17所示。再以相同方式建出另外一半，如图9.18所示。

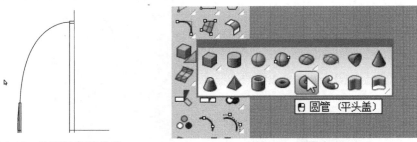

图 9.14　绘制风扇罩曲线　　　　　　　图 9.15　圆管命令

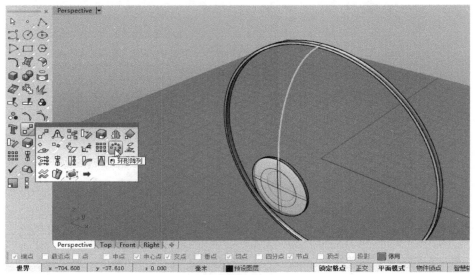

图 9.16　用圆管命令创建风扇罩

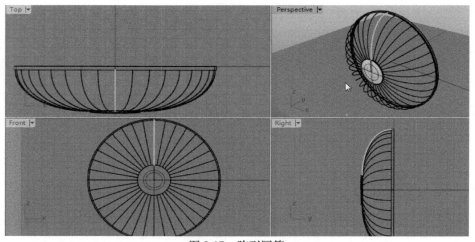

图 9.17　阵列圆管

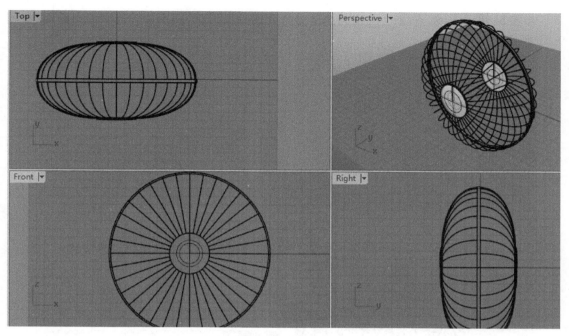

图 9.18　风扇罩

步骤 4：用旋转成型命令做出扇叶转轴，再使用布尔运算差集命令，为风扇罩后壳做出一与转轴大小相同的孔，如图 9.19、图 9.20 所示。

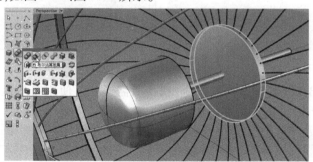

图 9.19　扇叶转轴

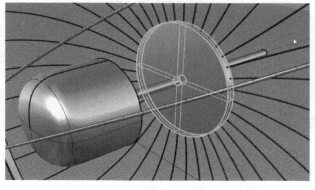

图 9.20　布尔运算生成孔

步骤5：使用曲线、直线 ∧ 画出马达部分外壳的截面形状，使用旋转成型做出曲面，如图9.21所示。

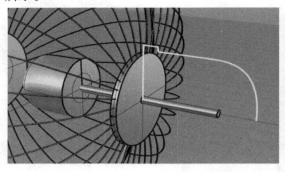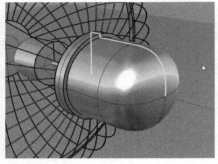

图9.21 马达外罩部分建模

步骤6：画出如图9.22所示的截面形状。使用混接曲线命令进行平滑过渡连接。

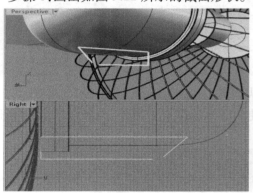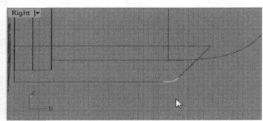

图9.22 绘制马达外罩底座截面草图

步骤7：使用挤出封闭的平面曲线命令，获得所需形状。使用布尔运算连接命令，将这部分与马达外壳部分合为一体，如图9.23所示。

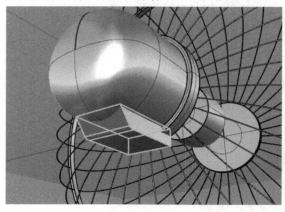

图9.23 马达外罩底座

步骤8：继续使用挤出、布尔命令，做出连接部分的形状，如图9.24所示。

步骤9：制作风扇支柱，如图9.25—图9.28所示。

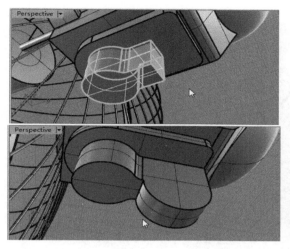

图 9.24　连接部分　　　　　　　　　　　　图 9.25　绘制支柱截面

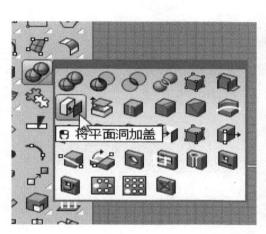

图 9.26　放样并封盖

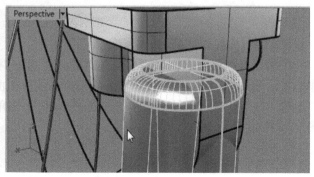

图 9.27　创建支柱顶部圆角

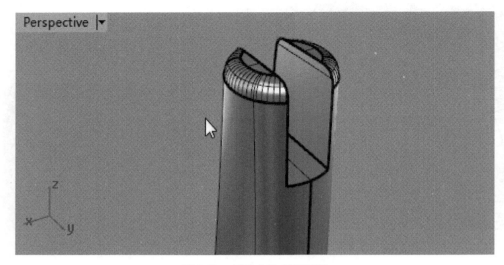

图 9.28　创建支柱顶部凹槽

步骤 10：使用挤出命令做出风扇底座，如图 9.29 所示。

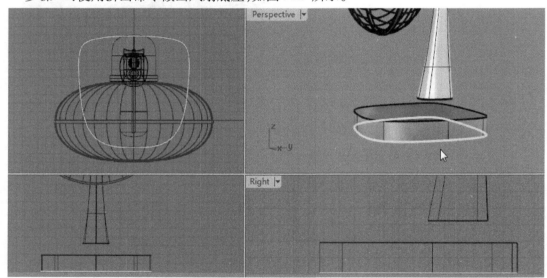

图 9.29　风扇底座

步骤 11：制作旋钮部分，如图 9.30 所示。

使用挤出命令做出旋钮的主要的几个面。使用分割边缘命令将立面的边缘分割，为下一步作准备。用加盖命令将旋钮封闭，可使用斑马纹检测曲面的连续性。

步骤 12：用挤出命令做出底座凸起处的形状，并倒角，如图 9.31 所示。合并底座与旋钮，如图 9.32 所示。

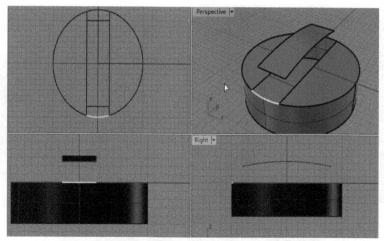

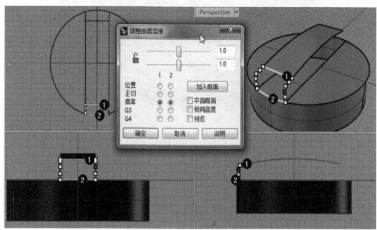

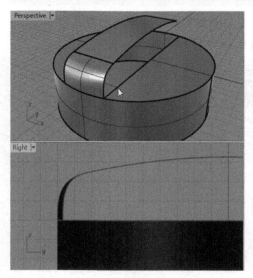

图 9.30　制作旋钮

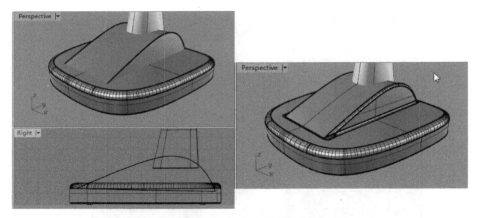

图 9.31　底座与支柱的连接

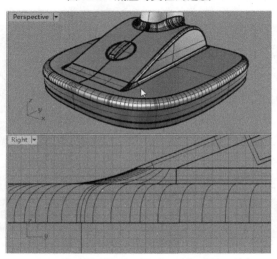

图 9.32　合并底座与旋钮

步骤 13：制作扇叶，如图 9.33—图 9.35 所示。

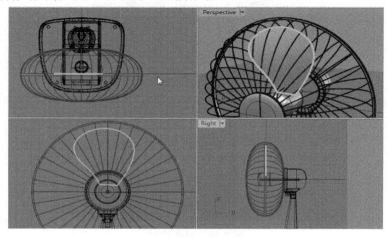

图 9.33　绘制扇叶轮廓

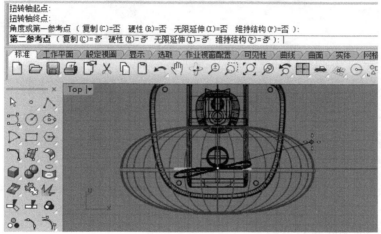

图 9.34　扭转扇叶

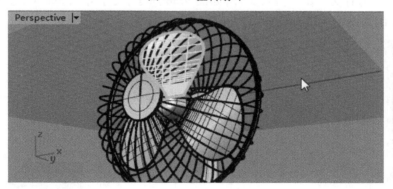

图 9.35　环形阵列出其余扇叶

步骤 14:完善细节,完成建模,如图 9.36—图 9.37 所示。

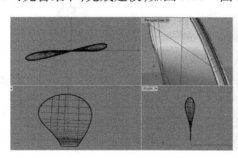

图 9.36　完善细节

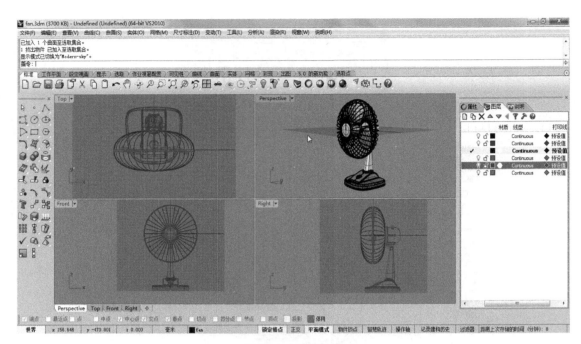

图 9.37　建模完成

步骤 15：用 3ds Max 进行渲染。

保存模型后，另存为".fbx"格式文件，如图 9.38 所示，便于导入 3ds Max。保存时选择将 NURBS 物件导出为网格。

图 9.38　保存设置

打开 3ds Max，执行导入，找到刚才保存的 fbx 文件。全选后，执行"组—成组"命令，如图 9.39 所示。

如果导入模型角度偏移较大，使用旋转工具将风扇调整到合适的角度和位置。

打开材质编辑器，制作所需材质。各部分的材质参数设置如下：

蓝色塑料：材质参数设置，如图 9.40 所示。

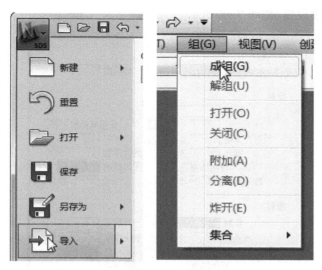

图 9.39　导入模型

白色塑料:材质参数设置,如图 9.41 所示。

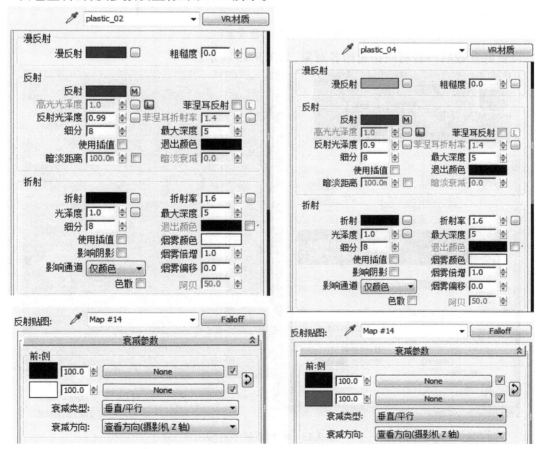

图 9.40　材质参数设置(一)　　　　　图 9.41　材质参数设置(二)

不锈钢:材质参数设置,如图 9.42 所示。

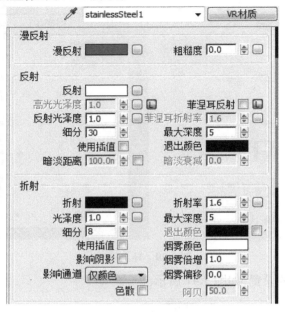

图 9.42　材质参数设置(三)

设置好参数后将各材质指定给各对象,如图 9.43 所示。

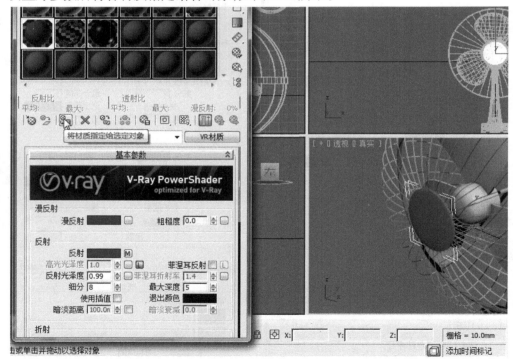

图 9.43　将材质赋予对象

创建一圆柱体,作为背景,如图 9.44 所示。

对圆柱进行修改,添加弯曲、网格平滑修改器,并设置合适的参数,如图 9.45 所示。

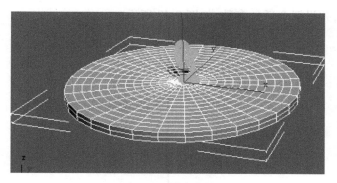

图 9.44　创建背景

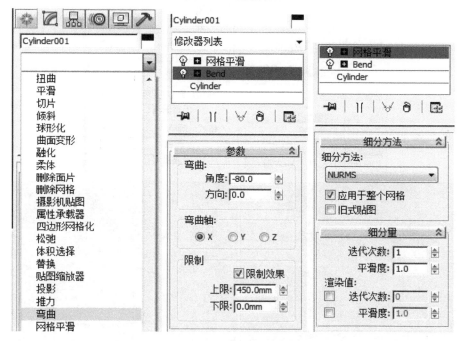

图 9.45　背景参数设置

添加背景效果如图 9.46 所示。

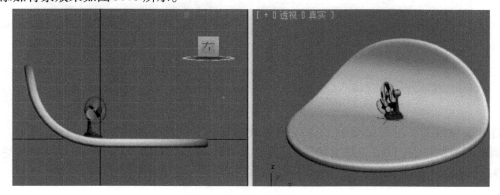

图 9.46　添加背景效果

创建 VR 灯光,并设置合适的参数,如图 9.47 所示。

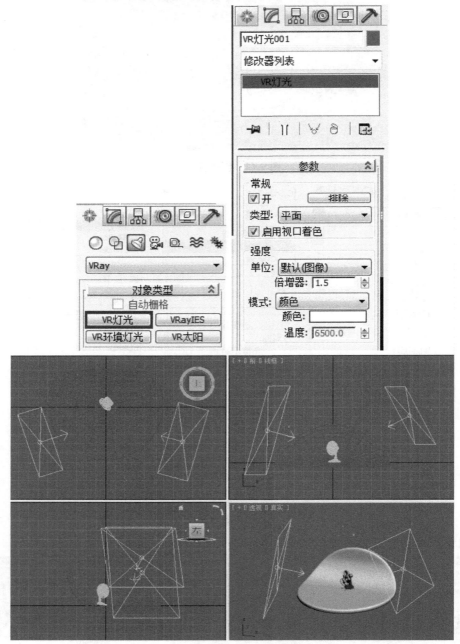

图 9.47　设置 VR 灯光

　　打开渲染设置。进行试渲染,先将各项参数调低。单击"渲染"按钮,进行试渲染。反复进行调整和试渲染,待试渲染结果满意后,再将各项渲染参数调高,进行正式渲染。最终效果如图 9.48 所示。

图 9.48　风扇模型最终效果

## 9.4　Photoshop 和 Coreldraw 设计软件及其应用

### 9.4.1　软件简介

Adobe Photoshop 即 Photoshop(简称"PS"),是由美国 Adobe Systems 公司开发并发行的一款图像处理软件。目前,Adobe Photoshop CS6 是 Adobe Photoshop 的最新版本。Photoshop 主要用于位图的处理,但同时也具有矢量图功能。矢量图是由数学公式计算获得,无论放大、缩小等其他怎样地变化,图形都不会失真,边缘都保持光滑,因此与分辨率无关。而位图又称点阵图、像素图、栅格图,是由像素点的集合构成,通过反复的放大、缩小等其他变化,图像质量将降低,边缘呈现锯齿状,其质量与分辨率有关,如图 9.49 所示。

图 9.49　位图与矢量图缩小放大后比对

Photoshop 应用领域广泛,包括了平面设计、摄影后期处理、影像创意、艺术文字、网页制作、效果图后期处理、标志设计、UI 设计等领域。

PSD 格式是 Photoshop 的专用文件格式,能够储存细小的图像数据,包括了图层、蒙版、通道等 Photoshop 的特殊处理信息。同时,Photoshop 也有其他多种文件格式,如常用的 PNG、

JPEG、TIFF 等,如图 9.50 所示。

```
Photoshop (*.PSD;*.PDD)
大型文档格式 (*.PSB)
BMP (*.BMP;*.RLE;*.DIB)
CompuServe GIF (*.GIF)
Photoshop EPS (*.EPS)
Photoshop DCS 1.0 (*.EPS)
Photoshop DCS 2.0 (*.EPS)
IFF 格式 (*.IFF;*.TDI)
JPEG (*.JPG;*.JPEG;*.JPE)
JPEG 2000 (*.JPF;*.JPX;*.JP2;*.J2C;*.J2K;*.JPC)
JPEG 立体 (*.JPS)
PCX (*.PCX)
Photoshop PDF (*.PDF;*.PDP)
Photoshop Raw (*.RAW)
Pixar (*.PXR)
PNG (*.PNG;*.PNS)
Portable Bit Map (*.PBM;*.PGM;*.PPM;*.PNM;*.PFM;*.PAM)
Scitex CT (*.SCT)
Targa (*.TGA;*.VDA;*.ICB;*.VST)
TIFF (*.TIF;*.TIFF)
多图片格式 (*.MPO)
```

图 9.50　Adobe Photoshop 文件格式

　　CorelDRAW 是由加拿大的 Corel 公司推出的一款矢量图形图像软件。其包括了图形绘制、文字编辑、图形效果处理等众多功能,广泛应用于广告、CI、包装、书籍装帧、标志、排版及网页等设计领域。目前,CorelDRAW X6 是 CorelDRAW 的最新版本。

　　CDR 是 CorelDRAW 的专用文件格式,可以记录文件的属性、位置和分页等,但兼容性较差,若要在其他软件中使用则需另存为或导出成为其他格式。例如,若要在 Photoshop 中调用,则需导出成为 PSD 格式。

　　下面通过实例对此两种软件进行进一步的介绍说明。

### 9.4.2　应用举例

【例 9.3】　应用 Photoshop 软件创作海报。

　　打开 Photoshop 软件,选择"文件"—"新建",或按组合键"Ctrl+N"新建空白文档,如图 9.51所示。

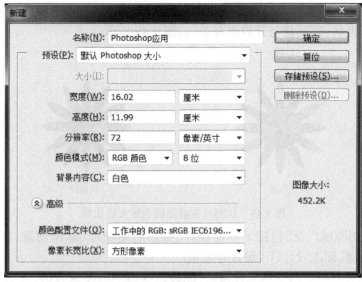

图 9.51　Photoshop 新建窗口

图像分辨率是每英寸图像中像素的数量。像素是 Photoshop 中最小的单位。默认情况下是 72dpi，用于电脑显示则足够了，但若用于打印出图，则图片的分辨率最好不应低于 300dpi。

颜色模式有默认的 RGB 颜色、CMYK 颜色、Lab 颜色、位图、灰度 5 种模式。

RGB 模式是一种加色模式的色彩标准，通过红（R）、绿（G）、蓝（B）3 种色光叠加组成，每种色彩有 256（0~255）个亮度水平级，即共有 256×256×256 种颜色，是色彩最多的色彩模式。这种色彩模式是 Photoshop 的最佳选择，仅适用于屏幕显示，而不适用于印刷表现。

CMYK 模式则是一种减色模式的色彩标准，是适用于印刷的色彩模式，这种色彩模式由青色（C）、洋红（M）、黄色（Y）、黑色（K）组成。在 Photoshop 中采用 CMYK 模式，可防止印刷中色彩失真。

Lab 模式是一种国际色彩标准模式，由透明度（L）、色相（a）、饱和度（b）组成，Lab 颜色是所有模式中色域最大的。同时，要将 RGB 转换成 CMYK 模式，中间就需要通过 Lab 模式的转换。

位图模式只有黑、白两种颜色。

灰度模式只有 256 级灰色调，图像只有明暗值。

Photoshop 各色彩模式，如图 9.52 所示。

图 9.52　Photoshop 各色彩模式

背景内容有白色、背景色和透明 3 种选项。其中，透明色在 Photoshop 中显示的是灰白的方格，如图 9.53 所示。

图 9.53　Photoshop 透明背景

Photoshop 主要是位图处理软件,首先调入所需的素材位图图片,如图 9.54 所示。

图 9.54　调入素材位图图片

可将素材图片直接拖曳进入文档,拖曳进入的图片可将形成新的图层,调整好大小之后可对右键选中图层,选择栅格化图层,以方便进行后期的处理。图层名称可通过双击图层修改。

图片显示大小的百分比可以在左下角的状态栏查看,同时,可通过抓手工具或按住 Space 键移动画布的显示位置,或使用放大镜工具或"Ctrl+="及"Ctrl+-"键对图片进行缩放。

Photoshop 中的快捷键可在"编辑"—"键盘快捷键"中修改。

图形的选取如图 9.55 所示。

图 9.55　使用魔棒工具进行图像选择

Photoshop 中有大量的抠图方法,也有大量的制作选区的工具,可根据制作需求和图像形状以及图层的具体情况选择恰当的方式。

　　Photoshop 中选区有 4 种布尔运算方式，在选区制作过程中可在工具栏中点选，或使用快捷键。

　　添加快速蒙版也是制作选区的常用方法之一，可通过单击工具栏中的快速蒙版或使用快捷键"Q"添加快速蒙版。快速蒙版添加后只有黑白灰的色彩，显示的黑色可在设置中修改，黑色表示没有选择，白色表示选择，灰色表示半选。配合使用画笔工具，通过设置笔刷的形状及大小来完善选区，如图 9.56 所示。

图 9.56　使用快速蒙版工具

　　完善后可通过再次单击快速蒙版或"Q"退出快速蒙版。

　　在选区中右键选择"羽化"，羽化 2 像素，使选区边缘更加自然。之后按"Delete"删除选区中的内容。并使用快捷键"Ctrl+D"退出选区，如图 9.57 所示。

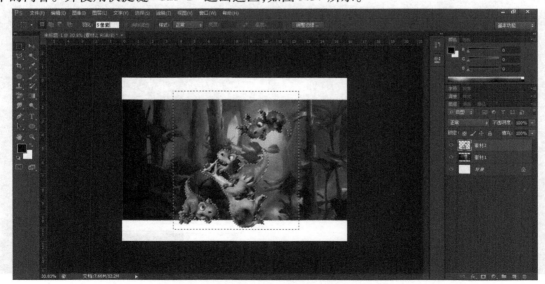

图 9.57　退出快速蒙版并羽化后删除选区内容

调整图像位置后使用多边形工具制作选区选择图层中的图像,并使用移动工具或快捷键"V"对选区进行移动,放到合适的位置,调整背景图层。

为了突出主题,适当降低背景素材1图层的亮度、对比度和饱和度,如图9.58所示。然后使用滤镜工具进行模糊处理。

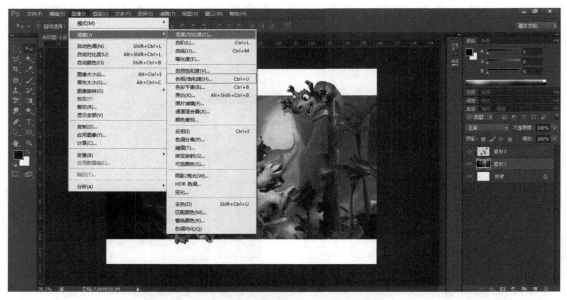

图9.58　调整图像亮度、对比度、饱和度

滤镜功能是 Photoshop 中一个十分重要的功能,主要可用来实现各种特殊效果的处理。

选择"滤镜"—"模糊"—"高斯模糊",对"素材1"进行2像素的高斯模糊,如图9.59所示,确定后再使用快捷键"Ctrl+T"重复上一次滤镜操作。

图9.59　对图层使用滤镜高斯模糊

选择"滤镜"—"渲染"—"光照效果",对光照效果各项属性进行调整,以达到预期效果,如图 9.60 所示。

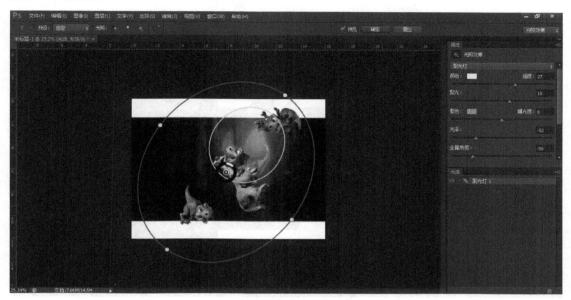

图 9.60　作用滤镜光照效果

载入素材 3,使用快速选择工具并选择笔刷形状、大小、硬度,对图像进行选择,如图 9.61 所示。

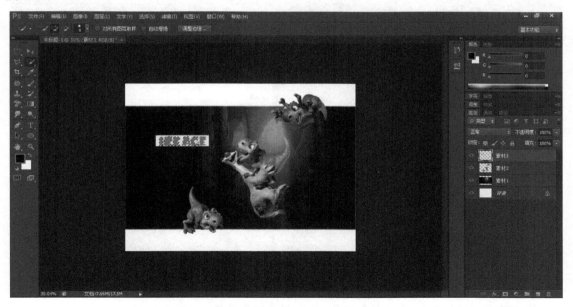

图 9.61　载入图层"素材 3"并使用快速选择工具

选择成功后,单击图层信息中"素材 3"前面的眼睛图标,使图层不可见。在换区位置右键选择变换选区,可自由地对选区的大小等因素进行改变,如图 9.62 所示。

选择图层"素材 1",使用快捷键"Ctrl+J"复制并粘贴图层为"图层 1"。

选择图层 1 后,单击"图层样式"—"混合样式",在图层样式面板中进行设计调整,如图 9.63 所示。

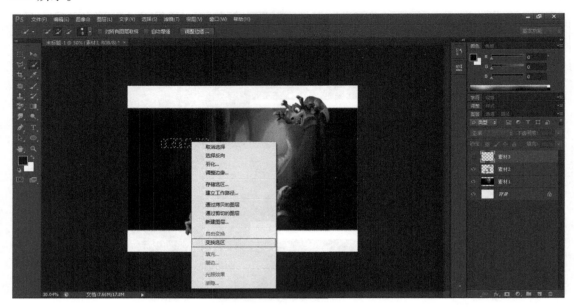

图 9.62　变换选区

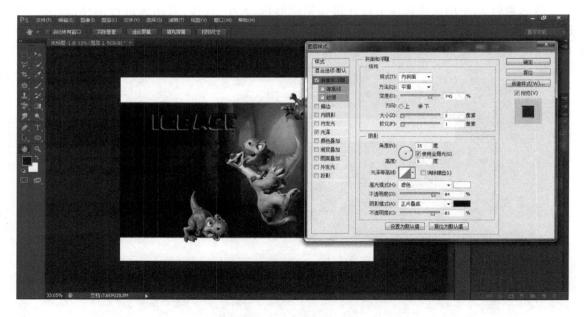

图 9.63　改变图层样式

使用剪裁工具修剪掉画布多余部分,并为图像制作边框,如图 9.64 所示。

选中背景图层,使用快捷键"Alt+Delete"填充图层。

Photoshop 虽然是强大的位图处理软件,但同样也有矢量图的路径。选择自定义形状工具绘制路径。绘制完毕后双击"工作路径"将路径储存为"路径 1",如图 9.65 所示。

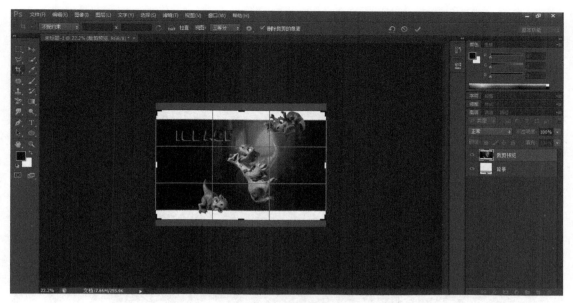

图 9.64　剪裁画布

图 9.65　载入路径

选择"路径 1"—"图层"—"新建填充图层"—"纯色",产生新图层"颜色填充 1",这个图层的图形是矢量的。根据上面的步骤使用图层样式,并更改图层混合模式及不透明度,如图9.66所示。

制作完成后,单击"文件"—"储存",或快捷键"Ctrl+S"储存为 PSD 文件。

【例 9.4】　应用 CorelDRAW 软件进行招贴设计。

打开 CorelDRAW 程序,选择"文件"—"新建",或使用组合键"Ctrl+N"新建空白文档,如图 9.67 所示。

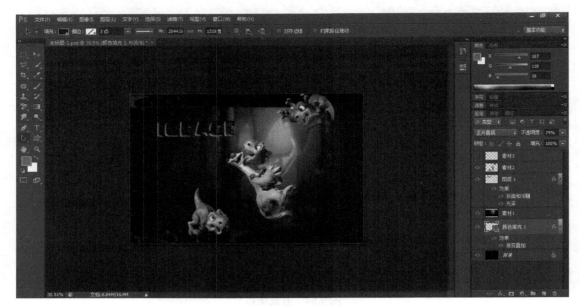

图 9.66　填充图层并编辑

图 9.67　CorelDRAW 新建窗口

CorelDRAW 主要作为矢量图形设计软件,通过绘制矢量图形来体现它的功能。

绘制椭圆—填充颜色—位置变换—复制(右键移动图案)—群组,如图 9.68 所示。

执行"排列"/"变换"命令,在变换命令的级联菜单中就包含了"位置""旋转""比例与镜像""尺寸"和"倾斜"5 个功能命令。根据不同的需求可以快速得到多个变换的图像。

绘制矩形—填充颜色—交互式填充—(双击)出现矩形(调节位置/颜色)—根据需要改变颜色调节距离,如图 9.69 所示。

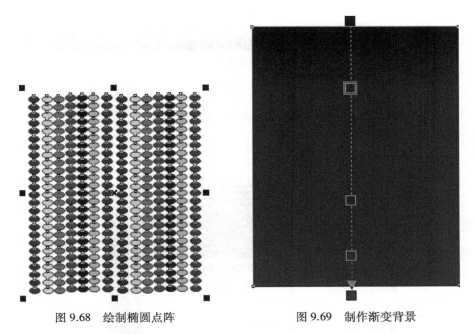

图 9.68　绘制椭圆点阵　　　　　图 9.69　制作渐变背景

选中需要填充的对象；在属性栏中设置相应的填充类型及其属性选项；建立填充后，通过拖动填充控制线及中心控制点的位置，调整填充颜色渐变、图案或材质的效果及尺寸大小。

调和—封套—调节虚线和节点，如图 9.70 所示。

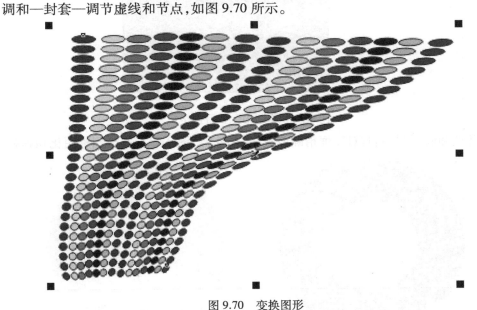

图 9.70　变换图形

使用封套工具，图像四周就会出现一个红色虚线的封套。上面还有一些节点，用形状工具可像编辑其他曲线图形那样编辑这个封套，包括增加节点、使边线平滑等。封套的形状改变，图形的形状也跟着改变。

移动图形到合适位置，执行操作，如图 9.71 所示。

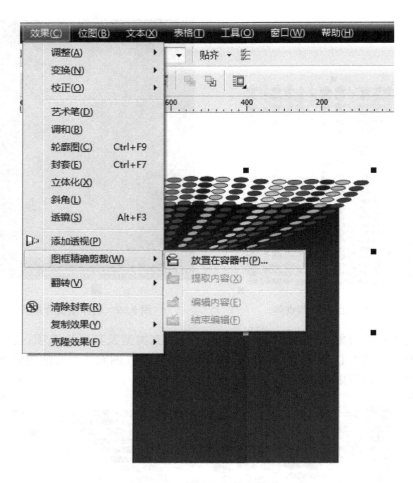

图 9.71　移动图形、执行操作

绘制并调和同心圆,同时对图框精确剪裁(见图 9.72、图 9.73),并分别透明化和调和。

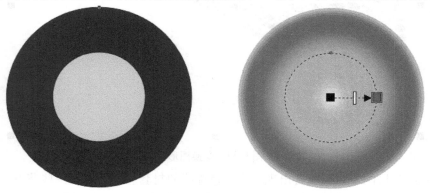

图 9.72　绘制并调和同心圆

绘制同心圆—逆序—填充,如图 9.74(a)所示。重复同心圆—逆序—填充,绘制并组合放置,如图 9.74(b)所示。

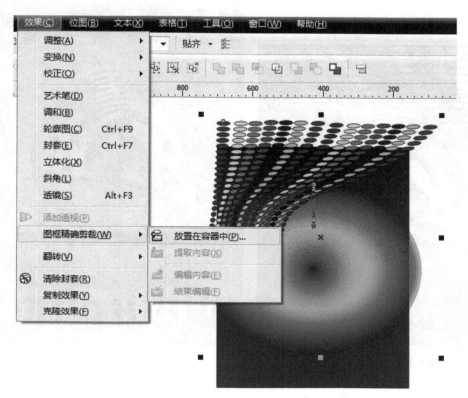

图 9.73　图框精确剪裁

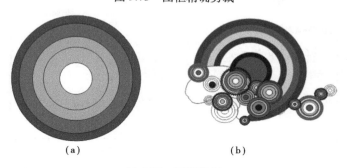

(a)　　　　　　　　　　(b)

图 9.74　图案绘制

　　将图形放置到合适的位置,绘制放射线,改变图层顺序。载入话筒图案,调整位置,作透明化处理。其效果如图 9.75 所示。

　　制作艺术字、加入人物剪影和文字信息,最终效果如图 9.76 所示。

　　制作完成后,选择"文件"—"保存",或快捷键"Ctrl+S"储存为 CDR 文件。并可选择储存版本,以便在更多 CorelDRAW 版本中能够再编辑,如图 9.77 所示。

图 9.75　整体背景效果

图 9.76　招贴最终效果

图 9.77　保存文件选项

# 参考文献

[1] 张鑫.工业造型设计[M].北京:中国矿业大学出版社,2008.

[2] 杨正.工业产品造型设计[M].武汉:武汉大学出版社,2003.

[3] 安晓波.造型基础艺术设计[M].北京:化学工业出版社,2006.

[4] 闫卫.工业产品造型设计程序与实例[M].北京:机械工业出版社,2003.

[5] 陈震邦.工业产品造型设计[M].北京:机械工业出版社,2004.

[6] 冯娟.工业产品艺术造型设计[M].北京:清华大学出版社,2004.

[7] 袁涛.工业产品造型设计[M].北京:北京大学出版社,2011.

[8] 吴国荣.产品造型设计[M].武汉:武汉理工大学出版社,2010.

[9] 刘刚田.产品造型设计方法[M].北京:电子工业出版社,2010.

[10] 于伟.CorelDRAW+Photoshop 产品造型设计[M].北京:北京理工大学出版社,2008.

[11] 刘涛.工业产品造型设计[M].北京:冶金工业出版社,2008.

[12] 谢庆森,陈东祥.产品造型设计表现方法[M].天津:天津大学出版社,1994.

[13] 孙颖莹,熊文湖.产品基础设计——造型文法[M].北京:高等教育出版社,2009.

[14] 陈婵娟.Pro/ENGINEER Wildfire 4.0 产品造型与模具设计[M].天津:天津大学出版社,2011.

[15] 钱安明.工业产品造型设计[M].合肥:合肥工业大学出版社,2009.

# 参考文献